中国共产党怀化历史特色专题系列

一粒种子 改变世界

——杂交水稻发源地怀化贡献纪事

（1953—2023）

中共怀化市委党史研究室
怀化市中共党史联络组 编著

湖南地图出版社
HUNAN MAP PUBLISHING HOUSE

长沙

图书在版编目（CIP）数据

一粒种子 改变世界：杂交水稻发源地怀化贡献纪事：1953—2023 / 中共怀化市委党史研究室，怀化市中共党史联络组编著 . -- 长沙：湖南地图出版社，2023.10
ISBN 978-7-5530-1430-2

Ⅰ. ①一… Ⅱ. ①中… ②怀… Ⅲ. ①杂交 - 水稻栽培 - 农业史 - 怀化 - 1953-2023 Ⅳ . ① S511-092

中国国家版本馆 CIP 数据核字 (2023) 第 196886 号

一粒种子　改变世界

YI LI ZHONGZI　GAIBIAN SHIJIE

——杂交水稻发源地怀化贡献纪事（1953—2023）

ZAJIAO SHUIDAO FAYUANDI HUAIHUA GONGXIAN JISHI（1953—2023）

编　　著：中共怀化市委党史研究室
　　　　　怀化市中共党史联络组

责任编辑：彭莉莎

出版发行：湖南地图出版社

地　　址：长沙市芙蓉南路四段 158 号

邮　　编：410118

印　　刷：怀化市新型印务有限公司

开　　本：787mm × 1092mm　1/16

字　　数：290 千

印　　张：19.5

版　　次：2023 年 10 月第 1 版

印　　次：2023 年 10 月第 1 次印刷

印　　数：1—3000

书　　号：ISBN 978-7-5530-1430-2

定　　价：168.00 元

前　言

　　《一粒种子　改变世界——杂交水稻发源地怀化贡献纪事（1953—2023）》是中国共产党怀化历史特色专题系列之一，专门记述杂交水稻研究从其发源地安江农校起步，由袁隆平及其团队经历千辛万苦，攻克常人难以想象的难关，在中共中央和国务院的统一领导下，将研究成果无私奉献给全国，经过通力协作获得成功，在全世界率先运用于生产，并在国内外大面积推广，用"一粒种子　改变世界"的历程和贡献。

　　本书编辑过程中注意把握以下六个有机结合：

　　博采众长与甄别求证有机结合。编辑过程中向相关单位和人员广泛征集了图片和文字材料，走访了部分当事人，查阅了怀化市档案馆、博物馆和安江农校的相关资料，以及全国已出版的关于袁隆平研究杂交水稻的20多本书籍。在博采众长的基础上，对发现的表述不一致的细节，通过吸收有关方面的最新研究成果、咨询当事人和查找历史依据，进行了甄别求证。例如，关于袁隆平的出生日期，流传甚广的记载是1930年9月7日，辛业芸访问整理、2010年6月出版的《袁隆平口述自传》中所附录的《袁隆平年表》记载的则是 1930 年 9 月 1 日。由于袁隆平出生和少年时正逢战乱，他的父母也记不准袁隆平的确切生日，直到北京协和医院发现了袁隆平出生日期的证据，才确认袁隆平的出生日期是 1929 年 8 月 13 日，袁隆平生前确认了这个出生日期，并对身份证进行了修正，本书采用了陈启文著 2016 年 12 月出版的《袁隆平的世界》公布的这个最新研究成果。又如，1970 年 1 月 6 日，袁隆平师生 3 人在云南元江育种时遭遇地震，有的书中记载袁隆平师生 3 人的住房在地震中倒塌，谷种是后面挖出来的。经当事人李必湖确认，袁隆平等 3 人的住房在地震中并没有倒塌，谷种是他们在地震时从住房中冒险抢救出来的，本书采信了当事人证实的这一情况。还有 1972 年湖南省农科院试种的杂交水稻，与对照的常规品种比较后发现稻草增产而稻谷减产，有的说是省农科院副院长陈洪新现场驳斥了反对派的意见后，当场决定继续支持杂交水稻研究，有的说是军代表个别询问袁隆平后决定继续支持，有的说是省农科院开会研究后集体决定继续支持，根据当事人的介绍和当时的历史背景，本书采信的是开会研究时听取了袁隆平讲述的理由后决定继续支持杂交水稻试验这一说法。

注重怀化特色与融于全国大协作有机结合。顾名思义，怀化历史特色专题必然要注重怀化特色，因此本书尽力增加了杂交水稻研究推广中与怀化有关的人和事，还在附录中专门设立了《杂交水稻研究推广中作出重大贡献的安农师生和怀化人选介》《怀化市历年杂交水稻推广情况》《怀化市杂交水稻历年获丰收奖情况》《怀化市杂交水稻历年获科技进步奖情况》等。然而，杂交水稻在中国率先研究成功并迅速大面积推广，除了袁隆平及其早期团队敢于创新、迎难而进所作出的突出贡献外，离不开全国大协作。因此，为了全面反映杂交水稻研究推广进程，本书以事系人，对参与研制和推广宣传杂交水稻作出杰出贡献的人都有所体现。例如湖南省农业厅贺家山原种场的周坤炉、湖南农学院青年教师罗孝和等人，虽然不是安农师生和怀化人，没有列入《杂交水稻研究推广中作出重大贡献的安农师生和怀化人选介》中，但他们是袁隆平团队中的早期成员并对杂交水稻的研究推广作出了重大贡献，在正文相应的地方也对他们的相关事迹作了介绍。同时，附录中收录了全面反映杂交水稻研究与推广情况的大事记，以及收集到的杂交水稻获国内外大奖情况。

为了便于读者了解杂交水稻发源地的地理历史背景，有必要在此简单介绍一下安江农校的变迁情况。

安江农校简称安农，前身是 1940 年 9 月因寻觅实验农场从湖南省武冈县竹篙塘迁来安江镇城郊胜觉寺的"国立第十一中学职业部"，1941 年 11 月改为"湖南省第十职业学校"，1950 年 11 月改为"湖南省农林技术学校"，1952 年 11 月更名为"湖南省安江农业学校"。学校占地 310 亩，建筑面积 21605 平方米。这里离湖南省会长沙 500 多公里，二十世纪五十年代怀化境内还不通铁路，从安江坐汽车到省城需要两天。然而，就是这所偏居一隅的普通中等职业学校，逐步成为培养农业技术人才的摇篮和农业科学技术研究的前沿阵地，飞出了"金凤凰"。这里造就了袁隆平、李必湖、邓华凤等一大批举世闻名的杂交水稻育种专家，培养了 2 万多名优秀农业技术人才，获得国家级科技奖 8 项，省、部级科技奖 24 项。系科技部超级稻协作单位，承担国家高技术研究发展计划（863 计划）——"强优势水稻杂交种的创制与应用"等多个水稻研究项目。2002 年，安江农校为了发展扩校，后与怀化机电工程学校合并成立怀化职业技术学院，将教育教学、行政办公区设在怀化市鹤城区河西，安江农校老校区用于科研培训、学生实习、杂交水稻研究。

突出袁隆平的杰出贡献与展示团队作用有机结合。袁隆平是杂交水稻育种专家，中国研究与发展杂交水稻的开创者，被誉为"杂交水稻之父"，1995 年当选为中国工程院院士，2006 年当选为美国国家科学院外籍院士。他 1953 年从西南农学院毕业分配到安江农校，曾在这里一边教学，一边从事科研工作。1961 年 7 月，他在安农早稻试验田里发现"鹤立鸡群"特异稻株，采集种子后第二年种植时出现分离现象，得到"杂种优势不仅在异花授粉作物中存在，而且在自花授粉作物中同样也存在"的启发。1964 年 7 月 5 日，袁隆平在安江农校实习农场的洞庭早籼稻田中，找到一株国内首次发现的天然雄性不育稻株（开始时称为"雄性不孕"，1970 年 12 月以后根据中国的语言习惯"雄者育、雌者孕"，改"雄性不孕"为"雄性不育"。为叙述简便，除专用名词或引用原文时保留"雄性不孕"外，一律用"雄性不育"表述）。1965 年 7 月，袁隆平又在安江农校附近稻田的南特号、早粳 4 号、胜利籼等品种中，逐穗检查数万个稻穗，连同上年发现的不育株，共计找到 6 株。经过连续两年春播与翻秋，其中 4 株繁殖了 1 代和 2 代。通过实验观察研究，1966 年 2 月 28 日，袁隆平发表第一篇论文《水稻的雄性不孕性》，刊登在中国科学院主编的《科学通报》半月刊第 17 卷第 4 期上。在这篇论文中，袁隆平正式提出了通过三系配套的方法来利用水稻杂种优势的设想与思路，对雄性不育株在水稻杂交中所起的关键作用作了重要论述，设想了杂交水稻研究成功后推广应用到生产中的方法，预言利用杂交水稻第一代杂种优势将带来大面积、大幅度的增产。这标志着中国的杂交水稻研究迈出了坚实的第一步。1971 年，湖南成立杂交水稻研究协作组，袁隆平被抽调到省农科院工作，但当时那里的绝大多数科研人员是搞常规水稻育种的，杂交水稻协作组挂靠在那里，而杂交水稻的主要试验基地还是在安江农校，袁隆平的助手和家都还在安江。1990 年举家搬迁到长沙后，袁隆平仍然时刻关注怀化，每年都要回怀化几次。

他早已把怀化安江当作第二故乡。

袁隆平不仅自己敢于创新，坚持砥砺前行，而且善于培养年轻人，注重发挥团队的作用。1967 年 6 月，由袁隆平、李必湖、尹华奇组成的黔阳地区农校（原安江农校）水稻雄性不孕科研小组正式成立，水稻雄性不育性的研究，从袁隆平个人教学之余的"副业"，变成了由国家立项进行专门研究的科研课题，由他一个人变成了三个人组成的团队。1970 年冬，袁隆平的助手李必湖，在海南崖县南红农场技术员冯克珊引到的沼泽地里，发现雄蕊败育的野生稻"野败"，为攻克中国籼型三系杂交水稻保持系难关打开了突破口，结束了杂交水稻研究徘徊的局面，为实现杂交水稻不育系、保持系、恢复系三系配套作出了重要贡献。1986 年以后，根据袁隆平"两系法亚种间杂种优势利用研究"的学术思想，李必湖指导助手邓华凤，育成国内第一个籼型光温敏核不育系"安农 S-1"及一系列高产优质杂交水稻新组合"金优 402""威优 402""八两优 100"等，为两系法杂交水稻研究作出了突出成绩。可见，安农师生对杂交水稻研究的团队，接力不断地作出了杰出贡献。

弘扬创新奋斗精神与彰显党的领导有机结合。在当时"左"的思想影响下，袁隆平因注重对学生的专业教学，被视为引诱贫下中农子弟走向白专道路，在"文化人革命"初期险些被作为"牛鬼蛇神"批斗，种有不育系秧苗的钵子被砸烂。然而，他总是迎难而上，更为难能可贵的是，在那种学术思想被政治所左右的严酷环境下，他敢于挑战权威。如果说创新是贯穿袁隆平一生的主题，那么，挑战李森科的权威学说，从孟德尔—摩尔根遗传学理论中寻求突破，就是他大胆创新的开始。此后，他常常夜以继日地拼命工作。1968 年起，他开始了数十年之久的春湖南、秋云南、冬海南的劳累奔波生活，一年当两三年用，每年春节大多是在三亚度过的。两个孩子出生、父母去世，他都坚守在海南、长沙等杂交水稻研究工作第一线。通过在砥砺前行的艰苦付出中不断创新，他开辟了成果选出的成功之路。

在总结杂交水稻研究成功的经验时，袁隆平感慨地说："我国杂交水稻为什么能在世界上占领先地位呢？寸草仰春晖，全靠党的好领导啊！"[1] 因为，正是1956年党中央号召向科学进军，袁隆平才能在教学之余带领学生搞多种作物栽培试验；正是通过对实验的探索，自我否定了对无性杂交的研究，才开始水稻杂交优势研究；正是黔阳地委书记孙旭涛用国家科委支持水稻雄性不育性研究的信函，给袁隆平以支持，才使袁隆平免除了被批斗的灾难，使水稻雄性不育性研究在"文化大革命"的动乱中得以继续进行；正是1970年6月湖南省第二次农业科学技术经验交流会上，华国锋指示要把"水稻雄性不育"研究拿到群众中去搞，启发袁隆平制定了新的技术路线，指引李必湖与冯克珊在海南发现雄蕊败育的野生稻"野败"，为攻克中国籼型三系杂交水稻保持系难关打开了突破口，结束了杂交水稻研究徘徊的局面；正是成立了全国杂交水稻研究协作组，组织全国19个省（市）30多个科研单位协作攻关，用了上千个品种与"野败"进行了上万个测交和回交转育的试验，扩大了选择概率，加快了三系配套进程；正是前后四任总理先后共批拨7000万元，支持杂交水稻育种与应用研究，才使中国杂交水稻始终在世界上处于领先地位有着坚强的经济基础。

党和国家还给予了袁隆平诸多的崇高荣誉。2018年12月18日，中共中央、国务院授予袁隆平"改革先锋"称号，称他是"杂交水稻研究的开创者"。2019年9月17日，经第十三届全国人大常委会第十三次会议审议通过，全国人大常委会作出决定，国家主席习近平签署主席令，袁隆平荣

---

[1] 袁隆平.寸草仰春晖——从杂交水稻这项科研成果看党的领导[N].湖南日报,1981-6-30(3).

获"共和国勋章"。

袁隆平的个人梦与中华民族伟大复兴的中国梦有机结合。袁隆平说，他有两个梦想：一是"禾下乘凉梦"。他曾梦见实验田里的水稻长得像高粱一样高，稻穗有扫帚那么长，谷粒有花生米那么大，他和几个助手就坐在像瀑布一样的稻穗下面乘凉；二是杂交水稻覆盖全球梦。他的梦想从安江农校开始，经过多年努力，正在逐步成为现实。袁隆平的个人梦正是中华民族伟大复兴中国梦的题中应有之义。中华人民共和国成立初期，百废待兴。1949 年，全国粮食产量仅 11318 万吨，综合亩产 222 斤，其中水稻平均亩产 230 斤。为了解决全国人民的吃饭问题，党的八届三中全会通过了《农业发展纲要四十条（修正草案）》，提出亩产粮食 400 斤为"上纲要"、亩产粮食 600 斤为"过黄河"、亩产粮食 800 斤为"跨长江"。在杂交水稻研究推广成功前，绝大多数地方都跨不过"纲要"。2012 年 9 月 20 日，湖南省农业厅组织专家对湖南省溆浦县横板桥乡兴隆村的"Y 两优 8188"百亩示范片进行现场测产验收，平均亩产达 1835.7 斤，实现了超级杂交水稻第三期目标。2014 年 10 月 10 日，溆浦县横板桥乡红星村的"Y 两优 900"百亩片现场测产验收，亩产达 2053.4 斤，标志着超级杂交水稻第四期攻关目标提前实现。袁隆平的超级稻课题组中由罗孝和育出的"培两优 0293"的 5 个百亩片平均亩产达到了 1700 斤。在大面积种植上，亩产可以达到 1400 斤左右。2018 年，广东省梅州市兴宁"华南双季稻"试点，早稻与晚稻合计年亩产平均达到 3075.56 斤。杂交水稻自 1976 年推广以来，种植面积达到 90 亿亩，累计增产稻谷 1.6 万亿斤。每年因种植杂交水稻而增产的粮食，可以多养活 8000 万人。全球共有 40 多个国家引种杂交水稻，中国境外种植面积达 1.2 亿亩。近年来，怀化职业技术学院为推动袁隆平"杂交水稻覆盖全球梦"变成现实，以实际行动传播"隆平精神"，除向全世界大力推广新育成的杂交水稻品种外，还派出农业专家到发展中国家进行农业技术指导，先后派出张圣喜、王聪田、黄光中、李进军、李光清等 10 余名专家为埃塞俄比亚、利比里亚等 10 余个国家作了技术指导。杂交水稻的研究推广，为我国粮食增产作出了巨大贡献。我国用仅占世界 7% 的耕地解决了占世界 22% 人口的粮食问题。

2010 年 6 月，时任湖南省委书记周强为安江农校纪念园开园题词"杂交水稻从这里走向世界"。

整体编排的规范性与具体叙事的灵活性有机结合。正文 5 个章节按照杂交水稻研究的起步、破解"三系"配套难题、杂交水稻应用于生产并走向世界、两系杂交水稻研究、超级杂交水稻研究与产业化及文化发展进程的时间编排，但在具体叙事中，为使读者了解前因后果，有时出现突破所在章上下时限的情况。例如：对杂交水稻优良品种的研究成果，按照被鉴定或审定的时间编排在对应章节，但其研究的起始时间和推广、获奖时间不一定与所在章的上下限时间一致。同时，在度量衡计量单位的叙述中，基本采用公制，并兼顾基层群众的历史语言习惯，采用市制的"亩""斤"来叙述田土面积和粮食产量。

目　录

第一章　杂交水稻研究在安江农校起步
（1953.08—1966.04）

第二章　袁隆平团队艰难破解"三系"配套难题
（1966.05—1973.10）

第三章　杂交水稻应用于生产并从怀化走向世界（1973.11—1986.10）

第四章　两系杂交水稻研究在怀化取得新突破
（1986.11—1997.12）

第五章　杂交水稻的研究与推广在怀化不断取得新成效
（1998.01—2023.09）

第一章

杂交水稻研究
在安江农校起步

（1953.08—1966.04）

★ 确立让老百姓吃饱饭的使命担当

★ 袁隆平杂交水稻研究课题的孕育

★ 水稻雄性不育性研究在安江农校开启

杂交水稻研究在安江农校于二十世纪六十年代中期由袁隆平开创起步，有着内在的地理、历史和人文条件。

杂交水稻研究的起步地点为什么会是安江农校？因为安江农校所在地安江镇具有独特的地理条件。这里位于沅水上游东岸，海拔 168 米，东面为雪峰山主脉地带，西面为雪峰山支脉凉山，沅江径流而过，因这里河水平澜无波，民安江靖而得名安江。这里属于亚热带季风性湿润气候，雨量充沛，日照充足，土地肥沃，气候温和，年平均气温 17℃，年平均降水量 1378 毫米，无霜期 298 天左右，小气候无大风大旱，少严寒，温、光、水、气适宜各类生物繁衍进化和产生变异，生物资源十分丰富。

杂交水稻研究的起步时间为什么会是二十世纪六十年代中期？因为中华人民共和国成立前，安江虽有独特的地理条件，但那时的社会制度落后，生产条件差，加之耕作粗放，产量低而不稳，全区粮食总产量 102901 万斤，其中稻谷总产量 94596 万斤，平均亩产仅 289 斤。中华人民共和国成立后，在"为人民谋幸福、为民族谋复兴"的中国共产党领导下，经过肃清百年匪患、实行土地改革、废除封建陋习，开展对农业、手工业和资本主义工商业社会主义改造，实现了怀化几千年历史上的一次最深刻的社会变革，建立了优越的社会主义制度，制定和实施"一五"计划，大规模地开展农业基本建设、工业技术改造、发展教育科技事业、引进人才，到二十世纪六十年代中期，全区经济得到恢复和不断发展，为这里成为办学、育人、农业科研佳地，打下了政治、经济、文化和人才基础。中华人民共和国成立后的 40 年内，这里的水稻、柑橘、棉花、鸡鸭等动植物发生优良变异品种达 198 个，获得重大育种成果 31 项。

杂交水稻研究的开创者为什么会是袁隆平？因为袁隆平有"愿天下人都有饱饭吃"的远大志向、广学博览的探索精神和敢于挑战权威的创新胆识。袁隆平祖籍江西省九江市德安县，1929 年 8 月 13 日（农历七月初九）出生在北京协和医院，1949 年 9 月进入重庆的相辉学院攻读遗传育种专业，对孟德尔—摩尔根的遗传学理论有着浓厚的兴趣。重庆解放后，相辉学院与四川大学、四川省立教育学院的农科系合并组建为西南农学院，校址在重庆北碚。一天晚饭后，袁隆平敲开了管相桓教授的家门，一是请教，二是借书。管相桓教授走进房间拿了几本科技著作递给袁隆平，告诉他书中有介绍孟德尔—摩尔根理论的文章，并叮嘱他对课堂里所教的米丘林—李森科的学说也要认真学习，无论是何种学说、哪种理论，都有它们的道理，只有广学博览，才能触类旁通。两人围着桌子聊了很久。深夜，袁隆平告辞离去。临出门时，管相桓教授对袁隆平说，如果想进一步了解孟德尔—摩尔根学说，可以去四川省农业改进所找鲍文奎教授。1953 年 6 月毕业前夕，袁隆平想到新中国刚刚建立，百废待兴，自己是新中国培养的第一代大学生，应以报国为己任，便向学校递交了自愿到长江流域去工作的决心书，不久被分配到地处湘西边陲的安江农校，融入这里的天时、地利、人和之中。

第一节　确立让老百姓吃饱饭的使命担当

袁隆平来到安江农校后，响应党中央"向科学进军"的号召，边教学边搞作物栽培试验，在人们暂时困难时期的饥饿和"施肥不如勤换种"的启迪中，逐步确立了研究高产水稻种子让人们吃饱饭的使命担当；之后，他又通过发现的"鹤立鸡群"天然杂交水稻，找到雄性不育株，开启了水稻雄性不育性研究。

一、自觉把让人们吃饱饭的使命扛在肩上

1953 年 8 月，袁隆平怀揣分配通知书，拎着简单的行装，辗转 2000 多公里，历时半个多月，从重庆的西南农学院来到安江农校任教，开始了他从事农业科学技术教育和研究的生涯。

安江农校当时只有农作、园艺、畜牧三个专业。袁隆平知识全面，在教学工作中，他是一专多能的多面手，既能教植物学、农作物栽培学和遗传育种学等多门专业基础课和专业课，又能教英语、俄语等外语课程。学校当时缺俄语教师，安排袁隆平教了一个学期的俄语。因他学的是遗传育种专业，应该学以致用，有了俄语教师后，学校就及时把他从基础课程教研室调到了专业课程教研室。

学校那时还没有一本正式由教育部门出版的遗传学教科书。为了使学生听懂听好每一节课，在备课时，他设身处地，自己先提出问题，然后作好解答。他尽力扩充书本上的内容，使学生在课堂上学到更多的知识。同时，还注意抓好试验，重视实践，主动带学生到农村去、到社会中去学习。他说：学生学农，只靠在课堂上听课是不行的，必须边讲边试验，有时试验比讲课更重要。所以，他在搞好课堂教学的同时，经常带领学生去农田，或是爬雪峰山采集实物做标本，再自制图解和表格，实际上就是自编教材。因为都是亲身实践、亲手操作，既能引起学生们的兴趣，又有助于他们加深记忆和理解。为了提高学生的动手能力和操作技能，他带领学生搞试验，力图将课堂知识与生产实践结合起来。他身先士卒，样样农活学着干，并且干得样样精。

1956年，党中央号召"向科学进军"，国务院制定了全国科学发展规划。袁隆平响应党中央、国务院的号召，在教学之余，积极带领学生科研小组搞多种作物栽培试验，希望能培育出高产的新品种。通过教学与科研相结合，他在学生时代掌握丰富的遗传育种学知识的基础上，又积累了许多农业生产实践经验。

1960年前后，由于自然灾害造成了长达三年之久的全国性人饥荒，国家遇到了空前的困难。其间，袁隆平深切体会到"民以食为天"，粮食就是生命，必须解决吃饭的问题。他立志利用自己所学到的知识，研究出一些新品种，达到亩产800斤、1000斤乃至1500～2000斤，用农业科学技术增产增收，让大家吃饱饭。

二、受"施肥不如勤换种"启迪的早期探索

在教学之余，袁隆平开始设计自己的科研课题。与很多血气方刚、充满理想的青年人一样，袁隆平的最初想法是，研究出一个高产或者像样的作物品种。刚开始，他试图用孟德尔—摩尔根的遗传学搞小麦育种研究。那时开过一个全国小麦会议，让他感到惊讶的是：西藏小麦亩产上了1000斤，而湖南小麦亩产平均不到300斤，原因是湖南气候不适合，小麦易得赤霉病。他意识到在湖南搞小麦没前途，就想搞红薯研究。他以红薯为研究对象，开始了科研的第一次征程，他的想法得到了校领导的支持。

红薯在南方属于杂粮，主要种植于山地。由于当时水稻的产量很低，农民仅靠稻米根本满足不了全年的口粮。因此，在农村素有"红薯半年粮"的说法。他把"月光花"嫁接到红薯上，希望得到上面结籽、下面结薯的新型无性杂种，这样上面的种子可以供繁殖用，节省种薯，提高产量。1960年，他嫁接的"月光花红薯"获得了大丰收，其中最大的一蔸"红薯王"达到20斤，地上也结了种子。

袁隆平寄希望于这批无性杂种的种子能传宗接代，世世代代结出红薯王，上结种子。可是第二年适时播种，精心培育，长出来的作物在地上面是月光花，下面的红薯王却不见了。

袁隆平还同时搞过其他多种作物的"无性杂交"。他想在米丘林—李森科关于无性杂交、嫁接栽培、环境影响等理论的指导下，培育一批有价值的新品种。如：他把西瓜嫁接在南瓜上，长出了既不像西瓜，又不像南瓜的东西；把西红柿嫁接在土豆上，地上结出了西红柿，地下结出了土豆；等等。

人们对他的这些试验成果大加赞赏，记者也相继来采访报道。在那刮高产风的"大跃进"年代，很多地方报喜不报忧。袁隆平货真价实的"高产卫星"，自然得到了人们的肯定和赞扬。后来，他还被邀请出席在湖南武冈召开的全国农民育种家现场会。

正当别人赞扬他的时候，袁隆平冷静地思考自己所研究课题的方向到底是否正确。他发现：按照米丘林—李森科无性杂交的理论搞试验，尽管也结出了一些奇花异果，但从遗传角度考察，却毫无意义。因为这些试验所培育的杂交优势不能遗传给后代。这些试验与众多的农民育种家一样，始终没有跳出无性杂交、嫁接培养、环境影响的狭小圈子，而无性杂交的方法不能改变这些作物的遗传性。于是，他自我否定了对无性杂交的研究。

1960年3月，安江农校派袁隆平带学生到黔阳县硖州公社秀建大队劳动锻炼，他住在生产队队长向福财家里。一天傍晚，向福财从几十里远的八门换谷种回来，深有感触地对袁隆平说：施肥不如勤换种，种田人盼的就是有个好种子，要是有一号稻种，又耐肥，又耐旱，又不怕病虫害，亩产800斤、1000斤、2000斤，那多好啊！向福财的话给袁隆平的心沉重一击。是啊！施肥不如勤换种，同样的条件，同样的施肥管理，只要种子好，产量就会大大提高。看来，培育优良稻种的确是最经济、最有效的提高水稻产量的办法！他是教农作物栽培学和遗传育种学的，但没有培育出适合农民种植的好稻种来，因而深深感到了自己肩上的责任。

袁隆平回校后不断搜集有关遗传学说的资料，从中了解遗传学的发展动向，进一步坚定了走孟德尔—摩尔根遗传学的路子。不过，那时候虽然也说要百家争鸣，但实际上在农业教育系统中占主流的仍然是米丘林—李森科的那一套，仍然把摩尔根遗传学当作唯心论批判，视摩尔根遗传学为无产阶级水火不相容的天敌。袁隆平当时不敢公开看摩尔根遗传学的书，只能偷偷用《人民日报》把书遮住，有人来了就装着看报纸，没有旁人才看书。他从《参考消息》和专业杂志上得知，孟德尔—摩尔根遗传学研究深入到了分子水平，DNA双螺旋结构学说还获得诺贝尔生理学或医学奖。他越来越觉得孟德尔—摩尔根遗传学有道理，而米丘林—李森科"无性杂交"和外因论有问题。他决定抛开米丘林—李森科那一套，转到孟德尔—摩尔根遗传学说上面来，用它来指导育种。

第二节　袁隆平杂交水稻研究课题的孕育

袁隆平从杂交玉米、杂交高粱都是从天然的雄性不育株开始的经验中获得启示，他推想天然的雄性不育水稻也必定存在，便孜孜不倦地寻找。

一、发现"鹤立鸡群"水稻植株后的实验与探索

1961年7月的一个下午，袁隆平下课后，径直来到试验田。他挽起裤腿，走入稻田中认真观察起来。看着看着，他突觉眼前一亮：一蔸植株高大的优异稻株"鹤立鸡群"，穗子很大，籽粒饱满，十多个8寸长的稻穗像瀑布一样向下垂着。他数了数，最多一个稻穗竟有230颗谷粒！他以为发现了好品种，如获至宝！他推算了一下，用它做种子，亩产量就会上1000斤！而其他高产水稻不过500～600斤，可以增产约一倍。他欣喜若狂，心想亩产千斤指日可望。他赶紧用布条做好标记，经常加以观察。等到成熟时，他把这蔸稻株的种子小心翼翼地收藏起来。

第二年春天，袁隆平满怀希望地把这些种子撒播到田里，并适时插秧。每天上完课他就往试验田里跑，施肥啦，灌水啦，除草啦，观察和记录它们细小的变化，渴望出现惊人的奇迹。随着稻子发育生长，他的心却越来越沉重。这些禾苗长得高的高，矮的矮，参差不齐；从打苞、抽穗到成熟，它们也不同步，有的早，有的迟，没有一株的性状像它"老子"。一瓢凉水泼下来，他心中期待的"龙"变成了"虫"。他失望地坐在田埂上，望着这些高矮不齐的稻株发呆。

这瓢凉水让他发热的头脑冷静下来，失望之余突然来了灵感：水稻是自花授粉植物，纯系品种的第二代是不会分离的，只有杂种第二代才会出现分离现象。它为什么会分离呢？这种性状参差不齐的表现，是不是就是孟德尔—摩尔根遗传学所说的分离现象呢？照此逆向推理，眼前这些稻子

发生了严重分离，那么前一年选到的那株穗大粒多的稻株就可能是一株杂交水稻哩！看来，杂种优势不仅在异花授粉作物中存在，在自花授粉作物中也同样存在！

在这个灵感的启示之下，他赶紧仔细做了记录，反复统计计算。高矮不齐的分离比例正好三比一，完全符合孟德尔的分离规律。这一重大发现令他异常兴奋。遗传学的基本知识告诉他，一般来讲，水稻在有外来花粉串粉的情况下，天然异交率是 0.1% ~ 0.2%。湖南有些籼粳混作的地方，在糯稻（粳稻）田里，经常有"公禾"（也叫"冬不老"）出现，它实际上就是 0.1% ~ 0.2% 异交率中的杂交水稻，表现优势强，往往"鹤立鸡群"。

那么，自己手中的这株杂交水稻从何而来呢？

"天然杂交水稻"！这个概念如同一道闪电，刹那间划过脑际，袁隆平惊愕得张大了嘴巴。经过认真分析，他充分肯定了自己的判断。那株穗大粒多的稻株，必定是"天然杂交水稻"的杂种第一代！它就是在自然环境下天然杂交而成。由此推想，如果能探索出水稻天然杂交的秘密，就一定能培育出人工杂交水稻来，达到提高粮食单产的目的。

依据对遗传学已有的深刻认识，他对试验田里的变化植株进行仔细观察和统计分析，不仅论证了"鹤立鸡群"的稻株是天然杂交水稻，而且根据其第一代的良好长势，充分证明了水稻也存在明显的杂交优势现象。试验结果使他确信，搞杂交水稻的研究具有光明的前景！

二、杂交水稻选育思路初步形成

袁隆平反复思考：我国是世界上最大的产稻国之一，水稻种植面积为粮食播种面积的 1/3，水稻产量占粮食总产量的 40%。全世界约有一半人口以大米为主要粮食，有 90 多个国家种植水稻。这就是说，进行水稻的科学研究还具有世界意义。于是，他立即把精力转到培育人工杂交水稻这一崭新的课题上来。

其实，这一重大课题在国外早已开始研究。1926年，美国科学家琼斯最先报道了水稻杂种的优势现象。日本在二十世纪五十年代就开始进行研究工作。菲律宾国际水稻研究所也开始了研究。1962年，印度一位科学家进一步提出了水稻下一代杂种优势在生产上应用的设想。然而，水稻是一种花器很小且雌雄同花的自花授粉作物，难以一朵一朵地去掉雄蕊搞杂交，异花授粉十分不易，尽管他们实验手段先进，但都因技术未过关，一直未能应用于生产，这使国际上许多有此设想的研究人员丧失信心，放弃或中断了研究。这是一个被公认为难解的世界难题。而袁隆平偏偏选择挑战这个科研大难题，无疑前面的道路是非常艰难的。

为了深入研究，首先要找到利用水稻杂种优势的理论依据，以便认定自己的大方向正确与否。但是在湘西的偏僻角落是没有条件找到理论依据的，于是他想起了母校的管相桓教授很推崇的鲍文奎教授。

袁隆平决定暑假自费到北京去请教鲍文奎研究员。经到处打听，他得知鲍文奎在中国农业科学院农业作物研究所。等到暑假，袁隆平打报告给总务室用饭票换了十五斤粮票。这十五斤粮票是湖南省通用粮票，他要到北京去，出了湖南这种粮票不能用，又托总务室采购员帮忙到粮食局票证股去换了十斤全国通用粮票。第二天，带上几件换洗的衣服，取出准备买自行车的钱，跟朋友们说要回重庆看望父母，袁隆平就离开农校，从安江乘汽车爬过雪峰山，第三天到长沙再坐火车去北京。

在鲍文奎的指点下，袁隆平在中国农科院的图书馆里，阅读到许多在安江农校无法接触的外文资料。他从一些学报上了解到经典遗传学不仅在理论上取得了重大突破，而且在生产实践中也取得了明显效益，美国、墨西哥等国家的杂交高粱、杂交玉米、无籽西瓜等，都是在经典遗传学的基因学说指导下获得成功的，已经广泛应用于生产并取得了巨大的经济效益。

这些最新的科技信息引起了袁隆平的深思：米丘林—李森科学说解决不了的问题，孟德尔—摩尔根学派的学者却解决了。他被孟德尔—摩尔根遗传学理论吸引，决心进一步深入钻研，按照他们的学说去进行新的尝试。

　　从北京回来后，袁隆平反复研读了经典遗传学理论，如美国著名遗传学家辛诺特、邓恩和杜布赞斯基所著《遗传学原理》，以及美国的琼斯、印度的克丹姆、马来西亚的布朗、巴基斯坦的艾利姆、日本的冈田子宽等关于水稻杂种优势研究的报道。

　　关于杂种优势，袁隆平从北魏末年我国杰出的农学家贾思勰所著《齐民要术》中找到了依据。该书记载了马和驴杂交的后代——骡子要比"双亲"都健壮，既适于劳役，又耐粗饲，但骡子不能生骡子，不得不每次令马和驴杂交才能生骡子。明朝科学家宋应星所著《天工开物》中也有利用杂种优势养蚕的记载。

　　二十世纪二三十年代起，美国开始利用玉米杂种优势育种，开创了异花授粉植物杂种优势利用的先河，提高了玉米产量。司蒂芬斯利用西非高粱和南非高粱杂交选育出高粱不育系，并在莱特巴英高粱品种中选育出恢复系，利用"三系法"配制高粱杂交种在生产上应用，成为异花授粉作物利用杂种优势的典范。然而，自花授粉作物水稻的杂交优势利用技术还是没有突破。因为杂种优势只有杂种第一代表现最明显，以后就没有优势，就要分离，因此需年年生产大量的第一代杂交种子。水稻属自花授粉作物，颖花很小，而且一朵花只结一粒种子。种子量不足，小面积试验还可以，用到大田生产上是不可能的。也正因为如此，长期以来，水稻的杂种优势未能得到应用。

　　袁隆平借鉴上述研究成果，提出：

　　杂交水稻是利用杂种优势现象，即用两个品种杂交，杂交之后，由于品种之间的遗传有差异，这个差异就产生了内部矛盾，矛盾又产生了优势。由于杂种优势只有杂种第一代表现最明显，以后就没有优势了，就要分离，因此需要年年生产杂交种子。就好比马和驴杂交生下骡子，但骡子不能生骡子，只得每年需要马和驴杂交生产骡子。要利用水稻的杂种优势，其难度就是如何年年生产大量的第一代杂交种子。水稻属自花授粉作物，颖花很小，而且一朵花只结一粒种子。如果要像玉米那样，依靠人工去雄杂交的方法来生产大量杂交种子，每天能生产多少种子呢？少量试验还可以，用到大田生产上是不可能的。也正因为如此，长期以来水稻的杂种优势未能得到应用。

解决这个问题，最好的一个办法就是要培育一种特殊的水稻——"雄性不育系"，由于它的雄性花粉是退化的，我们叫作"母水稻"，有的人也把它称作"女儿稻"。这种水稻的雄花没有花粉，要靠外来的花粉繁殖后代。换句话说，不育系就是人工创造的一种雌水稻。有了不育系后，把它与正常品种相间种植，并进行人工辅助授粉，就可以解决不要人工去雄便能大量生产第一代杂交种子的问题。所以说，不育系是一种工具，借助这种工具可以生产大量杂交种子。我们后来的杂交稻制种就是通过在田里种几行雄性不育的水稻，再在它们旁边种几行正常的水稻品种，让它们同时开花，并在开花以后，用人工辅助授粉方法让正常水稻的花粉满天飞，落到雄性不育水稻的雌蕊上，这样来实现大规模生产杂交种子。

我查阅了国内外有关农作物杂种优势利用的文献，从中获悉，杂交玉米、杂交高粱的研究是从天然的雄性不育株开始的。受天然杂交稻的启示，我推想天然的雄性不育水稻必定存在。借鉴玉米和高粱杂种优势利用的经验，我设想采取三系法技术路线，通过培育雄性不育系、保持系、恢复系，实现三系配套，以达到利用水稻杂种优势的目的。具体讲，就是首先培育出水稻雄性不育系，并用保持系使这种不育系能不断繁殖；再育成恢复系，使不育系育性得到恢复并产生杂种优势，以达到应用于生产的目的。

三系中的保持系是正常品种，但有一种特殊的功能，就是用它的花粉给不育系授粉，所产生的后代仍然表现雄性不育。由于年年要生产第一代杂交种子，就要年年提供大量的不育系，而不育系本身的花粉不起作用，不能自交结实。繁殖不育系种子，就是通过保持系，它是提供花粉的，花粉授给了不育系，所产生的后代仍然是不育，这样不育系才一代代地繁殖下去。没有保持系，不育系就会昙花一现，不能繁殖下去。

在生产运用中，还须选育另外一种品种给不育系授粉，这样的品种有另一种特殊功能，即它给不育系授粉之后，所产生的后代恢复正常可育，因此这种品种叫作"恢复系"。如果产生的后代正常结实，又有优势的话，就可应用于大田生产。由此可见，要利用水稻的杂种优势，必须做到三系配套。[1]

袁隆平认为，中国有众多的野生稻和栽培稻品种，是水稻的自由王国，外国没有搞成功的，中国人不一定就不能成功。他很清楚自己拥有的有利条件是其他国家的科学家少有的：中国是传统的农业大国，又是最早种植水稻的国家之一，蕴藏着丰富的种质资源；有辽阔的国土和充足的光温条件，其中海南岛是理想的天然温室，十分适合育种。更重要的是，我们有优越的社会主义制度，可以组织科研协作攻关；有党的正确领导，任何困难都可以组织力量克服。

第三节　水稻雄性不育性研究在安江农校开启

培育水稻"三系"的前提，首先是在茫茫稻海中寻找到雄性不育株。袁隆平从发现的那株天然杂交水稻中获得灵感：既然自然界存在杂交水稻，那么也就会有天然的雄性不育株。他决心借鉴玉米、高粱寻找天然不育株的办法，寻找水稻的天然不育株。他迈开双腿，走进了水稻的莽莽绿海中，去寻找那从未见过、中外资料也未见报道过的水稻雄性不育株。

---

[1] 辛业芸. 袁隆平口述自传 [M]. 长沙：湖南教育出版社，2010:53-55.

一、在安江农校试验田首次找到水稻天然雄性不育株

1964年盛夏时节，水稻扬花了，馥郁的稻香沁人心脾，袁隆平的心沉浸在无边无际的稻海之中。他参照其他作物雄性不育的特性，按图索骥，在骄阳似火的早稻田里，高卷裤管，手持放大镜，头顶烈日，脚踩污泥，像大海捞针似的一遍又一遍地搜寻天然雄性不育株，逐株逐穗检查，一心希望寻找到不育株。

盛夏时节，田间闷热得就像一个蒸笼。那些天，袁隆平吃了早饭就带着水壶和两个馒头，乘兴下田，手拿放大镜在成千上万的稻穗里寻找。头上太阳晒，很热；脚踩冷水中，很凉。中午不休息，一直到下午四点才回家。因为没有水田鞋，都是赤着双脚整天在冷水中穿行。就是在那样艰苦的工作环境和生活条件下，他患上了肠胃病。

他知道这种不育株虽然出现的概率为三万分之一、五万分之一，但它总还是存在的。这种意念支撑着他日复一日地头顶似火骄阳，踽踽独行在茫茫稻海之中，全神贯注地观察正在开花和刚开过花的稻穗花药。他搜寻一丛丛稻穗，结果一无所获。他决定改变战术，一株株地寻找。这样，劳动强度就更大了，腰老是弯着，痛得如同锥子扎。有一天，他中暑了。跟随他一起去的学生潘立生把他扶到树荫下休息了一会，然后他又下田去了。他一只手压着隐隐作痛的肚子，另一只手翻开稻穗，一垄垄、一行行、一穗穗，继续像大海捞针一样寻找。

回到家里，浑身的骨头像散了架。他鞋没脱、脚没洗，倒在床上就睡着了。第二天，他拖着酸痛的双腿，又开始了工作。对他来说，田间就是战场。一年一度的稻穗扬花季节，再过几天就要结束。如果今年找不到就要等明年。这已是第14天了，平时他是到食堂提前吃饭，那天是星期日，食堂不做饭，为了不错过扬花的时间，他空着肚子，又投身到茫茫稻海之中。还好，那天袁隆平妻子邓则（曾用名邓哲）利用周日休息，带着食物赶来，也帮忙一起寻找。

午餐后，袁隆平在那丘栽植着洞庭早籼品种的稻田里，依旧一垄垄、一行行、一穗穗地寻找。突然，袁隆平把目光定格在一株稻穗上，只见那个稻穗的花药不开裂，性状很是奇特。

他用放大镜看了又看：那是株花药不开裂、摇动也不散粉的异样雄蕊。他立即将这株洞庭早籼天然雄性不育株用布条系上，作为标记，并采集上花药，拿回实验室，在显微镜下，用碘化钾染色法观察花药的反应，进一步证实了这是一株雄性不育株。袁隆平立即在笔记本上记下：第一株水稻天然雄性不育株，发现时间1964年7月5日午后2点25分；发现地点安江农校水稻试验田；水稻品种洞庭早籼。

这株特殊稻穗开花了，花药很瘦，里面没有花粉，好像全退化了，但是它的雌蕊是正常的。袁隆平激动不已。

不过，他觉得这一发现还过于偶然和缺乏代表性，孤证在科学试验中是不足为信的，必须找到更多的天然雄性不育株，对它们的病态、病因进行分类统计，总结出规律来才能认定。于是，他一面每天对这棵雄性不育株进行观察，一面头顶烈日，更加努力地寻找新的雄性不育株。

第二年，水稻扬花季节，他在农校和附近农村的茫茫稻海中，继续逐穗寻觅。通过对找到的第一株水稻天然雄性不育株的观察，他拥有了一些经验，正常植株的颖花刚开放时，花药膨松，颜色鲜黄，用手指轻轻摇动便有大量花粉散出；开花后不久，花药便裂开了，药囊变空，呈白色薄膜状挂在花丝上。在检查时，发现开花后花药不开裂、摇动亦不散粉的稻穗，再用五倍放大镜进一步检视，确证为花药不开裂的，就视作雄性不育植株，加以标记。两三天后再复查几次，并采集花药放在显微镜下检验，用碘化钾染色法进行花粉反应的观察。

运用这种方法，袁隆平与邓则两年中在栽培稻洞庭早籼、胜利籼、南特号和早粳4号等4个品种中共找到了5株雄性不育株，加上最早找到的那一株，共找到6株雄性不育植株。根据这些雄性不育株的花粉败育情况，袁隆平把它们分为三种类型：无花粉型、花粉败育型、花粉退化型。

二、培育采收第一代雄性不育材料种子

虽然连续找到了 4 个不同品种的 6 株雄性不育植株，但袁隆平仍把那几株雄性不育株繁殖而来的种子视为珍宝。他把三类雄性不育株成熟后的种子分株采收，采用盆钵育秧，分系单本移栽，每个株系种植一小区，紧挨着种一行同品种的正常植株作对照。在抽穗时逐株观察记录，尽可能用各种数据反映出试验过程的观察结果，并且一一做了详细记录。统计结果显示：（1）6 株雄性不育株中，属于无花粉型的有 2 株（1965 年自胜利籼中找出）；属于花粉败育型的有 2 株（分别在 1964 年 7 月和 1965 年 6 月从南特号中找出）；属于花粉退化型的也有 2 株（一株于 1964 年 7 月从早粳 4 号中找出，另一株则在同年从洞庭早籼中找出）。（2）鉴定了三种雄性不育类型的不育特征和不育程度。（3）初步弄清了三种雄性不育植株异交结实率和杂交二代的育性分离情况。（4）肯定了上述材料均属于可遗传的雄性不育株，很有研究价值。（5）试验显示，天然雄性不育株的人工杂交结实率可高达 80% 甚至 90% 以上，这说明第一代雄性不育材料杂交繁殖出来的后代的确有杂交组合的优势。因此，他的决心更大了，信心更足了。

三、袁隆平发表《水稻的雄性不孕性》

1965 年 10 月，袁隆平把初步研究的结果整理撰写成论文《水稻的雄性不孕性》，投寄给了中国科学院主办的《科学通报》杂志社。

在这篇论文中，袁隆平正式提出了通过三系配套的方法来利用水稻杂种优势的设想与思路。他对雄性不育株在水稻杂交中所起的关键作用做了重要论述，并进一步设想将杂交水稻研究成功后推广应用到生产中的方法，为将要进行的杂交水稻研究绘制了一幅实施蓝图。他还进一步预言：通过进一步选育，可以从中获得雄性不育系、保持系和恢复系，实现三系配套，使利用杂交水稻第一代杂种优势成为可能，将会给水稻生产带来大面积、

大幅度的增产。

论文稿寄往北京之后，既无回音，也未退稿。直到4个月后的1966年2月28日，这篇论文发表在《科学通报》半月刊的第17卷第4期上。这篇论文是人类第一次用文字表达水稻的这一生殖病态特征，指出了它巨大的利用价值，标志着中国的杂交水稻研究迈出了坚实的第一步。袁隆平成为发现中国水稻天然雄性不育株的第一人。这年五一劳动节之前，他收到了30元的稿费。他很高兴，这是他一生中第一次得到稿费。不久他又收到了科学出版社计划财务科的28元稿费通知单，这才知道这篇论文还刊登在英文版的《科学通报》上。那时他的月工资是64元，中、英文版《科学通报》的两次稿费加起来几乎是他一个月的工资。然而，更重要的是，这篇论文能够发表在全国权威性的学术刊物上，意味着对他的研究成果的承认和肯定，从而更加坚定了他朝着自己认定的目标继续前进的信心。《科学通报》出版完这一期后即因"文化大革命"而停刊。袁隆平后来回忆起这件事时，十分感慨自己"搭上了最后一班车"。

第二章

袁隆平团队艰难
破解"三系"配套难题

（1966.05—1973.10）

★ 杂交水稻研究在安江农校坚持推进

★ 袁隆平远缘杂交新思路的形成

★ "野败"的发现与"三系"配套协作攻关

1966年5月，国家科委九局熊衍衡发现袁隆平《水稻的雄性不孕性》论文，及时报送局长赵石英。赵石英慧眼识珠，认为水稻雄性不育研究若能成功，将对粮食生产产生不可估量的重大影响。他立即请示国家科委党组，经党组同意，赵石英即以国家科委九局的名义，向湖南省科委与安江农校分别发了信函，指出：袁隆平的研究在世界上居于首创，成功后对于我国的粮食增产具有重要意义，一定要高度重视，给予支持。正是这两个函件，使袁隆平在"文化大革命"中得以幸免于难，进而成为世界科技界的新星。也正是这两个函件，保护了杂交水稻研究的星星之火，这星星之火进而燎原五洲四海。

第一节　杂交水稻研究在安江农校坚持推进

国家科委九局向湖南省科委和安江农校分别发出公函时，"文化大革命"正在全国展开。因为有了国家科委九局支持杂交水稻研究的公函，袁隆平在"文化大革命"中受到冲击时，得到多方保护和支持，克服多种干扰破坏，把杂交水稻的研究坚持了下来。

一、安江农校杂交水稻研究受到多方支持与保护

经过两年的试验，袁隆平对水稻雄性不育材料有了较多的感性认识。为了加速试验，他打算自费买60个大钵子，用来培育雄性不育株第三代。他先到安江街上衙门口杂货铺去购买，比食堂蒸饭的钵子大一点的需要一元多钱一个，60个要七八十元钱。袁隆平因家庭经济条件不够好，实在拿不出这么大一笔钱。后来，他请学校总务主任陈忠周帮忙联系，跟陶瓷厂的厂长说好，到废品堆里去选。陶瓷厂在安江镇河西渡头坡，离农校七八

里路。陈忠周跟陶瓷厂厂长说好后的第二天，袁隆平约上学生尹华奇、潘立生一道拖着一辆板车将陶瓷盆拉回学校。

袁隆平将满满一车陶瓷盆卸在学校会堂前实验园的空坪上，然后将陶瓷盆一个个摆整齐，给每一个盆子里面装上湿润的褐色土壤，再撒上几粒稻种。

曹延科、李代举、李效牧几个平时和袁隆平关系不错的同事，看到他似乎当真要搞水稻雄性不育试验，便来探听虚实。他们知道水稻雄性不育试验不是学校立项的试验课题，这项试验除了要挑战水稻权威专家，还涉及举什么旗、刮什么风、走什么路的问题。他们都为他担心。

袁隆平用来培育禾苗的试验盆，长出了一株株青翠的秧苗，引起好些学生的好奇。课余时间常有一些学生跑去看盆里的禾苗，却看不出那些禾苗有什么奇特之处。尹华奇也经常去。他比同届的学生年龄稍大，经历的事情也较多，学习特别勤奋，除课堂认真听讲、努力学好书本知识之外，还喜欢参加课外的各种试验，动手能力很强。他对袁老师搞的水稻研究特别留意，产生了很大的兴趣，便主动找到袁隆平，请求允许他帮忙照顾那些盆盆钵钵，当老师搞试验的助手，以便学到更多的知识。经袁隆平同意后，尹华奇天天去照料那些试验盆，下大雨时把它们搬到屋檐下，天晴了立即搬出来，平时提水浇水，细心观察。

尹华奇跟随袁隆平做盆栽水稻试验，引起了李必湖的注意。李必湖也是"社来社去"学生，他是湖南省沅陵县苦藤铺乡的土家族青年，比尹华奇小两岁。他好奇地跑来向尹华奇打听，问袁老师这些试验到底有什么奇特之处。尹华奇告诉李必湖：这个试验目前还看不出什么奇特之处，不过，袁老师写的论文刊登在中国科学院的刊物上了。他是想培育出一种高产的水稻，解决我们饿肚子的问题。

李必湖也想参加这个试验，跟袁老师好好学一学。在尹华奇的鼓励下，李必湖大着胆子找到袁隆平，表示自己不怕吃苦，不怕吃亏，只想跟着老师学习新知识，再苦再累也心甘情愿。袁隆平高兴地接受了李必湖。从此以后，无论是盆盆钵钵之间，还是田间地头，都晃动着师生三人的身影。

面对两个好奇好学的青年学生，袁隆平耐心地解释这项试验的重要性和艰巨性：自己发现的那株"天然杂交水稻"，优势是那么强大，从一棵单株分蘖出十几棵有效稻穗，每穗都有 160～230 粒壮谷。如果田里长的都是这种杂交水稻，亩产就可达 1000 斤，在不增加任何投资的同等条件下，将比现有水稻品种增产 45%。如果能利用这种优势，那就意味着每年的产量将大幅度提升。这个水稻杂交试验的目标就是培育出那种高产种子，但国际上的水稻专家在这个试验上栽了跟头。尽管目前自己的各项条件是"小米加步枪"，与国外专家团队的先进设备和雄厚科研资金无法相比，然而奇迹总是人创造出来的。

袁隆平告诉李必湖、尹华奇：中国自古以来是个多饥荒的国家，不少地方甚至十年九荒。历史上所谓"饿殍遍野，易子而食"的记载难以计数。中国是人口大国，水稻是主要粮食作物，把杂交水稻搞成功，就能让老百姓吃饱肚子，不再挨饿。既然玉米、高粱的杂种优势利用已被国外广泛应用于大田生产，水稻的杂种优势利用也应该有办法做到。现在有了两个年轻人的热情参与，他更加有信心了。

1966 年 6 月 4 日，黔阳地委派出的工作组进驻安江农校，随即向全校师生进行"文化大革命"大动员，学校一切工作归工作组领导，学校党政领导靠边站，并动员大家批斗"资产阶级反动学术权威""抓黑鬼""横扫一切牛鬼蛇神"。有点历史问题的，家庭出身不好的，说过什么"错话"的，都是被批斗的对象。

袁隆平因不知道"八字宪法"是毛主席提出的，说"八字宪法"中少了一个"时"字，在当时"左"的思想影响下，被安上"修正毛主席的八字宪法"的罪状，并把他重视业务学习说为引诱贫下中农子女走白专道路，因而受到冲击。有一天他发现自己在大字报上也"榜上有名"，其中一张写道："彻底砸烂袁隆平资产阶级的坛坛罐罐！"看到这里，袁隆平猛地转身，急忙往他的试验地跑去。只见水池边的几十个钵盆全部被砸烂了，钵盆里的试验秧苗全部被毁坏了，地上一片狼藉。袁隆平心痛不已。

当天深夜，李必湖和尹华奇特意来看望老师，并告诉袁隆平，他们得知有人要砸烂老师的实验秧苗时，便偷偷地藏起了三钵，在无花粉、花粉败育和花粉退化三种不育株中各选了一钵，藏在学校果园旁的臭水沟里。他们还表示：万一袁老师在学校搞不成试验，他们毕业后非常欢迎袁老师带着种子到他们村里去搞试验，具体到哪个家里，由袁老师决定，无论到哪里，他们俩都决心继续跟着袁老师当学徒。

听完两个学生的话，袁隆平激动得要向自己的学生鞠躬，两个学生连忙劝住。

袁隆平想：借助着李必湖和尹华奇保存下来的不育株，仍可以继续培育水稻良种，如果没有这两个学生保存下来的不育株，杂交水稻的培育工作至少要晚几年才能成功。他告诉两个学生毕业后不要急于回家去，他们还需要继续学习。可以先到学生实习农场当农工，哪怕没有工资，只给饭吃都行。这样，一方面学习找资料方便；另一方面，即使自己被打成了"黑帮"，也还可以偷偷地指导他们继续试验。李必湖和尹华奇表示，一定按老师讲的办。当天夜里，乘着朦胧的夜色，由两个学生在前面带路，他们来到苹果树下的水沟边，察看了那三钵劫后余生的秧苗。

政治运动仍在持续，不几日，安江农校教师队伍里"揪"出了一批"牛鬼蛇神"。在阶级斗争愈演愈烈的狂风暴雨中，眼看袁隆平就要成为被批斗对象，那些天真的学生有的半信半疑，有的感到害怕，敬而远之，同一个教研室的教师，也不敢光明正大地同他往来。李必湖和尹华奇仍一如既往地来找袁老师。他们说自己是贫下中农子弟，什么也不怕。袁隆平为此感到欣慰，但嘱咐他们不要在公众场合和他亲近，以免受到牵连。如果自己被关进"牛棚"，希望他们照料好那些藏在臭水沟里的"宝贝"。

不知什么原因，那顶"牛鬼蛇神"的"帽子"迟迟不见戴到袁隆平的头上来，他便趁机偷偷摸摸挨近那臭水沟，提心吊胆地经营着那几钵残存的雄性不育水稻秧苗。越是时间难得，越是倍加珍惜。那三钵劫后余生的秧苗成了他唯一的精神寄托，也是他的全部希望。这些无辜的秧苗，倔强地伸展绿叶，昭示生命的力量。它们最初就是从几株雄性不育株培育出来的，现在尽管只剩下这么几棵，他相信自己能够重新培育出一大片绿色的禾苗，再怎么艰难也要把杂交水稻试验进行下去。在灾难临头的紧急时刻，他依旧毫不懈怠地将自己的才智和辛劳无私奉献给杂交水稻事业，因为这是他孜孜以求的人类战胜饥饿的梦想。

几天后的一个下午，地委工作组副组长王宝林要袁隆平晚饭后到办公室去一趟。他以为真的到了挨批斗进牛棚的时候了。晚饭后，他怀着不安的心情按时去了王宝林的办公室。王宝林说办公室人多，要到外面去谈。袁隆平心想：问题严重，还要出去谈呢！

袁隆平心里忐忑不安，等着王宝林发话。王宝林一言不发，一直默默地领着袁隆平走出校门，到了校外田垄边，选中袁隆平的一号试验田，说工作组要与袁隆平一起搞试验，要他当参谋。袁隆平压在心头的一块又大又重的石头顿时落了地。他表示一定当好技术参谋，保证工作组的试验田夺得高产。

看到工作组不再为难自己，袁隆平的胆子慢慢大了点。他悄悄把藏在臭水沟里的杂交水稻试验秧苗搬了出来，让他们多接受点阳光雨露。看着这些绿色的禾苗在阳光下伸枝展叶，分蘖拔节，他心里充满了希望。

1966年6月下旬至7月上旬，政治运动进入紧张阶段，而雄性不育试验材料又正好在这个时期抽穗，如不及时给试验稻穗进行杂交授粉，试验就会夭折。袁隆平硬着头皮提出请三个上午的假搞不育株授粉，出乎意料，工作组还给他加了一倍的"假期"。

过了几天，凌驾于学校党委之上的地委工作组，一夜之间从"太上皇"的宝座上被拉了下来，他们被指控为充当了镇压红卫兵运动的黑打手，成了执行资产阶级反动路线的急先锋，作了检讨后，一声不响地撤回地委去了。

黔阳地委和专员公署所在地的大畬坪，就在安江农校下游一公里处，这里原是安江纺织厂的分厂，马路两边十几年来自然形成了一条小街。小街上开了百货店、杂货店、饮食店、粮油店、蔬菜店、豆腐店、理发店，还有邮政所、储蓄所、医疗所、派出所什么的，人们生活所需一应俱全。农校的师生员工要买点什么东西，就到这个小街上去买。从学校到小街，从侧门步行走田间小道只有 1 公里路，从大门骑自行车大约是 1.5 公里路。一个星期天的早晨，袁隆平骑自行车去买小菜，在大畲坪小街上碰到王宝林，他们这时都变成"文化大革命"的观潮派了。袁隆平感谢王宝林当时放了自己一马，自己才免遭一场劫难。王宝林哈哈大笑，给袁隆平揭开了这个谜底：

原来，地委工作组根据上面的指示，按农校教师人数的比例，要揪出 8 个"牛鬼蛇神"，已揪出了 6 个，还要揪两个，工作组已责成"牛蛇队"组长李代举把写有"袁隆平"三个字的牌子和床铺都准备好了。那天晚上查档案，工作组领导王宝林从国家科委九局的公函中看到，国家科委不仅肯定了袁隆平研究杂交水稻的科学试验，还责成学校要支持他进行这项试验。他赶紧打电话向地委报告，接着带上国家科委的公函去向地委汇报请示。这时已是晚上十点多钟了，地委办公室里还亮着灯，地委书记孙旭涛已在办公室等着王宝林。孙旭涛听王宝林说袁隆平搞的水稻试验可能大幅增产，就把国家科委的公函反复看了三遍，表示袁隆平当然属于保护对象，工作组不能动他一根毫毛，谁要批斗袁隆平就先批斗他，并说这是地委的决定。还要王宝林赶快回农校向群众做好解释工作。同时要求工作组带头搞试验田，响应毛主席的号召，既抓好革命，又促好生产。于是工作组来了个急刹车，不仅不再提批斗袁隆平之事，转而请袁隆平去做工作组示范田的技术参谋。

二、成立安江农校水稻雄性不孕科研小组

1967 年 2 月，湖南省科委根据国家科委的指示，派人到安江农校了解

情况。4月，袁隆平起草了一份《安江农校水稻雄性不孕系选育计划》呈报省科委，并提议将应届毕业生李必湖和尹华奇留校作为助手。省科委决定予以支持。6月，由袁隆平、李必湖、尹华奇师生3人组成的"水稻雄性不孕科研小组"正式成立，这是中国第一个杂交水稻研究小组。

学校从中古盘七号田拨出两分上等好田作为试验田。从此，水稻雄性不育性的研究，从袁隆平个人教学之余的"副业"，变成了由国家立项进行专门研究的科研课题。同年8月16日，省科委给安江农校发出《请继续安排"水稻的雄性不孕性"的研究》的公函，将"水稻雄性不孕"课题正式列入省级科研项目，并帮助解决一些实际困难。省科委第一年解决600元科研费用，以后逐年增加。袁隆平用这有限的经费，又到渡头坡陶瓷厂买了100多个次品陶瓷盆。

湖南省农业厅也批准袁隆平的请求，将李必湖、尹华奇这两名"社来社去"的学生留在安江农校当他的助手，每月发给18元生活费。然而，"文化大革命"运动仍方兴未艾。几乎每个单位都分裂成了造反派和保皇派两大派，不参加这两大派的被称之为观潮派或逍遥派。原来的各级负责人就是当权派，这时他们都已靠边站。学校明文规定停课闹革命。两大派忙于夺权打派仗，运动初期被揪出来关在牛棚的"牛鬼蛇神"没人管了，他们要么参加两派中的一派，要么当观潮派或逍遥派，找根钓竿钓鱼或下棋、打扑克。各派组织为了扩大山头，有人邀请袁隆平加入"革命战斗行列"，他不凑那份热闹，只做自己应该做的事。他每天来到稻田边，看着绿色的禾苗，闻着土地的芳香，感到心里踏实。他用自身的经历告诫两个助手不要参加派性组织。两个年轻人便更加专心地照管试验田的禾苗。

三、在一波三折中坚持迎难而进

袁隆平倍加珍惜保留下的三钵秧苗。春播时，袁隆平买来30多个陶瓷钵，将所获少量雄性不孕材料种子育成秧苗，还买了铁丝和竹片，用竹片在秧钵上面撑成架子，横竖绕扎铁丝，做成简易网罩防雀害。为了加快育种步伐，袁隆平决定追着太阳跑，去岭南、海南、云南等光合潜力高的天然大温室加代繁殖育种。1968年2月21日，第二个儿子刚出生3天，他就与李必湖、尹华奇一起，辗转到广东省南海县大沥公社，一去数月，到4月底，带着从那里培育的试验种子回来，连襁褓中的儿子也来不及抱一下，就赶紧把试验种子播在田里。这时，已发展到四分秧田。而后，李必湖、尹华奇因别的事情暂时离开了，袁隆平独自一个人照看着试验田。

为了照顾这来之不易的"秧宝宝"，袁隆平像慈母似的守护在秧田边。不管是晨曦初露，或是日落黄昏，不管是丽日晴空，还是风雨如晦，每天都可看到袁隆平单瘦的身影。附近有些不明真相的人，以为袁隆平在"文化大革命"运动中受了刺激，神经不正常，背后称他"袁癫子"。

1968年5月18日是星期六，他和往常一样，在试验田边走了一圈又一圈，仔细观察秧苗的生长情况。用作不育材料标记的70多块小木牌挺立在禾苗旁，仿佛是站岗的哨兵。袁隆平做了观察记录，天快黑下来时，才回到处于两路口的黔阳县农技推广站的家里。

这天晚上下了一场大雨，袁隆平心里惦记着弱小的秧苗，生怕它们经不起大雨的冲刷。第二天他匆匆吃过早餐，骑上自行车又去试验田。来到田边，眼前的情景把他惊呆了：昨天傍晚还好端端的试验田，只过了一夜，秧苗全被拔光了，田里到处都是乱七八糟的脚印，那些小木牌，有的东倒西歪，有的浮在水面上。经过两年多努力，流了多少汗水培育出来的这些秧苗，突然不见了踪影，就好像自己的小孩，一天天看着长大，突然一下消失了。看着这般情景，袁隆平的心都要碎了，他呆呆地站在田边，半天说不出一句话来，只觉得脑子里一片空白，浑身发抖，两眼发直，感到天旋地转，心像被利剑刺穿。试验材料再一次被毁，杂交水稻的研究难道就这样被中断？

袁隆平四处寻找秧苗，几天以后才发现，曾经供胜觉寺饮用水的千年古井水上浮着几根秧苗，便立即跳入井中打捞。由于废井水太深，耳鼓疼痛难忍，几次潜水，都没有到底。当他无可奈何地捞上漂浮在水面的 5 棵秧苗上到井边时，嘴唇已经被冰凉的井水冻得发乌了。

学校领导知道后，立即派人抬来抽水机，把井水抽干，但已经晚了，沉落在井底的秧苗已全部沤烂了。

在古井水面残存下来的这 5 棵秧苗，使杂交水稻的研究得以延续，否则，不知又要经历多少岁月，才能再走到此刻的这一步。

谜案未破，有人居然放出谣言，说袁隆平是一个以科研为名来骗取名利的"科技骗子"。他们说这个试验是三岁小孩做的玩意，根本搞不出什么名堂来。袁隆平拿了省里的科研经费，连续几年出不了成果，骑虎难下，交不了差，干脆自己把秧苗毁掉。这样，既好向上级交差，给自己找台阶下，又可以达到陷害他人的目的。他们还搬出权威理论，说水稻自花授粉，杂交无优势，杂交水稻的科研课题没有前途。否则，为什么搞了这么多年也不见成效！

面对严酷的现实，袁隆平万分痛心，也非常气愤。但他的内心也更加坚定，他一如既往地精心照料着那 5 棵被挽救出来的秧苗。抽穗扬花时，有 3 棵是雄性不育株，总算没有"断后"，否则前四年的心血就付诸东流了。因为从 1964 年到 1968 年的每一年每一代之间都有关联，没有这三株秧苗，后面的研究就无法延续。

经过几年来的探索，袁隆平对三系遗传关系的认识更加深刻。针对实施三系配套研究计划，他把培育杂交水稻比喻为对一个家庭生育计划的设计，首先就是要培育具有雄性不育特性的"母水稻"（雄性不育系），它自己没有花粉，需要其他品种的花粉给它授粉，才能产生具有杂种优势的杂种一代；然后给雄性不育系"母水稻"找一个具有特殊本领的"丈夫"，也就是雄性不育保持系，它除了本身雌、雄蕊正常，使自己能繁殖后代外，还能给"母水稻"授粉，使之结出的后代仍然保持雄性不育的特性；在此基础上，再给"母水稻"寻找另一个雄性不育得以恢复的"丈夫"，这个恢复系除能自繁外，还能用亲和的血缘"医治"不育系不育的"创伤"，使它们双方的"爱情结晶"（即杂种）迅速圆满地恢复生育能力，并且高产优质。这种过程较为复杂，在研究实践中也不是一帆风顺的，必然要经历许许多多的艰难曲折。

1968年7月，黔阳地区革命委员会决定湖南省安江农业学校从安江迁址靖县二凉亭，与在此地的黔阳专区农科所合并成立黔阳地区农业学校。1969年春正式合并，内设4个工作组，即：教育组、科研生产组、办事组和政工组。教育组由原安江农校教师组成，主要负责学校教育工作；科研生产组由原专区农科所科研干部、生产工人和安江农校科研人员组成，主要负责农业科研和生产。科研生产组组长由原黔阳专区农科所办公室主任谢仁阶担任，负责主持学校科研工作。袁隆平领导的"水稻雄性不孕组"划归科研生产组管理，除原小组的袁隆平、李必湖、尹华奇等人外，吸收了原专区农科所科研人员杜安桢、罗华生、邱茂健等人参加，由杜安桢任副组长，协助袁隆平开展杂交水稻攻关研究。

靖县二凉亭农科所的生活环境虽然十分艰苦，但这里是飞山脚下的一个小盆地，地面开阔平坦，地势起伏和缓，溪河密布，雨水充沛，气候温和，无霜期达290天，是栽种水稻的理想王国。

袁隆平、李必湖、尹华奇安顿下来之后，第一件事就是找一块好试验田，将堆垒在猪栏外空地上的猪粪挑到试验田里去。

靖县二凉亭这个地方，海拔虽比安江高出一两百米，但气温却高了好几度，种子播下去后，不到五一节，秧苗就长得郁郁葱葱。秧苗插下之后，袁隆平和他的助手有事没事就天天围着试验田转，看着秧苗一天天长高，由绿转青，期待着它们抽穗扬花。

1969年5月，袁隆平被学校安排到溆浦县低庄煤矿宣传毛泽东思想。李必湖和尹华奇担心袁隆平走后工作上停滞，要去找学校评理，袁隆平怕学生们受牵连，不同意他们这么做。尹华奇又提出，找当年支持过水稻不孕性研究的地委孙旭涛书记，可孙旭涛已去世。师生三人茫然无措，不知路在何方。

学校革委会安排袁隆平和几个运动初期被批过的教师去溆浦县低庄煤矿，美其名曰"宣传毛泽东思想"，实质上是叫他们在煤矿工人的监督下接受劳动改造。袁隆平心里清楚，把他抽调到那么远的煤矿去，无形中就解散了"水稻雄性不孕科研小组"。但袁隆平要学生们学会隐忍，坚持把实验搞下去。如果碰到什么问题可以到煤矿找他。

袁隆平去煤矿一个多月后接到回校的通知。原来，袁隆平离开农校不久，省里来了一位水稻专家夏某搞科技大检查，他下车伊始，讲了一通"自花授粉植物没有杂种优势"的理论。李必湖和尹华奇听后，为了给杂交水稻正名，找到这位权威人士，请他到田里看看杂交水稻到底有无优势。夏某看过杂交水稻试验田的禾苗后，认为禾苗长势虽好，但产量不一定高，怕是只增草，不增谷，1000 斤的禾有 800 斤的谷就不错了。这股冷风一吹，已增加到 1000 元的研究经费被停拨，李必湖和尹华奇每月 18 元的生活费也被停发。

两位血气方刚的年轻人很是气愤。他们明白杂交水稻试验在袁老师心中如同生命。人急生智，尹华奇陡然想起"水稻雄性不孕科研小组"并不是学校成立的，而是省科委根据国家科委的指示成立的，现在面临胎死腹中，必须赶快向省科委告急求援。于是李必湖和尹华奇分别给省科委和地区科委发去情况汇报和请求支持的电报。省科委接到李必湖、尹华奇的电报后，随即派来以陈国平为首的工作组，进行实地调查，证明李必湖、尹华奇反映的情况属实。

一个星期后，中科院遗传所张孔湉教授赶赴安江农校实地考察。张孔湉是研究杂交高粱的专家，他支持"自花授粉植物有杂种优势"的观点，并肯定了水稻杂种优势研究小组的研究具有极高的科技含量和实用价值，还向李必湖、尹华奇传授了许多相关理论知识，建议黔阳地区革命委员会将袁隆平调回来搞杂交水稻研究。

这样一来，李必湖、尹华奇有了底气，便大胆提出要求：一要袁隆平回来，二要落实他们的生活费。于是，湖南省革委会生产指挥组计划组科技组和农林水组出面干预，要求安江农校革委会尽快把袁隆平调回来。另外，又了解到他们科研经费不足，省革委生产指挥组科技组安排专项经费3000元，加大支持力度。李必湖、尹华奇原本每月只有18元生活费，这次也提高到26元，稳定了这支科研队伍。

袁隆平万万没有想到，两位助手在这么恶劣的情况下，居然通过正当渠道，争取到了更为有利的科研条件。

四、走出怀化的跨省南繁实验

1969年早春，袁隆平想，湖南冬冷春寒，应选一个光照充足、冬春皆暖的地方去育种。他总结1968年1月到广东南海县大沥公社加代繁殖育种的经验，想到了海南，想到了云南，那里可摆脱气候的限制，加代繁殖，缩短试验周期。于是他在1969年秋致函省科委，提出加快试验育种工作，扩大试验范围，不能仅局限于在安江育种，要到光热条件最好的云南、广西、海南去的请求，希望批准他们去这些地方加速繁殖试验。省科委批准了他的请求，并拨给水稻杂种优势利用研究费1000元。

同年冬，他们转战来到云南省元江县。这里位于北回归线的北侧，时值隆冬，湖南已经水瘦山寒，而这里仍然温暖如春。这是一座山城，地形特殊，四面皆高山，中间是平坝，四季如春，水稻一年三熟。除了水稻、甘蔗，到处是香蕉、木瓜、灰舌兰等亚热带作物。

傣族兄弟敲起象脚鼓，欢迎从毛主席家乡来的客人。袁隆平三人租住在元江县农技站的一座平房里，还租了农技站一丘水田作为试验田。师生三人元旦假日也没有休息，整完秧田回来，他们走进一间砖砌的平房。这里本来是农技站的办公室，几天以前，他们来到这里，好客的主人把这间最好的房子让了出来。袁隆平说什么也不肯住，直到周老支书生气了，说这是不把他们当亲人，才不得已搬了进去。

1970年1月6日凌晨1时左右，云南峨山、通海一带发生了7.7—7.8

级的强烈地震,袁隆平师生住地元江虽距震中150公里,地震也在5级以上,余震不断发生,大地不时摇晃。袁隆平师生从梦中惊醒,冒险把试验稻种从摇晃的房屋中抢救出来,围坐在水泥球场上。冬季里少见的狂风暴雨也不期而至,浇得师生三人像一只只落汤鸡。农技站的党支部书记老周冒雨来探望他们,要他们赶快离开。但稻种刚刚发芽,袁隆平三人表示要与稻种共存亡。天亮以后,周书记派人帮助他们在水泥球场上用塑料布搭起一个窝棚,垫上几把稻草,再铺上一张草席,就是他们的床铺。种子该催芽了,他们在窝棚里拴上一根绳子,从铁桶里把一个个小布袋捞起来,挂在绳子上,每隔几小时浇一次水,让稻种在布袋里发芽。

大自然的灾难并没有吓退他们,发了芽的稻种在摇晃着的土地上播下去了。秧苗在暖风里长得飞快。由于地震造成交通中断,粮食供应发生困难,梦想创造高产战胜饥饿的师生三人,面临着饥饿的威胁。没有饭吃,他们就吃甘蔗。甘蔗虽然好吃,但当饭吃可不好受,三个人口腔里都磨出了血泡。

春节期间,湖南省革命委员会生产指挥组农林组组长张勇到元江县慰问袁隆平师生,提出安排李必湖去贺家山原种场帮助建立杂交水稻研究点。师生三人受到很大鼓舞。

5月初,凝聚师生三人心血的新一代种子成熟了。然而,其结果令人难以满意。这一轮试验,C、D两个系统不育系的繁殖率没有提高,反而由原来的70%下降到60%多。试验结果让袁隆平的心情有点沉重。

6月,李必湖被派到贺家山原种场帮助建立杂交水稻研究点、培养技术员。原种场安排周坤炉学习杂交水稻技术。

为了缩短周期,尽快地出成果,袁隆平和他的助手们不辞劳苦,从1968年起,像候鸟一样南来北往地追赶着太阳,经历了艰辛的南繁生活。去海南南繁的路途是很辛苦的,坐汽车、火车,再乘轮船渡海到海口,然后再转汽车到崖县,没有卧铺,硬座车厢里的人总是挤得满满的。他们背起一床棉絮,上面横一卷草席,提个桶子,桶子里面放着种子,就这样赶车赶船下海南。当时的南红农场条件简陋,安排给他们住的是茅草屋,潮湿阴暗，连张睡觉的床都没有。他们三个人收拾茅屋后暂时住了下来。没有电灯，李必湖和尹华奇就买来了蜡烛。海南岛的蚊子个大，毒性强，有时被咬得实在受不了，他们就用育种时覆盖在秧苗上的塑料薄膜裹在身上，蚊子的尖嘴虽然锋利，可是却刺不透薄膜。但薄膜不透气，第二天早上，三个人的身上全都起了一层更为刺痒的痱子。接着，他们住的茅草屋中又闹起了鼠患。为了防止老鼠偷食他们的口粮，他们就将剩下的半袋大米高高地吊在茅屋的房梁上。生活虽然艰辛，但大家乐在其中，觉得很有意义、很有希望。

第二节　袁隆平远缘杂交新思路的形成

科学研究的道路上难关重重。在领导与群众的保护和支持下，袁隆平和他的助手们，从 1966 年到 1970 年，先后用最初找到的雄性不育株及其后代的无花粉、花粉退化、花粉败育三种栽培稻的雄性不育株，结合玉米、高粱杂交的经验，用广泛测交和"洋葱公式"，与 1000 多个常规水稻品种进行了 3800 多个杂交组合试验，但结果仍不能令人满意。籼稻不育种子和籼稻杂交，其后代不能很好地保持雄性不育性状；粳稻不育种子和粳稻杂交，其后代也和前种情况同样；籼稻不育种子和粳稻杂交，虽比前两者好些，但也不理想。三种杂交类型没有一个雄性不育系的不育度和不育株率达 100%。这些雄性不育株总是头一年是不育的，到了第二年则又是一部分不育、一部分可育。

正当他们遇到困难的时候，各级领导给予他们热情的鼓励。特别是湖南省第二届农业学大寨科技经验交流会后，袁隆平思想上有了新的转折。

一、湖南省农科会带给袁隆平的思想新转折

1970年6月，湖南省革命委员会在常德召开湖南省农业学大寨科技经验交流会，要求各地（市）送成果参展。黔阳地区送去参展的就是袁隆平的"杂交水稻雄性不育研究"课题，并专门指定袁隆平赴常德参加会议。

为配合大会的召开，会前筹办了专题展览。在黔阳地区的展室里，介绍水稻雄性不育试验项目的内容被安排在展板中头版头条的位置，刊头是毛泽东的"最高指示"："农业是国民经济的基础，粮食是基础的基础！"刊头的右侧是一则短文，标题就是一个"粮"字。展板旁边摆放着水稻雄性不育的禾苗作为实物展示。大会的第一天，湖南省革命委员会代主任华国锋，仔细观看了水稻雄性不育项目的展览，并听取了汇报。第二天会议正式开始时，华国锋亲自请袁隆平到主席台上，并要他在大会上发言。

华国锋听完袁隆平的发言后，充分肯定了前期艰难探索的阶段性成果，并要求有关地（市）和部门大力支持。华国锋对袁隆平说，对于科学研究他是个外行，但知道农业生产要发展就得依靠农业科学的进步，而农业科学的进步离开农民和土地，那就是缘木求鱼。作为一个地方的领导人，支持和帮助科研项目是他的天职。袁隆平听后受到极大的鼓舞，特别是"天职"二字，更使他感动。在"文化大革命"高喊"打倒反动学术权威"的时候，把支持科研项目作为自己的天职，需要胆识与眼光。

华国锋还对袁隆平说，希望你们继续研究下去，把它搞成功。如果研究的技术路线有问题，就另辟蹊径。华国锋还在大会上亲自为研究小组颁发了奖状。大会最后决定，将杂交水稻研究列为全省协作项目。

这次大会，自始至终由华国锋主持。最使袁隆平感到兴奋的是，华国锋对杂交水稻这株嫩芽，给予了巨大的关怀，并作了"杂交水稻的试验，要拿到群众中去搞"的方向性指示。

湖南省农业学大寨科技经验交流会之后，湖南省革命委员会决定成立杂交水稻研究领导小组，由省委常委、"支左"的省军区副司令黄立功挂

帅任组长，省革命委员会生产指挥组农林组组长张勇、省农科院院长何光文任副组长，省农学院、省农科院、黔阳地区农业学校（原安江农校）、湖南师范学院生物系、贺家山原种场等单位组成协作组，在更广泛的范围内开展科学试验，从组织领导、人力物力上给予有力的保证。袁隆平信心更足了。

二、用栽培稻同野生稻杂交选育不育系新技术路线的确定

从常德回到杂交水稻实验基地，袁隆平反复思考：如果不育率不能达到100%，不育系就不能算成功，这是杂交水稻研究中必须达到的一个硬指标、铁门槛。怎样才能打破目前的徘徊局面呢？原路不通，出路又在哪里？

袁隆平找出几年来的试验资料，从观察记录到试验报告，一页一页地翻看，像过电影一样，一幕一幕地在脑海里呈现，力求从中理出一个头绪来。难道是试验材料上出的问题吗？他脑子里突然冒出了这个大疑问。

联想到遗传学上关于杂交材料亲缘关系的远近对杂交后代影响的有关理论，又想到国外通过南非高粱和北非高粱的远缘杂交才获得成功的范例，他觉得问题可能就出在试验材料上。因为前几年试验材料的亲缘关系太近，追本溯源，老祖宗都是长江流域和华南一带的早熟品种。

袁隆平把两个助手找来，提出了自己的想法。他对李必湖和尹华奇说，问题可能就出在试验材料上，用的材料亲缘关系都很近，必须拉开距离。要多渠道去创制雄性不育材料，不能吊死在一棵树上！必须跳出栽培稻的小圈子，另辟蹊径，拓宽种质资源。"公禾"的启示表明，再拉开点距离，用亲缘关系较远的野生稻进行杂交，可能会有所突破。他形象比喻，如近亲结婚，后代素质就低下，什么痴呆、聋哑、夭折等大多发生在近亲结婚的家庭里。

他们首先从文献中查找有野生稻的地方，关注近年来考古学提供的史

前稻作遗存的资料，同时重视在实践中调查研究。经过大量的工作，他们掌握了古今野生稻的基本分布情况。相关文献资料和已收集到的上千份普通野生稻材料表明：古今普通野生稻分为直立、半直立、倾斜和匍匐四种株形，全部是多年生类型。从古代文献资料来看，普通野生稻分布地点广，长江上游的四川渠州，中游的襄阳、江陵，下游的太湖地区以及苏中、苏北和淮北，渤海湾的鲁城（今沧州）等都有。对现代普通野生稻的普查表明，南起海南三亚（北纬 18° 09′）、北至江西东乡（北纬 28° 14′）、西自云南盈江（东经 97° 56′）、东至中国台湾桃园（东经 121° 15′）均有分布。分布最多的是海南、广东、广西、湖南、江西和福建大陆区，达 97.2%；云南南部的景洪、元江等地有少量分布，长江中游的东乡和茶陵分布面积也不小。

大量的调查和筛选，大大丰富了他们寻找野生稻的资源。袁隆平说：黄河流域、长江流域肯定是找不到了，只能到边缘省份，而最理想的是天涯海角的海南。他们决定从海南开始。

海南岛，是野生稻资源较为丰富的地方。那些远离尘嚣、生长在壑谷水泽中的野生稻，从洪荒时代起，在与自然的抗争中顽强地存活了下来。千百年来，没有人去关顾它。岂料这些原汁原味的野生稻，成了大自然留给今人的一笔财富。

不久，湖南省农科院召开了一次杂交水稻研究座谈会，到会的农业界专家有 40 多名，而相信袁隆平的科研设想的寥寥无几。与会的一位中国科学院学部委员在发言中仍然坚持一贯的观点，认为自花授粉作物自交不退化，杂交无优势，研究杂交水稻毫无意义。基于这样的认识，尽管省领导要求加强科研力量，但没有多少人愿意加入杂交水稻研究行列。只有省革命委员会生产指挥组农林组贺家山原种场的周坤炉等人，愿意随同袁隆平师生去海南岛协作攻关。

第三节 "野败"的发现与"三系"配套协作攻关

1970 年 10 月，为了找到野生稻，走远缘杂交之路，袁隆平带着李必湖、尹华奇等人奔向天之涯海之角的海南三亚。他们在这里发现了"野败"，并牵头协作攻关，实现了"三系"配套。

一、李必湖在海南发现雄性不育野生稻——"野败"

三亚是我国自然风光最优美的地方之一，境内的鹿回头岭、白鹤岭、大曾岭、豪霸岭和金鸡岭自南向北环列；三亚河、大坡水及临川水则自北向南绕过市区，西流入海。西面是开阔的三亚港和银色的沙滩。过了秋分，湖南的气候开始转凉，可属于典型的亚热带海洋性气候的三亚，阳光还是那么炽热刺眼。这确实是一个天然的大温室，是"四时杨柳四时花"的好地方。从县城西行 24 公里，便是闻名遐迩的南天胜景"天涯海角"，南红农场就坐落在这里。农场为湖南来的客人提供了住房、土地和生活上的各种便利。

袁隆平他们住的是一栋简易的平房，住房周围有常见的椰子树、荔枝树、棕树，更多的是木麻黄树，这种树类似松树又不是松树，长得高大粗壮，郁郁葱葱，生机勃勃，既挡风又遮雨。

农场拨给袁隆平的试验田，开始并不好，后来做了调整，选在农场二号公路的中部。二亩六分做秧田，另外四亩做杂交试验田。种子播下几天，南风和畅，秧苗如茵。烟波万顷的大海，突然变了脸，顿时浊浪排空，狂风大作，大树被吹倒，房屋在动摇，袁隆平他们以前从没遇到过这样的台风。

接着风卷残云，随即而来的是倾盆大雨。

李必湖、尹华奇等人跟着袁隆平，冒着大雨从屋子里冲到秧田边，只见大水淹没到膝盖了。如果等大水自己消退，秧苗就会沤烂，一腔心血又要化为乌有。袁隆平急中生智，让助手把门板卸下来，当作木板船浮在水面上，然后小心翼翼地将秧苗带泥从水里捧出来，放在门板上，移送到安全的地方。

几天来，袁隆平深入黎家山寨询问老农，在荒凉的山野里到处寻觅。他的助手们在他"用野生稻与栽培稻进行杂交"的构想指导下，也全部出动找野生稻。

袁隆平想，如果总是把自己捆绑在试验田里埋头实干，科研信息不畅，这是不行的。于是，他决定让助手们照料试验田，自己到北京去拜访鲍文奎研究员并查阅资料。他希望通过了解国际水稻育种研究的最新进展和动态，从中获得一些有用的信息。临行前，他交代助手们在照顾秧苗成长的这段时间里，多向农场的技术员了解野生稻的分布情况，抓紧在附近一带多作野外调查，争取尽快找到野生稻。

李必湖想到华国锋关于杂交水稻的试验要拿到群众中去搞的指示，晚上到南红农场向工人、技术员和他们的家属咨询。在海南岛，野生稻叫"假禾"，并不是什么稀罕的东西，这个人向他介绍情况，那个人说要带他去。但看了好几个地方的野生稻，还是找不到野生不育稻株的影子。

1970年11月23日上午，南红农场技术员冯克珊来到科研组的住地，李必湖与他一起，从二号公路走到一号公路紧靠铁路的涵洞旁边，这里小地名叫林家田，大约离南红农场1公里，在公路和铁路交会处，有一块大约两百平方米的沼泽地，沼泽地里乌黑的淤泥中，杂草丛生，水潭中不时可见到蚂蟥和水蛇。这块荒凉的地方，看样子很少有人涉足。走到沼泽地边，李必湖看见杂草丛中果真有野生稻，它与栽培稻完全不一样：株型匍匐，茎秆细长，叶片狭窄，穗头短小，穗上长有长长的红芒，野性十足，正在抽穗扬花。李必湖见到野生稻，高兴得嘴都合不拢，鞋子一脱，裤脚一卷，赶忙走了下去。

李必湖在深及大腿的泥潭中边走边用放大镜仔细观察，一朵一朵的野生稻花，雄蕊都是正常的，而这并不是他要找的，他要的是雄蕊败育的野生稻。

李必湖并不灰心，继续一株一株仔细察看其特征和性状。倏地，他在一株野稻旁停住了。这一野生稻的雄蕊颜色明显不同，是乳白色，其他野生稻的雄蕊是鲜黄色。长期的实践练就了他非凡的辨别力，他意识到这就是雄蕊败育野生稻。这株野稻有三条雄蕊异常的稻穗，它们的花药细瘦，呈火箭形，色浅呈水渍状，不开裂散粉。这三条稻穗生长于同一个禾蔸，是从一粒种子分蘖的。李必湖弯下腰，用手连泥带蔸挖出来，这砣泥巴就有七八斤重。他捧着植株在沼泽地里深一脚浅一脚地往岸上挪动着，到了沼泽地边的路上，脱下衣服铺在地上，将"宝贝"包好，抱在胸前捧着走。

回到农场，李必湖把这株雄性不育野生稻栽植在试验田的一小块空地里，等待袁隆平回来做鉴定。

这时，袁隆平还在北京。他见到了鲍文奎教授。鲍教授见袁隆平来拜访他、请教他，感到无比欣慰，在家亲自下厨招待袁隆平吃了一顿饭。在中国农科院资料室，袁隆平从外文报刊上看到了一则新动态：1968年日本琉球大学教授新城长友实现了粳稻的"三系"配套，只是由于杂交组合优势不明显，还没有投入生产应用。因此，这项研究还只有理论价值，没有成为一项实用技术。

翻遍所有的最新报刊，没有发现籼稻型水稻实现"三系"配套的报道。他带领团队苦心研究的正是这个尚未突破的籼稻型水稻杂交试验。他决心尽快实现籼稻型水稻的"三系"配套，抢在世界的前列，把它变成一项应用技术。只有这样才能在杂交水稻领域中抢占世界的制高点，抢在美国和日本的前面，为国家争光。

袁隆平从北京回到海南岛后，一到农场就直奔试验田边，看到了那株野生稻。经过反复地仔细观察，又采集稻花样品，放在显微镜下检验，最终确认这是一株十分难得的野生稻雄性不育株。这株野生稻分蘖力极强，叶片窄，茎秆细，谷粒小，有长芒，易落粒，叶鞘和稃尖呈紫色，柱头发达外露，除雄性不育性外，其他性状与海南岛的普通野生稻没有差别。

鉴于它是一株典败型花粉败育的野生稻，袁隆平当即兴奋地把它命名为"野败"。"野败"的发现，为袁隆平打通了"三系"配套的关键一环。

李必湖用试验田里仅有的一个正处在抽穗末期的籼稻品种"广矮3784"与"野败"杂交。他身不离试验田，眼不离杂交水稻。烈日当头，汗流浃背，他坐在特制的水田工作凳上，守候着"野败"开花。每当野败开一朵花，他便小心地用镊子夹着栽培稻的花朵与其杂交，并在小本上做好记录。为了防田鼠，就在田边搭个铺，夜里坚持与宝宝禾作伴。一连五天，共杂交了65朵花，8个组合。这65朵花结了11粒种子。后因风吹雨打和麻雀啄食，只得到比金子还珍贵的5粒种子！

1970年以前，在从事杂交水稻研究时，通常称"水稻雄性不孕"。1970年12月，杜安桢就此称谓提出了自己的看法：按中国的语言习惯，应该称"雄者育、雌者孕"。袁隆平赞同这一说法，此后"雄性不孕"改称"雄性不育"。

二、袁隆平团队与有关省（区）协作运用"野败"选育不育系

1971年1月，中国科学院业务组副组长黄正夏到海南，召集在海南搞南繁的有关省和单位开会，号召搞协作研究。

1971年3月下旬，"野败"抽穗，李必湖、周坤炉和前来跟班学习的江西萍乡农科所的颜龙安等用"6044""米特""新三号""珍汕97"等几十个栽培稻种与其进行测交，得到200多粒杂交第一代种子。一蔸"野败"通过繁殖，扩大到46蔸。

袁隆平的杂交水稻研究吸引了全国各地的绿色革命支持者，各地纷纷成立了科研协作攻关小组。1971年"野败"在海南拔节抽穗的时候，江西

萍乡农科所、广西农科院、福建农科院和广东、湖北、新疆等 13 个省、市、自治区的 10 多个单位 50 多名农业科技工作者，赶到袁隆平他们居住的海南南红农场附近，与袁隆平并肩战斗，一道参加攻关。

袁隆平每天白天在田间指导操作，晚上给大家讲课，并将"野败"无偿提供给全国有关省（区、市）。继湖南之后，江西、新疆、福建、安徽、广东、广西等省区也纷纷用栽培稻品种与"野败"杂交，试图将"野败"中的雄性不育基因转育到栽培稻品种中，以培育野败型雄性不育系。

1971 年 6 月，湖南省农业科学院成立杂交水稻研究协作组，袁隆平调到省农业科学院杂交水稻研究协作组工作。随后黔阳地区农校也及时调整了内设机构，科研组下设 4 个技术攻关小组，其中"水稻雄性不育组"由杜安桢、李必湖、尹华奇、罗华生、邱茂健等技术人员组成，袁隆平兼任学校课题组组长，经常回校指导课题组研究工作；杜安桢继续担任副组长，主持课题组研究工作。课题组在袁隆平的指导下，利用"野败"材料开展杂交测试、回交选育不育系材料研究。

这年夏天，周坤炉受袁隆平委托，带着利用"野败"与栽培稻杂交的 13 个组合的种子回到常德贺家山良种场，当即种下 8 个组合的种子，但因未作短光处理，没有得到实验结果。袁隆平得知后，立即要周坤炉携带余下的组合种子速赴海南。周坤炉告别新婚才一天的妻子，日夜兼程赶到海南三亚师部农场。袁隆平十分高兴，争分夺秒地把周坤炉带来的种子播了下去。

时值 8 月，海南骄阳似火。袁隆平和他的助手们冒着炎热在试验田里劳作。功夫不负苦心人。10 月,周坤炉带来的"野败"杂种抽穗了，共 71 株，其中 46 株表现雄性不育，其余 25 株表现部分可育。江西、湖南等省成功地育成了"珍汕 97A""二九南 1 号 A""71-72A""V20A"等不育系。

同年冬，湖南省水稻雄性不育研究协作组在海南崖县种植杂交 F1 代，完全不育株率达 41%，证明"野败"的不育性可以通过杂交遗传给后代。

得到"野败"的时候，袁隆平并未预见它是一个突破口，只认为这是一个很好的资源。袁隆平和他的助手们进一步研究，第二年才发现这个"野败"是个好东西：雄性不育，并且能够保持下去。他们把研究的重点立即转移到"野败"材料上，获得的雄性不育株能 100% 遗传，其后代每代都是雄性不育株，这为杂交水稻研究的成功打开了突破口。

袁隆平谈到李必湖发现"野败"的功绩时说："这里当然有一定的偶然性，但必然性往往寓于偶然性之中。一是李必湖是有心人，是专门去找野生稻的；二是他具有这方面的专业知识。我和李必湖、尹华奇对此有所研究，所以宝贝材料一触及我们的目光就能一眼识破，别人即使身在宝中也不识宝，这就是李必湖之所以能首先发现'野败'的必然性啊！"[1] 美国著名农业经济学家唐·帕尔伯特在他的《走向丰衣足食的世界》一书中专门论述了发现"野败"的意义："李必湖先生在海南岛能找到这种原始材料，发现其杂交价值就更稀罕了，这种奇迹居然发生了。"

李必湖在后来的《袁隆平成功的内在动力和外部环境》一文中写道："袁隆平充分了解我国自然条件和水稻资源……在杂交水稻徘徊不前的时候，他制定出走远缘杂交的路子，后发现'野败'，找到了杂交水稻的突破口，取得成功。"他还写道："袁隆平成功的原动力来源于人类生存和社会发展的需要，他总是把社会需要当作自己的理想追求，把人民利益作为自己的工作目标。"

三、袁隆平团队牵头"三系"配套技术的协作攻关

1972 年 3 月，国家科委和农业部同时把杂交水稻列入全国重点科研项目。而后，由中国农科院和湖南省农科院牵头，成立了全国性的科研协作组。

这年春天，科研协作组在海南继续进行回交，同时利用 44 个籼稻和粳稻品种测交，其结果是无论籼稻还是粳稻，都出现了完全保持不育或完全恢复可育的品种，这证明通过"野败"实现杂交水稻"三系"配套是可

---

[1] 谢长江.杂交水稻之父——袁隆平传 [M].南宁：广西科技出版社,1990:76-77.

行的。

袁隆平把加速繁殖出来的"野败"种子分送给广东、广西、湖北、福建等十几个省（市）进行试验，这些珍贵种子成为全国农业科技人员共同攻关的可靠保障，从而大大加快了杂交水稻的研究进程。在很短的时间内，来自全国几十个科研单位的逾百名科研人员，使用上千个品种，与"野败"进行了上万个回交转育。袁隆平与李必湖、尹华奇、周坤炉、罗孝和等一起育出了"二九南 1 号""V20"等不育系和保持系。江西萍乡农科所颜龙安、文友生等，在袁隆平的指导下，育出了"珍汕 97"不育系和保持系。福建的杨聚宝等，育出了"V41"不育系和保持系。至此，我国第一批"野败"细胞质骨干不育系和相应的保持系宣告育成。

为了证明水稻具有杂交优势，1972 年夏，袁隆平团队在湖南省农科院做了试验，种上杂交水稻来说服有关人。他们在四分田里种下杂交水稻和对照品种。杂交水稻长势很旺，对照品种只有七八寸高，杂交水稻已有 1 尺高了；对照品种只有四五个分蘖，杂交水稻就有七八个分蘖了。可最后验收的时候，结果却不尽如人意，杂交水稻产量比对照品种略有减少，而稻草增加了将近 7 成。于是有人说风凉话：杂交水稻好是好，少长谷子多长草，可惜人不吃草，如果人要能吃草，杂交水稻就有发展前途。

湖南省农科院及时开会研究到底要不要继续支持杂交水稻研究的问题。支持者是少数，大多数人反对，说这个杂交水稻是一堆草。袁隆平冷静地对大家说，从表面上看，试验是失败了，稻谷减产，稻草增产。但是从本质上讲实验是成功的，因为争论的焦点是水稻这个自花授粉作物究竟有没有杂交优势，现在试验证明了水稻具有强大的杂交优势，这是大前提。至于这个优势表现在稻谷上还是稻草上，那是技术问题。因为我们经验不足，配组不当，使优势表现在稻草上了。可以改进技术，选择优良品种，使其优势发挥在稻谷上，这是完全做得到的。袁隆平短短几句话后，就把一个科学道理讲透彻了。那位认为自花授粉作物没有杂种优势、搞杂交水稻没有前途的老专家，其实也是一个很有科学良知的专家，他听了袁隆平的一番话，当即表示赞同，支持把杂交水稻研究继续搞下去。有了专家的表态，军代表和院领导也一一表示要继续支持。

同年10月，在湖南长沙召开了第一次全国杂交水稻科研协作会，组成了全国范围的攻关协作网。当时参加协作的有19个省、市、自治区。部分科研单位和大专院校分担了杂交水稻的基础研究，他们同育种工作者密切配合，对水稻"三系"和杂交组合进行细胞学、遗传学和生理生态等方面的研究。从此，每年召开一次全国杂交水稻科研协作会议，交流经验、讨论问题和制订研究计划，从而有力地促进了这项研究工作。

当时三系中已育成不育系、保持系，只差恢复系了。然而，寻找恢复系却费了不少周折。这年冬，杂交水稻研究的重点转到恢复系的选育上，方法是以测交筛选为主。袁隆平根据日本琉球大学新城长友发表的恢复基因地理分布原理，提出从低纬度热带地区寻找恢复系的测选思路，与广西农学院张先程等率先在东南亚品种中，找到一批以IR24为代表的优势强、花药发达、花粉足、恢复度在90%以上的恢复系，并从湖南省农科院水稻研究所征集的一批从菲律宾国际水稻研究所引进的资源中进行选配，配组了"二九南1号A1R24"等组合，由张先程拿去南宁种植。

1973年夏，张先程首先发现"1R24""1R661""泰引1号""古154"等具有强优恢复力。几乎同期，湖南省贺家山原种场周坤炉也测出"1R24"，湖南农科院水稻研究所的黎垣庆测出"1R26"均具有强优恢复力。半个月之后，湖南、江西、广东等省的科研人员也相继鉴定出同一恢复系。通过全国大协作，广大科研人员选用长江流域、华南、东南亚、非洲、美洲、欧洲等地区的1000多个品种进行测交筛选，找到100多个具有强恢复能力的品种。

袁隆平领导的杂交水稻研究协作组在选育出"二九南1号A"（不育系）和"二九南1号B"（保持系）之后，1973年又用"二九南1号"与恢复系"IR24"杂交配组，育成第一个强优势"三系"杂交水稻品种"南优2号"。当年，江西、广东、广西等省（区）也育成了一批强优杂交水稻组合，制出了第一批杂交水稻种子。

至此，我国籼型杂交水稻三系配套成功。只有三系配套成功，才能生产出源源不断的杂交种子。袁隆平及其助手们为之奋斗了9年，率先攻克了这个当时世界尚未解决的重大科研课题。

当年10月，在江苏省苏州市召开第二次全国杂交水稻科研协作会议，袁隆平代表湖南省水稻雄性不育系研究协作组做《利用"野败"选育三系的进展》的发言，正式宣布籼型杂交水稻三系配套成功。他在《杂交水稻培育的实践与理论》中写道："杂交水稻应用工程技术的研究，现在已知始于二十世纪五十年代的日本和美国。在我国，由本人于二十世纪六十年代之初开始立意，1964年正式投入研究，1966年首次发表初步研究报告，提出设计思路，到1967年国家正式立项，已至全国的协作研究，至今业已十三度春秋。现在，我们可以确定无疑地向世界宣告，这项工程技术已由我国先于世界正式完满地研究成功，并同时先于世界投入实际应用。这是党和政府英明领导的结果，是党的阳光雨露哺育出来的祖国科技花苑中的一朵科技奇葩。"

第三章

杂交水稻应用于生产
并从怀化走向世界

（1973.11—1986.10）

★ 成功跨越应用于大田生产的两大关隘

★ 杂交水稻种植技术在国内迅速推广

★ 杂交水稻技术走出国门

"三系"配套成功，还只能算是试验田的成功，要应用于大田生产，还得突破组合优势关和制种关。在国务院领导下，全国各地通力合作，经过上万次杂交组合选育和更新，以外国无法想象的速度，在较短的时间内，突破了杂交水稻组合优势关和制种关，使杂交水稻很快在全国大面积推广，并迅速走向世界。

第一节　成功跨越应用于大田生产的两大关隘

杂交水稻是否有优势？这个问题自袁隆平提出研究课题之日起，一直是人们关注和争论的问题，理论界关于"自花授粉的水稻有无杂交优势"的争论持续不断。不少常规稻育种专家从传统遗传学那里引经据典，断言"自花授粉作物，自交不退化，杂交无优势""这项试验没前途"。袁隆平作为这项前途未卜的研究项目的主持人，面对种种议论，虽感压力很大，但经过冷静地条分缕析，感到自己的理论是站得住脚的，于是带领助手们勇往直前。

一、实现杂交水稻的产量优势

为了攻克杂交水稻组合优势关，在袁隆平的指导下，全国各地的研究者同时运用上万个不同品种进行杂交组合的选育和更新，从中探索挑选具有产量优势的杂交组合。袁隆平和助手们逐渐探索出选择亲缘关系相对远、优良经济性状能互相补充、亲本之一是高产品种的恢复系和不育系杂交的办法，培育出营养、生殖优势并茂的一批批早、中、晚稻优良组合。

1973年,在省农科院试种袁隆平亲手配制的杂交种,亩产晚稻1010斤。第二年扩大试种面积,各点都效果明显,一般每亩增产稻谷100～200斤,比当地优良品种增产20%左右。常规稻良种的草与谷之比为1∶1,杂交水稻则为 1∶1.1，杂种优势很大程度发挥到稻谷上来了。

1974 年秋，第一批强优势组合表现出强大的增产优势。袁隆平等选育的"南优 2 号"在安江农校试种，中稻亩产达 1250 多斤；作双季晚稻种植 20 亩，亩产 1000 多斤。"南优 2 号"在广西农学院种植 1.27 亩，平均亩产 1195.2 斤，比早稻当家品种"广选 3 号"翻秋种植增产 48.4%，比晚稻当家品种"包选 2 号"增产 61.5%，比高产亲本"1R24"增产 48.8%。与常规水稻品种相比，杂交水稻表现出根系发达、分蘖力强、生长旺盛、茎秆粗壮、穗大粒多、适应性强的特点。数十个杂交组合测产结果显示，不少小区亩产超过 1300 斤。郭名奇所在的桂东县盆栽"南优 2 号"，一蔸的产量居然有一斤半。

再好的成果，如果不转化为生产力，那将是一个极大的浪费，是对科学技术创新的一种亵渎。袁隆平在完成了"三系"配套之后，第一个想到的就是如何紧锣密鼓地进行推广工作。

1973 年，黔阳地区农校与农科所分开，学校部分恢复原安江农校称谓，农科所部分恢复黔阳地区农科所称谓。

1975 年 1 月，安江农校迁回安江原址。这年，安江农校党委决定在校内实习农场示范栽培 50 亩杂交中、晚稻。试验期间，接待了省内外数批参观学习人员。试种结果：经严格丈量和认真验收，6 个杂交中稻组合亩产均超千斤，最高亩产达 1356 斤；双晚杂交稻 25.08 亩，平均亩产 1022 斤，打出了杂交水稻的声威，为杂交水稻的推广起到很好的示范作用，标志着我国杂交水稻成功地越过了组合优势关。

袁隆平相信国家的支持和力量，但也想到了他的同学和同事。他叫助手寄给远在贵州省金沙县的老同学张本 5 斤"南优 2 号"杂交种子。张本毕业后被分配到贵州省农业科学院，1957 年被打成"右派"发配到金沙县农业局进行劳动改造。张本接到寄来的种子后，科学、理性使他相信袁隆平，于是他按照袁隆平信中交代的方法进行种植。当地农民见张本每蔸只插一株秧苗，大为惊讶，以为他有"毛病"。然而，秋收时，张本种植的 2.5

亩稻田亩产达到了 1300 斤，比常规稻的产量翻了一番还多。当地人认为张本耍了什么"魔术"。县委书记亲临现场视察，感慨不已，专电邀请袁隆平到金沙传经送宝，以特别的礼遇接待了袁隆平。就这样，杂交水稻推广从杂交水稻研究团队的外界树起了一个个令人信服的典型。

1975 年，在湖南省农科院种植杂交水稻百亩示范片，平均亩产过千斤，高产田块亩产达 1340 斤。示范成功，影响很大，湖南省组织全省的县、区、公社干部参观学习。当时，湖南省农科院发了一份《关于水稻杂种优势利用的情况简报》，认为经过多年努力，科研人员已取得了杂交水稻培育和试验推广的成功。湖南省革委转发了这份简报，并指出这是农业科学上的一项新的技术措施，各地应高度重视，认真对待，加强领导，抓好典型，不断总结经验，有计划、有步骤地推广。1975 年 10 月，全国 21 个省、市、自治区的协作单位和有关部门，参加了在长沙召开的由中国农林科学院和湖南省农业科学院共同主持的第四次全国杂交稻科研协作的杂交水稻生产示范现场会。会议总结了几年来科学研究的成果，认为杂交稻大面积生产应用的时机已经成熟。

至此，杂交水稻配组闯过了"组合优势关"，全国陆续选配出了"南优""矮优""威优""油优"等系列的强优势籼型杂交水稻组合，为杂交水稻迅速走向生产做好了技术储备。我国成为世界上第一个在生产上成功利用水稻杂种优势的国家。就这样，杂交水稻的组合优势关终于闯过，争论终于平息。

二、攻克杂交水稻的制种关

袁隆平团队实现了杂交水稻"三系"配套，还闯过了组合优势关，不料前面又冒出一个更大的拦路虎——制种关！因为杂种优势只表现在第一代身上，所以每年都要制种，才能生产具有杂种优势的第一代种子。科学研究的目的在于应用，要大面积推广杂交水稻，就必须突破制种关。我国杂交水稻研制成功后，袁隆平及其助手们兵不解甲，立即重整旗鼓，继续再战杂交水稻制种产量关。

杂交水稻制种有以下三大难点：一是水稻属于严格的自花授粉作物，花粉量比玉米、高粱等作物少得多，难以满足授粉的需要；二是颖花张开角度小、柱头小而不外露，不易接受花粉；三是每天开花时间短，花粉寿命短。因为以上三个原因，制种试验田生产出的杂交种子，亩产只有 11 斤。经过成本核算，杂交水稻种子的价格比常规水稻良种价格贵了近 10 倍，每亩增收的稻谷收入还抵不上种子成本增加的费用，农民得不偿失，这样谁还乐于接受杂交水稻呢？

国际水稻研究所 1970 年开始研究杂交水稻，也是因为无法解决制种问题，两年后无奈忍痛放弃；日本杂交水稻研究比中国起步早，未能用于实际生产的原因，除了育性不稳定、优势不强劲，还有制种产量没有过关。

当时有人断言：水稻是自花授粉作物，花粉量少，柱头小，花粉寿命短，每朵花开放的时间只有几十分钟，这一系列不利于异花授粉的特征特性，注定了杂交水稻难过制种关，即使"三系"配了套，破了高产优势关，也无法大面积推广。

那些日子，袁隆平眉头紧锁，吃不好睡不香。如果制种这一关过不了，那么无异于整整十年的心血付诸东流，更教他心痛的是，国家付出了大量的人力和财力，党和人民寄予了殷切的期望，如果竹篮打水一场空，真的无颜见江东父老。

然而，袁隆平并不气馁，每临大事有静气，坚信功夫不负苦心人。他顶住无形的压力，每天仍然深入田间地头。经过仔细观察，他认为水稻既然保留了有利于异花传粉的特性，这就是进行杂交制种的前提。因而他推断，只要扬其利，避其弊，杂交制种的产量是可以提高的。

袁隆平和助手们认真研究了"制种低产论者"提出的问题，辩证地分析了水稻的上述特性，认为既有不利于异花传粉的一面，也有有利的一面。例如水稻是开颖授粉，花粉轻小光滑，裂药时几乎全部散出，借助风力传播距离可达到 40 米。这种风媒传粉的特征特性，正是攻克制种低产这一难关的关键。论单个花药和稻穗，水稻的花粉数量确实比玉米、高粱少，但水稻总颖花多，就单位面积上可分布的花粉量来看，差异并不大，完全可以满足母本受精的要求。

为了掌握杂交稻分蘖、扬花、授粉、结实的生物钟，袁隆平守在制种稻田，几乎不分昼夜，无论太阳暴晒还是刮风下雨，都留在制种田里死盯死守。通过观察和综合分析，袁隆平得出结论：影响制种产量的关键因素不是花器和开花习性，而是父母本花期能否相遇，花粉能否均匀地散落在母本柱头上，此外，天气条件也影响授粉的效果。

抓住了问题的症结，袁隆平和助手们全力以赴去探索制种高产途径。从 1973 开始，在袁隆平的指导下，湖南和全国一些省（市）的农业科技人员，对制种技术进行了攻关。按照袁隆平探索的杂交稻分蘖、扬花、授粉、结实的生物钟，推算播种期，采取父本与母本分期播种，调节花期，并辅以割叶、剥包、人工授粉等行之有效的综合性措施，提高了结实率。

1973 年，湖南省农科院杂优组用"二九南 1 号"不育系和保持系配制杂交种。1974 年，湖南省农科院李东山、张建、舒呈祥等根据有色性状显性规律，用紫色稻红叶作标记性状，进行花粉隔离的研究。他们在海南岛制种试验田经过反复实践，积累了许多制种高产经验。

经过进一步细心观察父本和母本的开花习性，寻找叶龄与花期的关系，一套具有袁隆平特色的制种办法逐渐形成。

按照袁隆平设计的父本与母本分垄间种的栽培模式，母本成畦，父本成行，以确保母本均匀受粉。同时，父本和母本分期播种，有效地调节花期，让父本和母本做到同时开花，提高稻种田的扬花受孕率。袁隆平长期生活在农民中，安江农民的智慧帮助他找到了简单而实用的新办法，那就是"一把剪刀加一根绳子"。稻种抽穗时，用剪刀把过多的稻叶剪掉，便于花粉飘散授粉。当水稻扬花之际，由两个人拉着一根绳子在稻田两边的田埂上走过去，让绳子在开花的稻穗上拂过，促使稻穗上的花粉充分飘散，实施人工辅助授粉。

这些来自田间地头的"土办法"，竟然让外国人无法逾越的难题迎刃而解了。

随着技术水平的提高和制种经验的积累，杂交制种的产量不断提高，一道道振奋人心的消息不断传来：到 1975 年，湖南省协作组的 27 亩制种田，平均亩产上升到 58 斤，其中高产区过了 100 斤。1976 年，全国千军万马下海南协作制种攻关。袁隆平系统地总结了制种攻关的实践经验，写出了《杂交水稻制种与高产的关键技术》一文，有力地指导了全国的杂交水稻制种。

最后一道制种技术难关终于被攻克了。袁隆平科研团队不满足于已有的成绩，继续不断摸索、完善、提高繁殖制种技术：

摸索阶段重点围绕三期关键技术进行研究。1978 年以前，广大科技工作者重点围绕三期（播差期、扬花期、调花期）几项关键技术进行研究。在父、母本播差期计算方法上改原来的叶差、时差、温差计算法为叶差为主，时差、温差互相校正，确定双亲播差期，以抽穗扬花的温、光、湿为依据，确定繁殖制种时间。为确保花期安全，抽穗扬花期要求无连续 3 天以上雨日，上午 11 时和下午 2 时穗部气温无连续 3 天以上同时低于 23℃或高于 33℃，或者日平均气温无连续 3 天以上低于 21℃或高于 30℃，相对湿度无连续 3 天以上低于 70% 或高于 90%。根据湖南的气候特点，春制安排在 6 月下旬至 7 月初，夏制安排在 7 月下旬至 8 月上旬，秋制安排在 8 月下旬至 9 月初，避免高温、低温和阴雨天的侵袭。在调整花期的措施上，提出父本干控水促、母本氮控钾促和化学调控、激素微调措施。根据母本花期比父本长的特点，提出"头花不空，盛花相遇，尾花不丢"的标准。在提高异交结实率方面，针对亲本开花习性和影响扬花授粉的障碍因子，提出割叶、摘叶、剥苞、喷施低剂量"九二〇"等措施。在防杂保纯方面，实施严格隔离、严格去杂、严格技术操作规程等一整套防杂保纯综合措施。通过上述办法，制种产量不断提高，亩产由 1973 年的 12 斤，提高到 1978 年的 60 斤。

完善阶段重点对繁殖制种高产群体进行研究。进入二十世纪八十年代，湖南杂交水稻繁殖制种侧重于综合技术组装配套，重点对繁殖制种高产群体进行研究。根据恢复系生长期长而不育系生育期短的特点，在技术措施上提出"母本靠插不靠发，父本靠发不靠插"的技术措施，即在秧田培育分蘖壮秧，在大田扩大行比，多插基本苗，加大密度，增加每兜株数，形成理想的群体结构，达到预定成穗数。在高产群体的调控技术上，根据亲本特点，母本施肥改多次为一次，父本改一次追肥为球肥深施，定向培养出母本多穗、短剑叶型和父本大穗、花期长的高产群体。在穗粒结构形成方面，采取增苗增穗栽培策略，高产更高产则主攻异交结实率的栽培策略，把理想花期、高产群体、科学管理、提高异交结实率等措施融于一体，形成一套定向培育、不割叶、不剥苞、适时适量适法喷施"九二〇"的高产配套新技术。这样，既节省了人工，又大幅度提高了繁殖制种产量，1983年湖南全省制种亩产首次突破200斤大关。

为了全面提高湖南杂交水稻繁殖制种产量，湖南省种子公司于1981年组织16个县开展高产竞赛活动，1982年又组织绥宁、桂阳、郴县、汝城、石门、溆浦、武冈、祁东、平江、新邵、蓝山、江华、资兴、慈利、宁远、新化、湘潭、龙山、安化等19个山丘县共制种14.73万亩，平均亩产178.8斤，比1981年增长20.6%，繁殖面积4515亩，平均亩产170斤，比1981年增长25.8%。同年，湖南省农业厅针对洞庭湖区温度变幅大、昼夜温差小、高温时段集中、地下水位高、空气湿度大、土壤缺磷钾等特点，组织安乡、汉寿、桃源、常德、临澧、澧县、岳阳、临湘、汨罗、华容、湘阴、沅江、益阳等13个县和省贺家山原种场及西湖、屈原、钱粮湖、君山、大通湖、金盆等6个农场，进行协作攻关。1983年，13县7场共制种25997亩，平均亩产种子108.6斤，比1981年增产18.3%。

提高阶段重点对繁殖制种技术进行改进。1984年以后，采取定向培育、不割叶、不剥苞、适时适量适法喷施"九二〇"的新技术。在此基础上，改一段育秧为两段育秧，培育分蘖壮秧；改父本早于母本始穗为母本早于父本或父、母本同时始穗；改父本单行或小双行为大双行；改父本单株为多株；改小行比为大行比；改父本一次球肥深施为多次肥料偏施；改大剂量喷施"九二〇"为小剂量喷施；改绳索拉粉为棍棒推粉；等等。按照上述方法，1987年制种2万亩，亩产比上年增加19.8%。同年，许世觉等科研人员开始杂交水稻超高产制种技术研究，通过增加单位面积库容量，提高田间花粉密度，运用多种配套技术（培育母本分蘖壮秧，插足母本基本苗，扩大行比，加大密度，增加用肥量），大力推广低量高效喷施"九二〇"。结实率由二十世纪八十年代初期的30%左右上升到50%左右，高产区的异交结实率高达85.2%。制种产量由亩产300斤上升到400斤以上，并涌现了一大批制种高产典型。资兴市1995年制种1万亩，亩产610斤，成为全国首个制种亩产过600斤的市。彭市乡农民何月生制种1.65亩，亩产984.8斤，创全国最高纪录。

第二节　杂交水稻种植技术在国内迅速推广

闯过了三系配套关、组合优势关和制种关之后，袁隆平团队没有停步，千方百计把杂交水稻的研究成果转化为生产力，致力于在生产中推广运用。

一、袁隆平及其团队采取多种形式推广杂交水稻种植技术

为了贯彻落实国务院关于迅速扩大试种和大量推广杂交水稻的决定，各地在突破杂交水稻组合优势关和制种关之后，迅速开展了杂交水稻栽培技术的推广和培训工作。

1. 扩大南繁制种

1975年10月21日至31日，中国农林科学院和湖南省农业科学院主持，在长沙召开第四次全国杂交水稻科研协作会。与会代表考察了湖南、江西、

广东、广西等 4 省（区）4200 余亩的双季晚稻的现场，并鉴定 1400 亩早稻的生产表现。会议交流了杂交水稻试种示范情况，认为全国已育成 12 个不育系，实现了"三系配套"，我国杂交水稻研究已经取得成功。会议还通过了杂交水稻的命名方法，由不育系和恢复系的名称共同构成，并在中间加上"优"字。

随之而来的是各地的县委书记们，他们纷纷到农科院来要杂交水稻种子。你要 200 斤，他要 300 斤，院长囊中羞涩，只好开"空头支票"。形势迫使袁隆平赶快组织各路人马驻扎到海南大规模制种。

陈洪新采纳了袁隆平提出的"扩大南繁，尽快获得足够不育系种子"的建议，并及时向中共湖南省委、湖南省人民政府领导汇报，争取到领导的高度重视和大力支持。随后，湖南争分夺秒，四次扩繁。袁隆平和陈洪新密切配合，陈洪新抓组织，袁隆平抓技术，打好了"扩大南繁"战役。全国在海南制种达 6 万亩，其中湖南 3 万亩。

2. 争取中央支持

要想在全国大面积推广杂交水稻，考虑到湖南经费不足，必须得到中央的支持。陈洪新征得省委领导同意后，1975 年底与袁隆平奔赴北京，住在农林部招待所，等待部领导接见，但等了三天，仍然没得到召见。

袁隆平感到种子繁殖的时间紧迫，认为华国锋任湖南省革委主任时就非常关心和支持杂交水稻科研项目，他现在担任国务院常务副总理了，是不是写封信给他，汇报一下我们的情况，请他给农林部打个招呼？陈洪新鼓起勇气给华国锋写了一封信，陈述杂交水稻试种情况非常好，发展杂交水稻是解决我国粮食短缺问题的必由之路，建议在湖南乃至全国南方稻区大力推广，请求农林部予以支持。

1975 年 12 月 22 日，华国锋安排分管农业的副总理陈永贵、农林部部长沙风、常务副部长杨立功听取了汇报。接着，在中南海小会议室，华国锋又亲自听取汇报，还不时提出问题并做下记录。当听说亩产平均超过了千斤，华国锋非常高兴。陈洪新和郭名奇如实提出了目前的困难。华国锋听完汇报后指示：对杂交水稻一定要态度积极，同时又要扎实推进，要领导重视、培训骨干、全面布局、抓好重点、办好样板、总结经验、以点带面、迅速推广。他当即拍板：第一，中央拿出 150 万元和 800 万斤粮食指标支持杂交水稻推广，其中 120 万元给湖南作为调出种子的补偿，30 万元购买 15 部解放牌汽车，装备一个车队，运输"南繁"种子。第二，由农业部主持，立即在广州召开 13 省（区）杂交水稻生产会议，部署加速推广杂交水稻。

1976 年 1 月，全国首届杂交水稻生产会议在广州召开，南方 13 省、市、自治区的农业厅厅长、农科院院长和少数杂交水稻科研骨干参加会议。会议商定和落实了全国大推广的第一年繁殖、制种、示范栽培的生产计划。

在中共中央和国务院的大力支持下，杂交水稻以世界良种推广史上前所未有的发展态势在中华大地上迅速推开。1976 年，湖南、江西、广西、广东等 10 多个省（区）试种杂交水稻 5600 多亩，其中早稻 200 多亩、中稻 1400 多亩、晚稻 4000 多亩。在较高的栽培水平下，大面积亩产一般在 1000 斤以上，高的超过 1200 斤，小面积达到 1500 斤，比当地早稻和中稻的当家品种增产 20%～30%，晚稻增产幅度更大。其中最早投入生产的是湖南省杂交水稻研究协作组袁隆平等配组的"南优 2 号"和江西的"汕优 2 号"组合，它们具有较强的杂种优势，在杂交水稻推广应用中起了先锋作用，在长江以南地区作一季早稻、中稻和双季晚稻栽培，其中"南优 2 号"1976 年至 1986 年累计推广面积 5000 万亩左右；"汕优 2 号"1985 年种植面积 4485 万亩。

3．加强培训指导

1975 年初，黔阳地区农业局举办了杂交水稻制种、栽培技术培训班，来自全区各县（市）农业战线的 80 名农业技术骨干参加了为期 6 个月的培训学习，杜安桢接受地区农业局委托，自编教材《水稻杂种优势利用研究》一书分发给学员学习；采取课堂讲授与田间实习相结合的教学模式，系统讲授杂种优势、三系选育、亲本繁殖与杂种制种以及杂种栽培等技术，学员们边学边实践，效果良好，为全区推广杂交水稻制种与繁殖技术奠定了人才基础。

1975 年至 1996 年，湖南省农科院对三系开花闭颖的历时、开颖角度、闭颖情况、花期花时、花药伸出和传粉、花期的气象条件、柱头生活力等 8 个项目，进行系统观察，为制种、繁殖积累了大量数据。同时，进行喷施"九二〇"试验，发现喷施到一定浓度后，"二九南 1 号 A"包颈度减少，结实率提高。这些科研成果，为提高制种产量和种子的纯度奠定了基础。

1975 年 10 月，杜安桢编写的培训教学讲稿，由地区农科所专辑刊发1200 多份，寄发至全国农业战线科研院所、大专院校广泛交流。其中《郴州科技》《郴县科技》等刊物于 1976 年元月全文转载。1975 年至 1982 年，杜安桢在海南南繁期间又先后为外省育种单位讲课五十多次，听课人数四万多人次。同时，现场为部分在海南南繁的科研单位解决杂交水稻花期不遇、杂交制种除杂保纯等具体技术问题，得到广泛好评。

1976 年，时任广东省农业厅厅长何康在与有关育种队负责人座谈时称赞道："我们海南只给你们一个天然温室，在制种技术工作中几乎是湖南黔阳杜老师在那里指挥。"当年，在海南从事水稻南繁工作的中国农业科学院作物育种栽培研究所研究员林世成也说过，黔阳地区农科所育种组，无形中成为全国南繁育种的活动中心，杂交水稻的繁殖、制种多半是由他们指挥。

通过 1976 年的种子准备，加上 1976 年冬到 1977 年，各地进行了认真的总结，并以省农业厅与农科院编写的《杂交水稻技术问答》一书为教材，进行了大规模的技术培训。

1977 年，湖南省科委下文在安江农校成立了杂交水稻研究室，由袁隆平主持科研工作，李必湖协助。1984 年 6 月后，袁隆平调任湖南杂交水稻研究中心主任，日常工作基本由李必湖主持。袁隆平作为安江农校的名誉校长和教授，在科研上仍是主持人和导师，他的一些研究课题一直放在安江农校由助手们完成。

同年 12 月，湖南省杂交水稻研究协作组编写的《杂交水稻》公开出版发行，使杂交水稻理论知识及制种栽培技术开始在全国各地宣传。

为适应全球杂交水稻热的新形势，1980年9月和1981年9月，受中国农科院和国际水稻研究所委托，湖南农科院举办了两期国际杂交水稻培训班，培训了15个以上国家的100多名科技人员。袁隆平等10位专家教授为这些国家的专家讲授了杂交水稻方面的课程。

1981年，杜安桢受聘为湖南农学院黔阳分院79级学员讲授"作物遗传与育种"课，重点传授了杂交水稻选育的理论与实践经验。

应技术普及与培训之需，1985年，袁隆平编写了《杂交水稻简明教程》，同时翻译成英文，由湖南科学技术出版社出版。这本中英文对照的简明教程，为国内外学习杂交水稻技术的人士提供了方便。随着国际培训的日益拓展，他著述的《杂交水稻生产技术》由联合国粮农组织出版，发行到40多个国家，成为全世界杂交水稻研究和生产的指导读本。后来，联合国粮农组织根据需要又将这本书译成西班牙文出版，发行到更多国家。

二、试点示范取得丰硕成果

1975年，湖南全省开展了杂交水稻的多点试验示范，面积1101亩，分布在省农科院水稻所、安江农校、桂东县农科所、湘乡县农科所、贺家山原种场等地，平均亩产984斤，比常规水稻品种增产2—3成，其中杂交中稻804亩，亩产1031斤；省水稻所示范的104亩，亩产1041.2斤，其中"南优2号"等组合，面积5.38亩，亩产达1323斤；湘乡县农科所杂交早、中稻，亩产1082斤，高的达1327斤；其他三个示范样板都获得了亩产千斤以上的产量。

为了迅速推广杂交水稻，1975年8月在长沙召开了全省水稻杂种优势利用现场会议，参观了省农科院水稻所、湘乡县农科所、桂东县农科所等示范样板，统一了认识，总结了经验教训，研究了进一步推广杂交水稻的意见，提出了今后的发展规划。

同年，安江农校党委决定在校内实行农场示范栽培 50 亩杂交中、晚稻。期间，接待了省内外数批前来参观学习的人员。试种结果：经严格的丈量和认真验收，6 个杂交中稻组合亩产均超千斤，最高产量达 1356 斤，双晚杂交水稻 25.08 亩，平均亩产 1022 斤，为杂交水稻的推广起到很好的示范作用。

这一年，湖南协作组在省农科院试种杂交中稻 110 亩，平均亩产超过 1200 斤，比常规品种增产 20% ~ 30%，充分显示了杂交水稻的增产优势。时任省委第二书记张平化非常重视，到省农科院试验田视察，看后非常高兴，认为杂交水稻很有发展前途，要发动群众，以最大的干劲、最快的速度，把杂交水稻生产搞上去。

同年，湖南省委进一步把试种杂交水稻生产列入党委议事日程，制定了 1976 年广泛试种、1977 年大面积推广、1978 年基本普及的初步发展规划。为加强领导，省委成立了推广杂交水稻领导小组，并在农业厅成立了办事机构——"湖南省杂交水稻生产办公室"（简称"杂优办"）。根据省委指示，各地、县委相继成立相应的领导班子及办事机构。

同年 10 月，黔阳地委书记谢新颖在安江农校召开了一个地委扩大会议。谢新颖把大家带到安江农校的 20 多亩杂交水稻示范田边，兴奋地要大家去数数那金灿灿、沉甸甸的稻穗粒。这是一个非常有意义的会议。会后，杂交水稻开始走出农校的试验田，在全区大面积试种。

1976 年春，黔阳地委派出地区科委主任佟景凯，带着一个工作队去怀化县石门公社蹲点。他选择水田较多，又较贫困的老街生产队。该队共 38 户 155 人，238 亩稻田，水稻总产量当时仅 9 万多斤，常年靠借粮或政府的救济粮度荒。

进村后，地委蹲点工作组让地区农业局科长向祖舜给农民讲解杂交水稻的试种方法，要求每户都在家门口的稻田里种下一些杂交谷种，亲眼看看杂交水稻发蔸的情况。村民们大多不相信一粒谷能发出 20 ~ 30 根分蘖，因为常规稻最好的也只能发 7 ~ 8 根，一般的发得更少。

向祖舜和生产队长一起把杂交水稻谷种发给各家各户后，又亲自上门逐户检查，结果却很糟。大部分农户根本不行动，有一户竟把谷种喂了正在生蛋的鸭子。向祖舜严厉地批评那家农户。工作队员带着队干部赶到那个把谷种喂了鸭子的农户家，反复给他做工作，请他把鸭子杀了，把谷种从鸭嗉子里取出来。好在鸭子吃得太多，许多种谷还没有消化，向科长小心翼翼地一粒粒捡出谷种，又帮着那家农户把谷种育上。其他农户见状，也悄悄地在自家门前播上谷种。秧苗发出来了，老街的村民信服了。

一年一度的春耕开始了。李娃是生产队的保管员，全队的育秧归他统管，工作组教他播种时要稀播，他担心插不够，会误农时，嘴上应付说"是是是"，实际上还是按老习惯密密麻麻地播种。

当谷种开始破泥而出时，工作组一见情况不妙，马上找来队干部，连夜移苗，干了两天才完成。可这个李娃还是没有从思想上认识这个问题的严重性。在插秧时，工作组要求一蔸只插两三根，保持行距1尺。李娃就擅自决定按老习惯插，村民们也怕减产，有意识地一簇簇插下去，行距5～6寸。工作组的同志到田头看到后急了，见上垄那片田已插完，都卷起裤腿下田匀秧。

李娃和队干部因自作主张心里不踏实，都待在家里等着挨批评，可是等了半天也没有见工作组的同志去，远远看到田里亮着小马灯，就知道是工作组的人在田里返工。于是队干部们都不好意思地来到田里，村民们也跟着来到田里一起返工。一夜之间，全部返工完毕。这次返工对大家的震动很大。那一年，全队总产量19万多斤，亩产超过纲要指标（800斤）。1978年，全队粮食产量已达23万斤。

杂交水稻在生产上推广的前几年，其主栽组合威（汕）优2号、6号，因生育期较长，抗性较差，限制了杂交水稻的发展。袁隆平、李必湖制定了培育早熟、高产多抗、生育期适宜、制种产量高的杂交早稻新组合研究方案，通过卓有成效的研究，先后选育出"威优64""制三系统"组合，以及"威优647""48-1""48-2""49""314""402"，"金优402""191"

和"汕优 230"等一系列强优势组合，累计在南方 15 省推广种植 4 亿亩，增产稻谷 806 亿斤，其中"威优 64"累计种植 2 亿亩，并获国家科技进步三等奖；"威优 49""402"分获省科技进步二等奖。

麻阳县文昌阁公社原来水稻亩产只有 400 斤左右，900 余人年年吃返销粮，每天报酬仅 8 分钱。1975 年派人到海南岛参加制种，公社组织了培训，公社领导到现场指导播撒种子、防虫防病，当年杂交水稻亩产超 1000 斤，由缺粮公社变成余粮公社，县委书记带领全县公社书记参观，起到很好的示范推广作用。

杂交水稻的示范和推广，在全国范围内取得了巨大的经济效益和社会效益。群众交口称赞靠两"平"解决了吃饭问题：一靠党中央政策的高水平，二靠袁隆平的杂交水稻。人们用朴实的语言，说出了亿万中国农民的心里话。

1981 年 6 月 6 日，国家科委、国家农委联合召开大会，给籼型杂交稻科研协作组颁发特等发明奖。这是中华人民共和国成立以来我国颁发的第一个特等发明奖。国务院为此特给协作组发来贺电，对杂交水稻的研究成功给予高度评价："籼型杂交水稻是一项重大发明，它丰富了水稻育种的理论和实践，育成了优良品种""促进了我国水稻大幅度增产""籼型杂交水稻的育成和推广，有力地表明科学技术成果一旦运用于生产建设，能够产生多么大的经济效益"。最具权威的国家科委发明评审委员会认定：这项发明的学术价值、技术难度、经济效益和国际影响力都是十分突出的。

在湖南杂交水稻研究中心成立之前，杂交水稻协作攻关一直是由湖南省农科院水稻研究所负责组织实施的。随着事业的深入发展，有必要设立一个专门机构来加强协调，以保持我国在杂交水稻研究领域的领先地位。

湖南省科委计划处处长蓝宁，十多年前在广东科委工作时曾大力支持过袁隆平研究水稻杂交优势，现在杂交水稻获得了第一个特等发明奖，她力举由省农科院牵头，组建杂交水稻专门研究机构。随即成立了筹建班子，展开选址、设计、调配人员、购置设备等工作。

1983 年 4 月，蓝宁带队赴北京，向国家计委递呈申请拨款五百万元予以支持组建杂交水稻专门研究机构的报告，得到国家计委的批准。在当时国家财力十分有限的情况下，那实在是一个惊人的天文数字！

此后不到一年，在长沙市东郊马坡岭数百亩土地上，办公楼、实验楼、宿舍楼相继拔地而起，四周树木青翠，道路井然有序，并拥有试验基地170余亩。

湖南杂交水稻研究中心初具规模，这是国内外第一家杂交水稻科研机构。组织决定由袁隆平任这个研究中心的主任。袁隆平当时正在海南三亚南繁基地制种，得到消息时，心里既惊喜又诧异。他作为党外人士，长期以来只是负责具体的技术工作，从未挑过这么重的担子。他心里很清楚，这种安排表明了组织上对他的高度信任，对他寄予了殷切厚望，同时他也感到肩负的责任重大。1984年6月15日，湖南杂交水稻研究中心召开成立大会，大会由湖南省省长刘正主持。

从找到"雄性不育株"至今，从袁隆平一个人的自发行动，直到建立起一个立足湖南、辐射全国乃至全世界的专门研究机构，杂交水稻研究走过了20年不寻常的探索历程。湖南杂交水稻研究中心在袁隆平的带领下，聚集了一支优秀的研究队伍，拥有了较先进的科研设备，设立了育种、农艺、基础理论、技术开发和国际合作等职能部门，并创办了以他任主编的向国内外公开发行的专业期刊《杂交水稻》。《杂交水稻》在促进科研成果向生产力转化、推动杂交水稻不断向前发展以及确保我国杂交水稻的国际领先地位等方面都发挥了重要作用，在国外已发行到美国、印度、越南等十多个国家和地区，具有很大的影响力。通过主编《杂交水稻》，袁隆平在这个领域里站得更高，看得更远。他深刻地认识到：我国杂交水稻的研究和应用虽然成绩斐然，但从育种上分析还处于初级阶段；从产量上看还蕴藏着巨大的增产潜力，具有广阔的发展前景。

三、怀化团队乃至湖南全省成为全国推广杂交水稻的"领头雁"

湖南全省在全国不仅杂交水稻研究成果领先，在推广杂交水稻的速度、规模、效果等方面也成为全国的"领头雁"，安江农校乃至怀化在其中发挥了突出作用。

1974年冬，湖南仅有不足12斤的不育系种子，在海南冬繁中种植30亩获得354斤不育系种子，然后立即运到广东湛江春繁，319.5亩收获19000斤不育系种子，其中一半运到南宁作第三次扩繁种植4530亩，一半运到海南繁殖，同年冬季再将湛江收获的全部杂交水稻种子运往海南，同在海南繁殖的种子一起冬繁。在南来北往的辗转中扩大繁殖4次，一年内把杂交水稻种子猛增到22万斤，为全国大面积推广提供了良种基础。这在世界良种推广史上是史无前例的。

1975年冬，国务院作出迅速扩大试种和大量推广杂交水稻的决定后，湖南千军万马下海南，制种3.3万亩，袁隆平受命担任技术总指导。由于措施得力，第一次大面积制种就成功突破了湖南省委规定的产量指标，平均亩产达到75.5斤。这次战役不仅为1976年在全国大面积广泛试种杂交水稻生产了大量的种子，更重要的是创造和积累了高产制种的有效办法和经验，培训了科技人员，为杂交水稻种植技术在国内迅速推广打下了良好的基础。

1976年底，湖南省到海南冬季制种面积达到6万亩左右。湖南推广的杂交水稻在不同海拔、不同土壤、不同技术水平的地方均有种植。

这年，黔阳地委由李振声和覃遵双两位副书记挂帅，从地县农科所抽调科技骨干和技术工人240人，由农业、财贸、粮食、供销等部门参加，集中力量组织了南繁制种工作指挥部，下设办公室，王仁毅同志负责南繁制种前线指挥。第一年有沅陵、辰溪、靖县、会同及怀化等县1300人参加，制种5000余亩。第二年又有黔阳、麻阳、芷江、辰溪、会同、新晃、怀化等县1300余人参加，制种5000余亩。各县均由农办主任、农业局局长或公社书记带队，从社队选派青年男女参加，人均制种 4 亩，要求领导亲自参加实践。当时海南岛的耕种习惯都是妇女劳动种田，水稻生产水平很低，亩产 300 ～ 400 斤，但制种要求按照纲要指标亩产 800 斤包产，每亩由田主给制种队成本费 7 元。农药、化肥以及制种人员的生活物资，均需从内地调送。全区调拨粮食指标 70 多万斤，运回杂交种子约 150 多万斤，为全区杂交水稻推广提供了种子资源。

南繁制种归来，怀化各县根据各自的情况，严格按选择隔离区的要求，认真总结南繁制种的经验，采取小集中大连片的办法就地制种，就地推广。全区重点在溆浦黄茅园、龙潭、横板桥和黔阳塘湾、洗马及怀化铁坡、活水等 3 个县 7 个公社（1983 年后改称乡）的接合地带连片制种 4000 多亩。这里的广大农民，首先相信袁隆平的技术，拿出最好的秧田作为制种实验田，千人赶禾花的壮观场面令人感叹不已。这些社队原是一季中稻地区，联片制种中采取一季杂交水稻制种加一季油菜高产的制度，杂交水稻种子按 1∶5 的比例兑换常规稻谷，油菜籽亩产过百斤，实现了两季高产丰收，从而改变了山区低产的面貌。制种基地连片，减少了异花传粉的危害，而且便于制种技术的传授。杂交水稻制种由于不育系种子纯度高，单产也逐年提高，亩产由 30 ～ 40 斤提高到 300 ～ 400 斤，除满足本地区杂交水稻推广的需要外，年年还要供应周边地区，年制种面积都在 3000 亩以上，最高的 1978 年达到 7623.5 亩。云南、贵州、广西、湖北等省的农业部门，每年同黔阳（怀化）地区（市）种子公司签订 200 万 ～ 300 万斤的需种合同，使黔阳（怀化）地区（市）成了西南半壁三系杂交水稻种子推广的基地。由于三系法杂交水稻的推广，全区粮食总产量也由 23 亿 ～ 24 亿斤，增加到 32 亿 ～ 34 亿斤，缺粮地区变成了余粮地区。

1983 年，袁隆平团队在通道侗族自治县组织了一场杂交配套示范收割验收现场会。在通道下乡乡的试验田里，小伙子们从乡粮店抬来大磅秤，让老百姓自己割、自己打、自己称。那天的天气非常热，来自全区 12 个县（市）的有关部门负责人、通道侗族自治县县长及从外地赶来看热闹的老百姓，都兴致勃勃地参加现场会。人们一直盯着：一磅磅、一秤秤，数据出来了，结果比预计的还多，亩产竟过了1000斤。参观现场会的人受到极大鼓舞，整个侗乡也沸腾了。

在湖南的生产条件下，杂交水稻不论是种在山区还是丘陵区、平原区，不论做中稻种还是做双李晚稻种，与常规的当家品种相比，一般每亩可增产100～200斤，不少地区创造了一季亩产1300～1400斤，甚至1500～1600斤的高产纪录，显示了杂交水稻蕴藏着较大的增产潜力，也展现了我国水稻将大幅度增产的光明前景。

在袁隆平的指导下，安江农校的科研人员通过努力工作和协作攻关，在杂交水稻制种组合科研上取得了较大的突破和成绩：1983年，孙梅元课题组选育的"威优64"，做一季中稻128天，比原来推广的组合生育期缩短10天左右；做双季晚稻116天，可以在长江中下游绝大部分双季晚稻区种植。由于生育期适宜、产量高、抗性强，"威优64"迅速在长江中下游一季中稻区和双季稻区大面积推广应用，后来成为一季中稻和双季晚稻全国区试对照组合。该课题组1986年选育的双季杂交早稻组合"威优49"，1987年在湖南省双峰县种植，通过专家组验收，创下了双季杂交早稻1396.4斤的当时单产最高纪录。该组合由于产量高，在长江中下游双季稻区大面积种植。宋泽观课题组选育出的中熟双季杂交早稻组合"威优48"也大面积推广应用。唐显岩课题组选育出的迟熟杂交早稻组合"威优402"，由于产量高、抗性强、适应性广，在长江中下游双季稻区大面积推广。

湖南经过几年的摸索，形成了"省提、地繁、县制"的体制，并不断改进制种技术，使全省制种亩产从1976年的41.8斤，提高到1985年的276斤，居全国领先地位。现在最高亩产有达到800多斤的。同时，各级种子公司还坚持严格除杂除劣，加强种子检验和机械选种，推广种子质量押金制度，逐步提高了种子纯度，大田用种一般都达到了一、二级标准。

由于种子问题的解决，1976年湖南全省杂交水稻种植面积发展到130多万亩，占全国208万亩杂交水稻面积的64.5%；1977年全省种植1677

万亩，1978 年种植 1772 万亩；到 1984 年，全省杂交水稻种植面积达 2269 万亩。

四、"组合配套"栽培技术的研究

早期育成的"南优 2 号""威优 6 号"等杂交水稻优势强、产量高，深受农民欢迎，发展迅猛，但生长期较长，只能作中稻或迟熟晚稻种植。要进一步发挥杂交水稻的增产优势，扩大种植面积，必须发展杂交早稻。为了解决推广组合单一，杂交稻双季不能搭配，以及晚稻早播不能早插，秧苗超龄老化和迟插低产等矛盾，进一步挖掘杂交水稻的增产优势，使两季亩产在 1500 斤左右的基础上有较大幅度提高，推动杂交水稻的发展，袁隆平、李必湖在 1981 年提出"杂交水稻组合配套栽培技术研究"的开发性课题，他们亲自设计了研究方案。在袁隆平任顾问、李必湖主持下，1982 年怀化地区科委、农业局组织全区 11 个县（市）的农业技术干部进行协作攻关，先后在全区 29 个试验点、8 万多亩面积上进行了为期三年的研究，取得了成功。

试验采取研究、示范、推广三同步的做法，从 1982 年到 1984 年连续进行了三年，达到了预期的效果。其中，常规稻与杂交稻配套面积 73251 亩，亩产 1198.5 斤，比对照品种亩产增加 157.1 斤，增产 9.6%，计纯利 873.15 万元，比对照品种增收 180.78 万元；杂交稻与杂交稻组合配套面积 8887.93 亩，亩产 1818.9 斤，比对照品种亩增 186.5 斤，增产 11.4%，计纯利 61.88 万元，比对照品种增收 13 万元；天水田、二干田不同熟期杂交稻配套面积 11216.18 亩，亩产 1122.2 斤，比对照品种亩增 356.8 斤，增产 46%，计纯利 132.2 万元，比对照品种增收 18.7 万元。

1984 年 10 月，怀化地区科委、怀化地区农业局组织国内专家鉴定，认定该项研究成果是进一步扩大我国杂交稻种植面积，提高杂交稻单产的一条新途径，技术上达到省内先进水平。在省内和长江流域类似地区都具有实际意义。该成果先后获得怀化地区科技进步一等奖，湖南省科技进步四等奖，被评为湖南省优秀推广项目。

与此同时，周坤炉于1982年育成第一个高产、多抗的优良杂交早稻组合"威优35"。经过品种比较试验和湖南省及南方稻区等不同地区的早稻产量测试，杂交早稻均居第一名，较好地解决了杂交水稻"优而不早，早而不优"的矛盾。

第三节　杂交水稻技术走出国门

突破制种关以后，杂交水稻开始在全国大面积推广，金色的稻浪翻滚在大江南北，神州东西。它还带着中华民族的骄傲，漂洋过海，在美国、越南、朝鲜、菲律宾、印度、泰国、印度尼西亚等20多个国家广泛试种，生根开花结实。杂交水稻还被作为中国的专利转让给美国，为国家赚回了外汇，为中国人争得了荣耀。

一、杂交水稻走向世界之门的开启

党的十一届三中全会后，在改革开放的大潮中，袁隆平和他的团队率先研究成功的杂交水稻也顺势走出了国门。

1. 袁隆平第一次走出国门

1979年4月，袁隆平应邀赴菲律宾出席杂交水稻国际学术会议，这是他第一次出国。会议地点为国际水稻研究所，坐落在离菲律宾首都马尼拉65公里的远郊洛斯巴洛斯镇。

马尼拉历史悠久，具有浓郁的热带风情，素有"东方明珠"之称。在这里，人们既可感受昔日南洋的繁华，也能目睹当今滨海之美景。洛斯巴洛斯环境优美，空气清新，稻田万顷，椰林成荫。国际水稻研究所是世界上 13 个农业研究所中最大的一个，每年所需的数千万美元经费都是由各国捐助的。其宗旨是培植良种，造就人才，为解决世界粮食危机服务，被誉为世界"绿色革命中心"。

这次会议有 20 多个国家的 200 多名科学家参加。中国水稻专家一行 4 人，袁隆平应邀在会议上介绍中国杂交水稻的新成果。

袁隆平历经十年艰辛取得的杂交水稻新成果，引起了与会代表的极大关注。各国专家公认中国杂交水稻的研究和推广应用已经居于世界领先地位。

这次会议后，菲律宾国际杂交水稻研究所与中国签订了合作研究杂交水稻的协议，重启杂交水稻研究。但研究中又出现了新的问题：一是中国的不育系组合不能直接在热带国家利用；二是基本育成的几个国际水稻系统的不育系，配合力太差，用它们配合出来的组合大多没有优势或优势不强；三是制种技术未过关。在这种状况下，袁隆平每年要赴菲律宾进行一至三次技术指导。经上级批准，由中国农科院研究员林世成将袁隆平提供的三个"野败"型不育系交给了国际水稻研究所。

2．中美签订杂交水稻技术转让合同

在国内杂交水稻还没有普遍推广的时候，住在地球西边的美国人，远涉重洋到北京谋求科技信息来了。

1979 年 5 月，美国西方石油公司下属的圆环种子公司总经理威尔其访华时，我国农业部种子公司送给他 3 斤杂交水稻种，这 3 斤杂交水稻种共 3 个品种，每个品种 1 斤。威尔其带回去试种后，发现杂交水稻表现出了明显的优势，与美国当地的高产水稻良种比较，增产 165.4% ~ 180.3%。美国人很是惊奇，称其为"东方魔稻"。这是杂交水稻生产跨出国门、走向国际的第一步。

这年底，威尔其再次来华，就杂交水稻技术的转让进行谈判。作为精明的商人，他知道这项伟大发明拥有巨大的潜在经济效益。

1980 年 1 月，威尔其第三次来华，经过谈判，中国种子公司和美国圆环种子公司在北京草签了期限为 20 年的杂交水稻综合技术转让合同，双方约定：中方将杂交制种技术传授给美方，在美国制种。制出的种子，在美国、巴西、埃及、意大利、西班牙、葡萄牙六国销售。圆环种子公司每年从制种收入中提取 6% 付给中国作为报酬，合同期 20 年。3 月 31 日由国家进出口管理委员会正式批准生效。这是中国农业第一个对外技术转让的合同。这一技术转让合同，引起了国际社会的广泛关注，足以用举世瞩目来形容。

根据对外技术转让合同，中方应派人到美国进行技术指导，主要任务是传授杂交水稻制种技术。1980 年 5 月 9 日，袁隆平和陈一吾、杜慎余三人乘飞机飞行 10 多个小时，到达美国西部重镇洛杉矶。美国圆环种子公司总经理威尔其和其他专家已在机场迎候。

在威尔其的陪同下，他们行车 5 个多小时，抵达美国加州南端的埃尔森特罗。第二天再驱车到达制种基地——国立加州大学农业试验站。

在美期间，他们应邀与加州大学农学院的教授和研究生进行过座谈，也参加过全美水稻技术会议。对中国仅用 9 年时间就取得了杂交水稻从起步研究到三系配套的成就，美国农业专家非常惊讶和敬佩，认为中国在这方面是权威。

圆环种子公司的母公司——美国西方石油公司董事长、80 多岁高龄的俄裔阿曼德·哈默博士，在会见袁隆平率领的技术小组时赞扬说：中国的杂交水稻在美国试种成功，不仅增加了两个公司的经济收益，更重要的是将为解决世界粮食问题作出重大贡献。

哈默博士召开股东大会时，邀请袁隆平出席，并安排他坐在首席位置。美国当地报纸、杂志和电视台，同时报道了杂交水稻的成就和袁隆平一行到美国传授杂交水稻技术的消息。

杂交水稻在美国试种了 3 年，每年都表现良好，增产显著。圆环种子公司在得克萨斯州建立的休斯敦种子实验站，进行了品比试验，其中供试组合品种 11 个，按产量排位次，前 6 名都是中国的杂交水稻，第 7、8 名是杂交水稻的父本，美国的 3 个对照良种居倒数一、二、三名。在由袁隆平试验小组负责的一亩半大田对比试验中，"威优 6 号"亩产 1515 斤，比当地对照良种增产 61%。

袁隆平先后五次应邀赴美传授技术，李必湖、尹华奇、周坤炉等也都多次赴美国传授杂交水稻育种和制种技术。杂交水稻在美国的种植面积和产量都不断增加。

二、杂交水稻技术受到国外同行推崇

杂交水稻远渡重洋，从中国侨居美国，在帝国谷农业实验站检疫一年，发育健壮；又在得克萨斯州的休斯敦实验站，同美国的常规水稻品种进行了一场较量。结果，杂交水稻的产量以绝对优势遥遥领先。顿时，杂交水稻蜚声科坛，誉满全球。这个深受人们尊重的"天之骄子"，很快成为巴西、日本、阿根廷、泰国、加拿大、西班牙、印度尼西亚、菲律宾、尼日利亚等盛产稻米国家的"座上宾"。

1．在湖南举办国际杂交水稻育种培训班

1980 年 9 月，由中国农业科学院和国际水稻研究所共同举办的国际杂交水稻育种培训班在长沙湖南省农业科学院开班。这是中国举办杂交水稻国际培训班的开端。我当时是主讲人之一，给来自印度、泰国、孟加拉国、斯里兰卡、菲律宾、印尼等 10 多个国家的专家讲授杂交水稻的主要课程。1981 年 9 月又再次举办。此后，我们先后受联合国粮农组织、国际水稻研究所、中国农业部和中国商务部等机构的委托，在湖南杂交水稻研究中心开展杂交水稻国际培训，使这种培训越来越成为推进杂交水稻走向世界的重要环节。

在这里接受培训的许多国家的学员，一批又一批成为杂交水稻技术专家。特别是自 1999 年起，我国商务部本着支持"发展杂交水稻，造福世界人民"的意愿，将开办 TCDC（Technical Cooperation among Developing Countries）国际杂交水稻技术培训班作为援外项目，为开展技术援外搭建了一个很好的平台。通过这个途径，我们已先后举办了近50期杂交水稻国际培训班，为亚、非、拉约50个发展中国家培训了2000名左右的技术人员。这些培训班的专家们回国后，均成为杂交水稻技术的骨干，而且大多或被提升，或任政府要职。通过他们，中国的杂交水稻技术被带到他们各自国家的土地上生根开花。他们经常写信回来，感谢在中国我们为他们传授了杂交水稻技术，还表示想再来看看他们的第二个家——中国！[1]

美国2004年的杂交水稻种植面积为80万亩，平均亩产超过1200斤，比当地良种增产20%以上，后来杂交水稻的种植面积已推广到800万亩左右，占该国水稻总面积的三分之一以上。杂交水稻在其他国家，如印度尼西亚、孟加拉国、巴基斯坦、厄瓜多尔、几内亚等国进行试种、示范都获得很大成功。例如，2002年在印度尼西亚苏门答腊岛成片示范450亩中国的杂交水稻，平均亩产1200多斤，而当地良种仅600多斤；几内亚当地的水稻亩产量仅200斤左右，而百亩以上的示范杂交水稻为800多斤；在日本，比当地品种增产22%；在阿根廷，比当地品种增产54.9%；在巴西，比当地品种增产20%；在墨西哥，比当地品种增产15% ~ 30%。参加培训的外国人士经常写信，感谢中国为他们传授了杂交水稻技术，表示想再次来中国。一位外国学者说，袁隆平研究成功的杂交水稻技术，是中华民族开掘出的新的瑰宝。

2. 袁隆平获"杂交水稻之父"称号

1982年10月，袁隆平应邀来到国际水稻研究所参加一年一度的国际水稻学术报告会。会议开始时，国际水稻研究所所长斯瓦米纳森博士庄重地引领他走上主席台。

斯瓦米纳森为了给大家一个惊喜，事先也没有同袁隆平打招呼，引领

---

[1] 辛业芸. 袁隆平口述自传 [M]. 长沙：湖南教育出版社,2010:53—55.

袁隆平走上主席台时，投影机突然在屏幕上打出了袁隆平的巨幅头像，头像下方写着一排醒目的黑体英文字：Yuan Longping, the Father of Hybrid Rice（袁隆平，杂交水稻之父）。这是国际水稻研究界的最高殊荣。

第二天，菲律宾各大报纸头版刊登了以《杂交水稻之父》为题的报道，还配发了袁隆平的照片。

1985年10月15日，袁隆平获联合国知识产权组织"发明和创造"金质奖章，这是他首次获国际奖。

3. 世界首届杂交水稻国际学术讨论会在长沙召开

1986年10月，由国际水稻研究所、湖南省科协和湖南杂交水稻研究中心联合举办的世界首届杂交水稻国际学术讨论会在长沙召开。与会人员中，有来自国内24个省、市、自治区的专家学者，以及来自日本、美国、菲律宾、比利时、巴西、埃及、印度、印度尼西亚、伊朗、英国、意大利、墨西哥、斯里兰卡、泰国、马来西亚、孟加拉国、荷兰、加纳等20多个国家的代表共260名，盛况空前。

10月6日上午，大会开幕。大会由国际水稻研究所所长斯瓦米纳森、湖南杂交水稻研究中心主任袁隆平和湖南省科学技术协会主席黄春荣先后主持。湖南省省长熊清泉，副省长曹文举，省政协副主席尹长明、陈洪新，中国科协国际部部长曾广均，中国农林渔业国际交流协会会长任志等出席会议。曹文举代表湖南省人民政府和热情好客的湖南人民向大会致以热烈的祝贺。

斯瓦米纳森在开幕式上说，发展中国家的耕地越来越少，人口却越来越多，唯一的办法是提高单位面积产量。中国在杂交水稻方面的成功，为解决这个问题做出了榜样。随后他在记者招待会上说，长沙在世界上的知名度很高，一个很重要的原因是湖南农业科学院、湖南杂交水稻研究中心在这里。水稻是自花授粉作物，以前没有人认为它会有杂种优势，是中国把这项研究抓了起来，为解决世界粮食问题作出了贡献。国际上认为，水稻高秆变矮秆是第一次绿色革命，杂交水稻是第二次绿色革命。杂交水稻的成功，还在于把科研和生产联系在一起。

这次人会是杂交水稻以强大的优势和蓬勃的生机在中华大地迅速推广并逐步走向世界的一次大展示。大会围绕水稻的杂种优势、雄性不育和可育、育种程序、抗病虫害、米质、栽培、生理生化、遗传、制种、经济效益等专题，进行广泛的交流和深入的讨论，学术气氛十分浓厚。会上，斯瓦米纳森博士等15位中外知名专家作了学术报告，收到各国寄来的论文150篇。

袁隆平以东道主的身份对世界各国水稻专家的到来表示热烈的欢迎，然后作了题为《杂交水稻研究与发展现状》的报告，第一次公开提出今后杂交水稻育种分三个阶段发展的战略设想，即通过"三系法"过渡到"两系法"，再向"一系法"发展。大会一致同意将这一设想作为会议的主题写进会议文件。

国际水稻研究所向湖南杂交水稻研究中心赠送了纪念匾。斯瓦米纳森博士向袁隆平赠匾时说，湖南杂交水稻研究中心不仅仅是湖南和中国的研究中心，同时还是全世界的杂交水稻研究中心。国际水稻研究所十分珍惜与该中心的合作，并期望将来加强这种合作。

为了纪念这次富有历史意义的国际盛会，湖南杂交水稻研究中心建了一个和平女神像。女神伸展的右臂托举着一只展翅欲飞的和平鸽，左手怀抱着一个天真活泼的小男孩，女神飘逸的长裙四周镶嵌着丰硕的稻穗。女神像与基座一般高，均为乳白色。纪念碑的铜板上，镶嵌着国际水稻研究所赠送的匾，正面镌刻的是中文，背面是英文。碑文是这样写的：

国际水稻研究所荣幸祝贺第一次国际杂交水稻学术会议在湖南杂交水稻研究中心召开，在具有历史意义的地方召开这一学术会分外适合。这里，通过袁隆平教授和其他中国科学家卓越的研究以及有关人员的献身劳动，杂交水稻应用于生产成为现实。我们祈望湖南杂交水稻研究中心成功地发展成为杂交水稻研究和培训的国际著名中心。

所长 斯瓦米纳森

随着杂交水稻对世界影响的扩大，来湖南杂交水稻研究中心访问的各国专家、学者、各界人士络绎不绝，越来越多的政要也专程来这里寻求解决本国粮食问题的良策，诸如莫桑比克总理、利比里亚总统、老挝总理、塞拉利昂总统等都曾造访这里。他们不仅赞赏杂交水稻的发展对世界作出的贡献，而且非常希望中国提供帮助，促进其国粮食生产的发展。

第四章

两系杂交水稻研究
在怀化取得新突破

（1986.11—1997.12）

★ 杂交水稻进入两系法研究新阶段

★ 两系法杂交水稻研究在安农取得突破性进展

★ 两系法杂交水稻由理论走向生产应用

1986 年，袁隆平提出两系法杂交水稻研究项目，同年列入国家 863 计划。1995 年，袁隆平在怀化宣布两系法杂交水稻研究成功。此后，两系杂交水稻的种植得到大面积推广。

第一节　杂交水稻进入两系法研究新阶段

为了求得杂交水稻的持续发展，1986 年，袁隆平凭着大胆的创造精神，认真总结了百年农作物育种史和 20 年"三系杂交水稻"育种经验，特别是二十世纪八十年代以来，由于广亲和基因与光（温）敏核不育基因的相继发现和研究，湖北省石明松 1981 年在《湖北农业科学》发表的关于两系法杂交水稻育种的论文，为他孕育和形成新的战略设想奠定了基础。他凭借敏锐的直觉，在理性思考后，指出三系法只是杂交水稻育种的初级阶段，育种方法必须由繁到简，应当实现从"三系"向"两系"再向"一系"的推进。他依据所掌握的丰富的育种材料，提出要利用籼粳亚种间杂种优势，开展两系法杂交水稻研究的新课题，从而推动杂交水稻进入"两系法"研究新阶段。

一、袁隆平提出从品种间杂交到亚种间杂交的设想

当杂交水稻在国内和国际上生产水稻的国家获得广泛推广应用的时候，袁隆平这位杂交水稻的发明人和主攻手，在成绩和荣誉面前表现出惊人的淡定和从容，面对社会上有人说"杂交水稻米不养人、糠不养猪、草不养牛"的偏见，他首先站出来做了一分为二的分析，指出现阶段培育的三系杂交水稻确实还有缺点。他感到"三系法"虽然大幅度地增产，但也存在配组不自由、后劲不足、种子生产环节多等问题，于是决心展开新的

科研攻关。他认为，目前的"三系法"品种间杂交水稻新组合，由于品种间亲缘关系较近，其杂种优势有限，若仅依靠品种间杂交很难再取得产量上的突破。要想产量有新突破，育种上必须有新材料和新方法。这就必须冲破三系法品种间杂交的框框，向两系法亚种间杂交发展。籼稻、粳稻、爪哇稻是普通栽培稻的三个亚种。亚种间杂交，尤其是籼粳杂交，由于遗传差异大，具有很强的优势。直接利用亚种间杂种优势，是最有希望在短期内取得成效的途径。二十世纪八十年代以来，国内外广亲和基因以及光（温）敏核不育基因的相继发现和研究，为亚种间杂交的"两系法"杂交水稻培育成功提供了契机。

袁隆平明确指出，要从育种和栽培两个方面组织攻关，予以解决；在巩固提高三系法杂交水稻的同时，加强发展两系法杂交水稻的选育和探索；成功以后还要研究"一系法"杂交水稻。湖南罗孝和等人的"培矮64"不育系、"轮回422"不育系等广亲和系的育成和湖北仙桃市农科所石明松（我国最早在水稻大田发现光温敏不育材料者和"两系法"提出者）粳稻"农垦58"核不育材料的深入研究，为配制亚种间的两系杂交水稻提供了亲本资源。

1986年4月，袁隆平参加在意大利米兰召开的国际无融合生殖学术会议后，立即提出利用无融合生殖材料固定杂种优势，实现一系法的战略设想，并列入了863计划。所谓无融合生殖，就是无性种子生殖。如果实现了杂交水稻无融合生殖，杂交水稻就没有必要再生产种子，而是可以像常规稻一样直接利用大田生产的稻谷作为繁殖下一代的种子，这就是一系法。但这是一项非常复杂的高科技生物工程，国际上在这方面的研究进展缓慢。

1986年10月，袁隆平在长沙召开的由国际水稻研究所、湖南省科技协会和湖南杂交水稻研究中心联合举办的世界首届杂交水稻国际学术讨论会作了题为《杂交水稻研究与发展现状》的报告，提出了杂交水稻育种由繁到简，从"三系"简化到"两系"再到"一系"的战略设想。在此基础上，袁隆平在《杂交水稻》杂志1987年第1期上发表了《杂交水稻育种的战略设想》科学论文，高瞻远瞩地设想了杂交水稻的三个战略发展阶段，即"三系法"为主的品种间杂种优势利用，"两系法"为主的籼粳亚种杂种优势利用，"一系法"为主的远缘杂种优势利用；论述了杂交水稻选育方法上由繁到简，从"三系法"到"两系法"再到"一系法"；杂种优势利用水平上由低到高，从品种间到亚种间再到远缘种间；同时又提出了各发展阶段的技术路线。他的这一战略设想，引起了国内外农业科技工作者的极大重视，得到了同行科学家的认可，并成为我国杂交水稻育种的指导思想，有人称之为"袁隆平思路"。这是袁隆平杂交水稻理论发展的又一座高峰。许多单位根据这一设想，调整了杂交水稻的研究方向。有的"三系法"与"两系法"同时并进；有的把重点转移到"两系法亚种间杂交优势利用"的研究上。

在袁隆平两系法杂交育种理论的指导下，两系法杂交水稻在中国率先研究成功并投入大面积生产推广。

二、两系法杂交水稻研究进入国家 863 计划

进入二十世纪八十年代，高科技浪潮席卷全球，也引起了中国的高度关注。高科技开发需要大量资金投入，而中国的财力有限，实在跟不上。如果不奋起直追，对于国家的发展将非常不利。政府和科技界为此十分焦虑。1986 年 3 月初，著名科学家王淦昌、王大珩、陈芳允、杨嘉墀联名向中央递交了一份《关于跟踪研究外国战略性高科技发展的建议》。建议指出，美国"星球大战"计划、西欧"尤里卡"计划及其他国家的相应高科技计划，带来了世界高科技的迅猛发展，形势逼人。鉴于我国的经济实力，一时无法在整个科技领域与发达国家展开全面竞争，但要以有限的投入，取得最大的效益，并培养出后继人才。这份建议送上去的第三天，邓小平作出批示，指出这个建议十分重要，要找些专家和有关负责人讨论，提出意见，以凭决策。此事宜作决断，不可拖延。国务院立即责成有关部门迅速

拟定了《国家高科技研究发展计划纲要》，简称863计划，其总体目标是集中少部分精干力量，在所选的高科技领域，瞄准世界前沿，缩小与发达国家的差距，带动相关领域的科学技术进步，造就一批新一代高水平技术人才，为未来形成高科技产业创造条件。政府准备逐年拿出100亿美元用于此项计划。虽然这个数目只是日本每年高科技经费的4%，但对于中国来说，这无疑是一笔巨大的投入，体现了决策者的决心。

这一年，国家启动863计划，第一步还是先将两系法杂交水稻研究确定为863计划生物工程中的第101-1号专题。袁隆平被指定为该专题组组长和责任科学家，牵头组成了两系法杂交水稻研究协作组，主持全国16个单位协作攻关，并得到国家有力的资助。

第二节　两系法杂交水稻研究在安农取得突破性进展

所谓两系法杂交水稻，就是建立在特殊的雄性不育水稻基础上的育种技术，即光温敏雄性不育系。与三系法相比，其优越性就是一系两用，省掉了保持系，就是杂交水稻育种成了"一夫一妻制"：一是不育系与恢复系配组自由，选育优良组合的概率增大；二是不育系一系两用，在长日高温条件下（夏季）可用于制种，在短日低温条件下（春、秋季）可用于自身的繁殖，不需要借助保持系，因此能简化繁殖制种程序，降低种子生产成本；三是由于光温敏不育性核基因遗传与细胞质无关，可克服三系法不育系中细胞质的负效应；四是能伴随常规稻的选育步伐，开辟籼粳亚种间杂种优势新领域，使水稻产量在现有杂交水稻基础上实现更高产目标。

在这一学术思想的指导下，安江农校杂交水稻研究室的育种工作从1987年开始作战略转移，把工作重点转到从事两系法杂交水稻的研究上。

一、花粉败育型籼型光温敏不育系在安江农校培育成功

安江农校杂交水稻研究室只有六七个人，袁隆平在湖南杂交水稻研究中心任主任，其家庭和工作关系仍然在安江农校，为了兼顾长沙的研究基地和安农的研究基地，隔一段时间他就要回安农指导研究室的工作。

邓华凤，湖南沅陵县人，1984 年毕业于安江农校，留校安排在教研组工作。校领导李必湖问他愿不愿意到学校杂交水稻研究室工作。邓华凤虽对杂交水稻有关知识不甚了解，但他对杂交水稻研究很感兴趣，表示乐意到杂交水稻研究室工作。

袁隆平经常抽空回安江农校授业解惑，指导和鼓励青年学生和教师学好知识，大胆创新。在担任国家 863 计划 101 专题首席责任专家后，他及时把寻找和培育两系不育系的思路和理论贯穿在讲学中，学生们对水稻光温敏不育特性有了一定的理性认识，从而对寻找两系不育系产生了极大的兴趣，并积极付诸实践中。

邓华凤听了袁隆平精彩的讲授，感觉很有启发，尤其当袁隆平讲到湖北石明松农垦 58 粳型光敏核不育突变株的发现，讲到寻找自然籼型光温敏核不育突变株是两系法杂交水稻的突破口时，邓华凤暗暗牢记在心。从 1985 年开始，他按照袁隆平描述的这种突变株的特征、特性，在学校和附近农民的稻田抽穗扬花时节，像猎人寻找猎物一般，投身茫茫稻海寻找突变株。

1987 年 7 月 16 日，邓华凤终于在自己经手的两亩半试验田的 60 株用来进行保持系转育的高世代材料中，发现了一株形态有别于"野败"的天然不育株，它雌蕊正常，其他性状与其余 59 株无甚差别，唯花药瘦小、棒状、乳白色、不开裂。他感到很奇怪，但凭他当时掌握的知识，还不能认定它就是要找的核不育株。由于当时李必湖正在美国指导育种，考虑到自己经验不足，怕造成误辨，邓华凤只好暗中认真进行跟踪观察。他赶忙采取套袋隔离措施，防止异交结实，并经镜检全为典败花粉，兼有轻度包颈现

象。到 9 月初，其他 59 株都自交结实正常，唯有套袋的这一株自交不结实。他心里感到有点希望，赶忙将这一蔸禾剪掉茎和叶，留下不高的禾蔸移入盆栽，放到家里的阳台上。至 9 月 21 日，仅有的一个晚生分蘖抽穗了，雄性恢复正常，24 朵小花结出 11 粒种子，表现出类似湖北光温敏核不育水稻的特点，即长日照诱导不育，短日照诱导可育，不育期内完全可以制种。

9 月底的一天，袁隆平决定到安江农校指导并检查两系法核不育材料的研究情况。从长沙到安江有 500 多公里的路程，到达安江后，已经是下午 5 点多钟，袁隆平没有休息，立即到田里观察。

袁隆平来到试验田，逐一询问了研究进展情况，此时，邓华凤正在试验田，看到袁老师来了，他非常高兴地将自己发现光温敏核不育株的情况向袁隆平作了详细汇报。

袁隆平仔细观察了这株稻后，不由喜上眉梢。他高兴地说道："极有可能是一株新的光温敏不育材料。"并嘱咐邓华凤，要认真观察，保护好这几粒种子，一俟收获，马上到海南去加速繁育，争取明年进行省级鉴定。听了袁隆平的一席话，邓华凤心中有了底，信心大增。10 月，在邓华凤的悉心照料下，这株光温敏不育株结下的 11 粒宝贵种子成功收获。

邓华凤将这 11 粒珍贵的种子晒干，用小袋包好放在木箱子里，防止老鼠为害，准备到海南崖县荔枝沟冬播。因为那边生活很艰苦，学校特地杀了一头猪，用谷壳熏制成腊肉，再买了些黄豆和干辣椒。邓华凤和同事们带着这些食物，经怀化坐火车到广州，从广州乘轮船到海门，再从海口坐汽车到崖县县城，再乘三轮车到荔枝沟，辗转花了一个星期。

邓华凤到荔枝沟时已是 11 月下旬，但气温却如同湖南的 5 月，真像一个天然大暖房。他将 11 粒种子播下，第二年 2 月 23 日开始抽穗，全部表现雄性正常，自交结实率为 86.1%。至 4 月 1 日，所抽穗一应如此，其他性状整齐一致，仍无分离。第二天育性开始转换，败育花粉与日俱增。邓华凤将这一发现向李必湖汇报。李必湖给邓华凤作了下一步安排后，携回大部分种子赶回安江实验。

对邓华凤新发现的两用不育株，袁隆平萦怀于心。1988年7月初，袁隆平参加完美国圆坏种子公司年会返回北京。他惦记着湖南杂交水稻研究中心的工作，更关注邓华凤的研究实验进展情况。为按时赶到安江农校考察邓华凤的光温敏不育系的研究情况，以确定是否召开专家、学者鉴定会议，他决定乘北京至昆明的61次特快在怀化下车去安江农校，途中利用列车在长沙站停留的短暂10分钟，了解和解决湖南杂交水稻研究中心的情况和问题。他发去电报，告知车次和时间，约好单位的几位领导在长沙火车站站台见面。"中心"的有关负责人按时赶到站台，袁隆平直截了当要"中心"的同志择其要点，在5分钟之内谈完，自己5分钟之内回答。就这样匆匆处理好"中心"的工作，袁隆平又登上列车赶往安江农校。

袁隆平的判断没有错。经过三代繁殖和观察，证实了邓华凤找到的两系不育材料的农艺性状整齐一致，在安江盛夏高温和长日照的条件下，不育株和不育度都达到了100%，保持不育的时间长达50天以上。而在这50多天之前或之后抽穗扬花的，则全部表现为雄性可育，自交结实，可见这是一种新的宝贵的光温敏核不育材料。

1988年7月27日，湖南省科委决定在怀化对邓华凤的两系不育材料举行鉴定会，邀请国内有关专家进行技术鉴定。开会前一天，袁隆平出席并主持了预备会。与会专家一致认定这是我国首次在籼稻中发现并育成的光温敏核不育系，其不育群体、不育性能、育性转换等技术指标均达到863-101-1专题组制定的我国光温敏核不育系应具备的标准，完全达到了两用光、温敏核不育系的各项标准。袁隆平高兴地将它正式命名为"安农S-1"。它的育成对加速两系法杂交水稻的研究与利用具有重要价值，标志着我国杂交水稻的研究在国际上继续处于领先地位。

关于两用不育系的命名法，是袁隆平提出来的。自提出两系法的构想后，袁隆平提议，今后凡是两用光温敏不育材料，一律在品种后面加上"S"来表示。如石明松发现的"农垦58"两用不育材料被命名为"农垦58S"，故安江农校第一次发现的两用不育材料被命名为"安农S-1"。

第四章　两系杂交水稻研究在怀化取得新突破（1986.11—1997.12）

"安农 S-1"的发现，终于冲破了制约两系法育种的瓶颈。

袁隆平的助手李必湖在 20 多岁时发现了给三系法带来希望的"野败"，李必湖的助手邓华凤也是在这个年龄发现了给两系法带来希望的"安农 S-1"。这一成果申报国家科技奖励时，袁隆平坚决不挂自己的名字，而是让年轻人走上领奖台。他感到十分欣慰的是杂交水稻研究后继有人。

紧接着，一个个新的光温敏不育材料被发现和被转育成新的不育系。1989 年，衡阳市农科所周庭波等人育成第一个无花粉型籼型光温敏不育系"衡农 S-1"。这两个不育系分别通过了省级鉴定，它们的农艺性状整齐一致，不育株率和不育度都达到了 100%，不育期在安江稳定 50 天以上，并且育性转换明显和同步，配合力好，杂种优势强，比三系法杂交水稻增产潜力更大。两个温敏型不育系的育成，使袁隆平"两系法"的设想变为现实。

怀化地区农科所邱茂建采用一种前所未有的独特的不育系转育方法（即"三系不育系 × 两系不育系"），用三系不育系"V20A"为受体，两系不育系"安农 S-1"为供体，进行轮回杂交转育，于 1993 年培育出我国第一个由三系不育系转育而成的低温敏型两用核不育系"怀 VS"。（这一独特的转育方法受到袁隆平称赞：是独特的转育方法。黔阳地区科委、湖南省科委都进行技术查新：是前所未有的转育方法。）并用"怀 VS"配组出两系杂交新组合"怀两优 63"，于 1996 年通过怀化市农作物品种审定小组审定。该组合累计推广应用面积 45 万亩，新增稻谷 2700 万斤，社会经济效益较好。

为把水稻亚种间强大的生物杂种优势协调地转化为经济产量优势，解决杂种间结实率低、籽粒充实度不良的问题，袁隆平就选育水稻亚种间杂交组合的策略问题，提出了自己的八项原则：第一是"矮中求高"。要求在不倒伏的情况下，适当增加株高，使之具有充足的源，借以提高生物学产量。第二是"远中求近"。其意是以部分亚种间的杂种优势选配亚亚种组合为上策，克服纯亚种间杂交因遗传差异过大所产生的生理障碍和不利性状。第三是"显超兼顾"。既注意利用双亲优良性状的显性互补作用，又特别重视保持双亲有较大的遗传距离，避免亲缘重叠，以发挥超显性作用。第四是"穗中求大"。以选育每穗颖花数180朵左右、每15亩300万穗左右的中大型穗为主。第五是"高粒叶比"。选择粒叶比值高的组合，提高品种的光合效率。第六是"以饱攻饱"。选择籽粒良好和特号的品种、品系作亲本，解决亚种间杂交水稻籽粒充实度不良的问题。第七是"爪中求质"。选用爪籼中间型的长粒种优质材料，与籼稻配组；选用爪哇型或爪粳中间型的短粒型配组，米质优良且偏粳型。第八是"生态适应"。籼稻区以籼爪交为主，粳稻区以粳爪交为主。袁隆平的这八项选育原则，在实际应用中发挥了积极作用。

经过三年研究，终于发现了水稻光温敏不育系育性转换与光、温关系的基本规律，一套有效的选育实用光温敏不育系的技术路线形成。1994年的扬州会议上，袁隆平根据低温敏不育系起点温度个体间有差异、群体有波动的特点，为使不育系育性转换的临界温度相对稳定，提出了"遗传漂移"理论以及建立以培育核心种子为主的不育系原种生产操作规程。该规程为"核心种子—原原种—原种—制种"。原原种是指生产单位提供的原始种子，要求其纯度不低于99.98%；原种是指经过一定提纯复壮直接生产出的用于繁殖制种的种子，其纯度不得低于99.8%。生产技术程序是：每年用23.5℃的临界温度，在人工气候室筛选不育系核心种子，以生产原原种，原原种在严格隔离条件下繁殖原种，再用原种制种，如此周而复始，就能避免因不育系临界低温的向上"漂移"产生不育系育性"打摆子"的现象，使水稻制种有了可靠的技术保障。同时还针对临界温度低的实用型"培矮64S"繁殖难的问题，研制成功冷水串灌技术，在湖南、广东茂名建立了冷繁基地，保证这一高产两系杂交水稻大面积投产。应用这些技术方案指导制种，严格控制原种育性转换的临界温度，基本上化解了自然因素带来的风险。

但是，两系法制种，除了需掌握好不同地区的地理和气候环境情况外，对制种人员的要求也相当高。技术路线能否贯彻落实，关键在人。如在湖南地区制种，夏制的始穗期放在7月底，早秋制的放在8月上中旬左右，这一时段，低于临界温度的低温气候 80 年才一遇。风险只有 1% 左右。及至两系法宣告成功后，由于某些制种单位不严格按科学方法和规律办事，湖南某地两系法制种又不同程度地出现过"打摆子"的问题，优质早籼稻"香两优 68"一个组合在湖南制种 16995 亩，其中约有 1 万亩出现不育系自交结实，所收种子的纯度和质量很差，只好作商品粮处理，造成一定的经济损失。

通过调查走访，袁隆平等科研人员发现其主要原因是一些种子公司对两系制种技术规范不甚了解，套用三系的老办法，将秋制的抽穗期安排在 9 月上旬，或将制种安排在海拔 500 米以上的山区冷浸田，碰上低于临界温度的低温气候，造成不育系可育。此外，一些单位和个人受高额利润驱使，违反原种生产规范，非法加代繁殖了大量不合格的不育系种子出售，用于制种。袁隆平正言道："一辆状态很好的汽车，驾驶员不按交通规则行驶，车祸是不可避免的。结果，违背规律就会受到报应。"由于各地制种单位技术水平和能力参差不齐，一些种子企业有违规繁育不育系种子的情况，作为育种家，袁隆平深感担忧，他提出了两系法制种要"良种、良法、良人"，并呼吁种子管理部门要高度重视制种，以确保农民种植杂交水稻增产增收。

经过九年的努力，以袁隆平为首的科研协作组先后攻克了一系列技术难关，两系法杂交水稻于 1995 年获得成功，应用技术成熟配套，开始逐步推广。两系法杂交水稻的研究成功，被写进了 1996 年的国务院政府工作报告，同年被两院院士评为全国十大科技新闻并位居榜首。两系法品种间杂交组合一般比同熟期三系法品种间杂交水稻增产 5% ～ 10%，米质等性状也有提高。

同时，科研人员在研究中总结出"长光高温不育型（光温敏型）""高温不育型（温敏型）""短光低温不育型（反光温敏型）""低温不育型（反温敏型）"四种水稻两用核不育系类型，并提出了达到生产实用程度的光温指标。

两系法杂交水稻的研究成功对其他作物育种产生深远影响。继两系杂交水稻问世后，两系小麦、两系棉花、两系油菜、两系高粱等高产作物也相继研究成功。

二、怀化列入湖南省两系法杂交水稻研究开发重点地区

"安农 S-1""衡农 S-1"的发现及育成的温敏核不育系，为袁隆平提出的从"三系法"过渡到"两系法"开拓了新局面，为杂交水稻研究提供了一个新的优良种质资源。中共湖南省委、湖南省人民政府非常重视其开发与利用，为加速这两个不育系的开发，湖南省科委、省农业厅于 1988年、1989 年先后组建"安农 S-1""衡农 S-1"两个研究协作组。1989 年底，湖南省人民政府决定成立"湖南省两系法杂交水稻开发领导小组"后，两个协作组合并，组成"湖南省两系法杂交水稻研究协作组"，由主持单位湖南杂交水稻研究中心、安江农校、湖南农学院、湖南师大、省种子公司和省粮油局等单位组成，下设育种、制种繁殖、栽培示范、基础理论四个小组，有 21 个单位、150 多位科技人员参加，并确定了由四个地市重点开发，怀化是其中之一。

怀化列入湖南省两系法杂交水稻研究开发重点地区后，1991 年成立由行署分管农业的副专员任组长，安江农校、地区农业局、地区科委、地区农科所有关领导和专家为成员的两系杂交水稻开发领导小组，主持全区两系开发的具体工作，组织两系稻新组合的试验、示范，组织两用不育系的繁育、新组合制种，并探索两系稻制种和新组合高产栽培全套技术。

1991 年，怀化地区两系杂交水稻开发工作启动。先后选育出两用核不育系"安农 810S""怀 VS""139S"等两用不育系，并且都配制了自己的组合，在生产上开始试用。

1992 年，全地区示范面积 2982 亩，主要组合是"安农 S-1×402""安农 S-1×312""衡两优一号"，每亩平均产量 850 斤；1993 年示范 10.116万亩，主要组合是"衡两优一号"，每亩平均产量 1049.3 斤；1994 年示范

15.495 万亩，主要组合是"衡两优一号""培两优特青"，由于主要组合"衡两优一号"种子纯度出现问题，造成大面积减产，每亩平均产量 807.3 斤；1995 年示范 10.5 万亩，主要组合是"培两优特青""培杂山青""衡两优一号""八两优 63""怀两优 63"等，每亩平均产量 998 斤。

随着配套应用技术的基本成熟，1995 年在怀化召开的国家 863 计划两系法杂交中稻现场会上，袁隆平宣布两系法杂交水稻可以开始大面积推广应用。1996 年示范 24.45 万亩，主要组合是"八两优 100""八两优 63""培两优特青""培两优 288""培杂山青"等，每亩平均产量 990 斤；1997 年示范 364 万亩，主要组合是"培两优特青""培杂山青""培两优 288""八两优 100""八两优 63"等，每亩平均产量 993.9 斤。

经过近四年的协作攻关，研究人员攻克了一个个技术难题，加速了两系法杂交水稻应用于生产的进程。围绕两大课题共 9 个子课题展开研究，转育出"香 125S""安农 810S""197S""296S""433S"等一批低温敏新两用核不育系。其中，邓华凤选育出的"安农 810S"获怀化地区科技进步一等奖、省二等奖，由它选配出的"八两优 100"，填补了长江流域中熟杂交早稻的空白，在长江流域大面积推广应用。该成果被列为湖南省 1988 年度十大科技成果榜首，1997 年获省科技进步一等奖，后来又获国家三等发明奖。当时国内已经培育出一批光敏、温敏或光温兼敏型核不育系和广亲和系，并配制一批比原有杂交水稻增产 5% ~ 10% 和 10% 以上的两系法品种或亚种间苗头组合，且米质上也大有提高。

在两系杂交水稻研究攻关的同时，怀化市农科所在三系杂交水稻中又取得新的研究成果："辐南 A"，1989 年 7 月通过怀化地区审定并命名。"辐优 63"，1989 年 11 月通过怀化地区农作物品种审定小组审定并命名。"辐优 637"，1992 年 11 月通过怀化地区农作物品种审定小组审定。

第三节　两系法杂交水稻由理论走向生产应用

两系法杂交水稻由理论走向生产应用，不像原来设想的那么简单。袁隆平虽已倾注全部精力，但历经两年努力，两系法杂交水稻技术难关仍未突破。有好心人奉劝他，已成了著名科学家，万一搞砸了，岂不坏了名声？袁隆平说，搞科研如同跳高，跳过一个高度，又有新的高度在等你。要是不跳，早晚要落在后头，即使跳不过，也可为后人积累经验，个人的荣辱得失又算得了什么？他和他的团队成员矢志不渝，砥砺前行，终于突破了难关。

一、坚持攻坚克难的多点转育试验

1989 年夏季，南方出现历史上罕见的低温天气，一些经过鉴定的不育系在不育期内变成了可育，致使两系法杂交水稻遭受严重挫折，研究陷入低谷。不少研究人员为它的前途担忧，甚至出现全盘否定两系杂交水稻研究的倾向。在此严峻关头，面对重重困难和巨大压力，袁隆平迎难而上，以过人的胆识和丰富的经验，仔细研究了长江流域有记录以来的所有气象资料，几度调整研究方案，除在平原、丘陵地区设点试验外，还在海拔 200 ~ 2000 米的山区不同高度上设立多个试验点，同时开展转育试验。

由于"培矮 64S"不育的起点温度低，要使它转换为可育，能繁殖后代的温度范围比较窄，每亩制种最多十来斤，无法在大田生产中推广。袁隆平指导罗孝和，根据中国农科院作物育种栽培研究所薛光行在人工气候箱鉴定的温度指标，经多方寻找，1994 年在与浏阳接界的醴陵官庄，用水库下层巨大冷水资源繁殖"培矮 64S"，终于收到满意效果，一举解决了"培矮 64S"的种源供应问题，使两系法杂交水稻由理论走向生产应用。

同期，李必湖的助手唐显岩选育出杂交早稻"威优 402"，该品种产量优势明显，达到一个高峰，推广 15 年没有一个早杂水稻品种能够超越它。

安江农校 1987 年到 1997 年还先后通过了以下杂交水稻品种审定：1987 年"威优 49"通过湖南省农作物品种审定委员会审定；1989 年威优 48 通过湖南省农作物品种审定委员会审定；1991 年"威优 402"通过湖南省农作物品种审定委员会审定；1992 年"威优 438"通过湖南省农作物品种审定委员会审定；1997 年"八两优 100""八两优 28"通过怀化市农作物品种审定委员会审定，"金优 402"通过湖南省农作物品种审定委员会审定。同时期，怀化农科所也先后选育出以下两系杂交水稻品种："怀 VS"，1995 年通过省科委组织的成果鉴定，1996 年获怀化市科技进步一等奖。

二、怀化地区成立两系杂交水稻中试研究开发中心

1995 年，国家 863 计划两系杂交水稻中稻优质高产制种现场会在怀化成功召开，怀化的工作得到了与会的国家有关部委、农业专家、教授以及来自美国、印度的访问学者的高度好评。并在怀化举办全国两系杂交水稻示范、制种高级研讨班。

1996 年开始，怀化每年承担湖南全省 67% 的两系稻制种任务。在此基础上，怀化行署于 1997 年 3 月给国家科委中国生物工程开发中心呈交报告，请求国家科委 863 联办将怀化地区两系杂交水稻列入国家 863 计划中试开发基地并拨款予以支持，为此派人专程赴北京汇报。这年 8 月，怀化地区两系杂交水稻中试研究开发中心成立，接受地区两系杂交水稻开发领导小组和地区科委双重领导，由地区科委副主任陈东来任中心主任。

怀化地区两系杂交水稻中试研究开发中心成立后，怀化两系杂交水稻的研究开发工作力度加大，成效更显著，特别是在制种和新组合的开发利用上，走在全省乃至全国的最前列。湖南安江农校种苗开发中心，累计通过省级以上审定的杂交水稻新组合 30 多个，在全国 16 个省（区）推广，累计种植面积 4.2 亿亩，增产粮食 800 多亿斤，创利税 100 多亿元，为湖南乃至全国农业和农村经济的发展作出了重要贡献，在国内外都享有相当

高的声誉。

怀化的两系杂交水稻研究开发工作得到国家科委 863 联办的高度重视。1996 年 10 月，国家科委中国生物工程开发中心工程中心将怀化列为国家 863 计划两系杂交水稻中试基地，拨款 300 万元，湖南省科委也配套 50 万元。国家科委中国生物工程开发中心工程中心在这年和第二年又先后追拨 50 万元和 30 万元。这个项目国家、湖南省共拨款 430 万元，这在怀化科技史上还是首次。

1988 年 1 月，怀化市农业科学研究所贺德高参加由怀化地区农业局主持的"湘西杂交中稻高产栽培技术研究"，成果获湖南省农业厅颁发的省农业科技进步一等奖和湖南省人民政府颁发的省科技进步三等奖，排名第五位；1989 年 12 月，贺德高参与湖南省农业厅粮油局组织的"优质稻生产技术体系及其应用技术研究"，成果获湖南省农业厅颁发的省农业科技进步一等奖、省人民政府颁发的省科技进步一等奖，次年获国务院颁发的国家科技进步二等奖；1992 年 8 月，贺德高参与由省农业厅粮油局和湖南师范大学组织的"植物生长调节剂在水稻上的应用技术研究"，成果获湖南省农业厅颁发的省农业科技进步二等奖，1993 年 6 月获湖南省人民政府颁发的省科技进步四等奖，排名第四位；贺德高、梁力农、刘登中等人参与省农业厅粮油局组织的"杂交中稻再生稻高产栽培技术研究"，成果于 1992 年 12 月获湖南省农业厅颁发的省农业科技进步二等奖，1993 年 9 月获湖南省人民政府颁发的省科技进步四等奖，排名第四位；1996 年 5 月，贺德高参与湖南师范大学组织的"稻作三抗剂机理及应用技术研究"，成果获湖南省教育科技进步一等奖，排名第四位；1997 年 10 月，贺德高参与由湖南省农业厅粮油局组织的"稻作供水低耗高产栽培技术体系研究"，成果获湖南省人民政府颁发的湖南省科技进步二等奖，排名第六位。

1990 年至 1995 年，科研人员梁力农、刘登中参加了湖南省农业厅粮油局、科教处等组织的吨粮田（两季杂交水稻）施肥技术研究课题，完成了承担的试验任务，通过湖南省科委（科技厅）、省农业厅组织的成果鉴定。

这年，经湖南省、怀化市专家验收，麻阳培矮 64SX 特青制种技术达国内先进水平，单产创当年全国最高纪录。

到 2000 年，怀化市累计示范两系杂交水稻 261.31 万亩，圆满完成怀化两系杂交水稻示范开发领导小组当初的预定任务，实现了两系比三系同熟期组合平均增产 5% 以上的目标。全国累计推广面积达 5000 万亩，平均产量比三系增长 5% ～ 10%，而且米质较好，续写了"东方魔稻"的新篇章。

随着两系杂交水稻的大面积示范成功，到二十一世纪初，怀化两系杂交水稻开发工作已圆满完成任务，同全省一样相继转入超级杂交水稻的示范开发阶段。

三、两系法杂交水稻促进国际合作平台进一步拓展

两系杂交水稻的大面积示范成功，加快了杂交水稻由中国走向世界的步伐。

1. 中国湖南杂交水稻研究中心与美国水稻技术公司达成共同开发和经营两系杂交水稻的合作协议

1993 年初，袁隆平正在开发研究两系杂交水稻的信息不胫而走，被美国水稻技术公司获悉。他们洞悉到两系法杂交水稻的发展前景和广阔市场，视两系杂交水稻为农业高科技的瑰宝，向袁隆平发出了"技术转让或合作开发"的恳切请求。以"发展杂交水稻，造福世界人民"为己任的袁隆平，对美方的请求作出了积极回应，在国家主管部门的支持下，同意在适当时候与对方洽谈。

1993 年 12 月，美国水稻技术公司向袁隆平发出正式邀请函。邀请函上写道：公司领导极为高兴两系杂交水稻技术转让事宜，迫切企盼袁隆平教授来美洽谈。接到美方正式邀请函之后，袁隆平指导起草了洽谈协议。1994 年 2 月下旬，袁隆平与谢长江赴美洽谈。

谢长江是安江农校毕业生，长期在农村基层搞农业技术推广，是"杂交水稻"最早的推广者、热心的支持者和忠诚的实践者。1993年1月起，谢长江担任湖南杂交水稻研究中心第一副主任。

2月28日下午4点多，他们按计划从长沙黄花机场起飞，5点半准时到达中国香港启德机场。下机后，他们立即赶赴飞往美国的窗口候机。5个小时后，袁隆平和谢长江登上新加坡航空公司的波音747大型客机。经过长达18个小时的连续飞行，他们于美国东部时间3月1日上午10点许抵达休斯敦。

3月3日至5日，双方进入实质性洽谈阶段。洽谈前，美方请袁隆平给公司领导、高级技术专家作两系杂交水稻研究新进展的学术报告，让美方进一步看清两系杂交水稻的光辉前景和市场潜力。

对照我方提供的协议草案，双方逐条进行认真讨论，在合作开发、利润分成的问题上展开了激烈争论。开始时双方互不让步，经过三天的洽谈，双方观点都已明确，而且逐步向协议草案靠拢。美方在利润分配上也作出让步，基本同意我方的意见，但心存疑虑：一是担心协议签不了字；二是担心中国农业部难以批准协议。我方在洽谈中坚持两条底线：一是保密底线，核心技术绝不泄露；二是诚信底线，一旦草签了协议，回国经农业部批准生效，则要遵守协议，一一付诸实施。

3月9日上午10点，双方达成《中国湖南杂交水稻研究中心与美国水稻技术公司共同开发和经营两系杂交水稻的合作协议》。协议采用中英文两种文本，具有同等法律效用。袁隆平代表中国湖南杂交水稻研究中心签字，谢长江作为见证人签字。罗宾·D.安德士代表美国水稻技术公司签字；玛丽·L.斯威曼作为见证人签字。

3月12日，袁隆平他们带着这份已签订的协议和前期启动费六万美元支票回到长沙。按照规范的程序，中华人民共和国农业部于1994年9月10日正式批准了这项协议。这是一份双赢的协议，协议的实施大大加快了杂交水稻由中国走向世界的步伐。

2．首届农作物两系法杂种优势利用国际学术讨论会在长沙召开

1997年9月，在长沙举办了首届农作物两系法杂种优势利用国际学术讨论会。出席这次会议的有来自中国16个省、市、自治区，以及美国、日本、德国、印度、越南等8个国家和国际机构的科学家90余人。大会认为，遵循"两系法"技术路线，除两系水稻外，我国的两系高粱、两系小麦、两系油菜、两系棉花、两系苎麻等都取得了很大的进展。在两系法杂种优势利用方面，中国仍处于世界领先地位。水稻两系法杂种优势利用的成果被认为必将为其他作物两系法杂种优势利用的研究起到借鉴作用。

3．杂交水稻推广到全球50多个国家

二十世纪八十年代，联合国粮农组织把各水稻生产国发展杂交水稻作为增产粮食、解决粮食短缺问题的首选战备项目。他们选择15个国家，并给这些国家提供经费，推广杂交水稻，这为杂交水稻在世界的研究和推广提供了良机和条件。有十几位专家受聘为该组织的顾问，袁隆平被聘为首席顾问，曾先后多次到印度、越南、菲律宾、缅甸、孟加拉国等国家进行技术指导和接受咨询，为这些国家建立起一套发展杂交水稻的人才与技术体系，也先后提供了50多个杂交水稻组合在南亚和东南亚进行试种推广。

1990年至1993年间，袁隆平连续3次去印度，行使联合国粮农组织首席顾问的职责。印度已效仿中国努力发展杂交水稻，建立了杂交水稻项目网络中心。袁隆平频繁地考察了他们的网络中心及其试验基地和田间材料，针对印度科学家研究中遇到的问题与他们进行座谈交流，对育种、栽培和制种的方方面面提出了一些建议。联合国粮农组织进一步确立了印度"发展与利用杂交水稻技术"项目（IND/91/008），围绕项目的实施，经过袁隆平及其助手考察和论证，为印度培育出比对照品种增产15% ～ 30%的杂交组合，开展两系法杂种优势利用研究、开发有效的杂交水稻制种技术，为印度实现杂交水稻大面积商业化发展作出贡献。在此期间，印度的杂交水稻研究进展很快，选育了适合当地种植的杂交组合35个，好的可

比对照品种每亩增产 160 ~ 186.67 斤。

1996 年 5 月 15 日，袁隆平赴日本领取首届"日经亚洲开发奖"奖金 300 万日元时，会见日本前首相。19 日返湘，湖南省副省长潘贵玉、省政协副主席陈彰嘉到机场迎接。

第五章

杂交水稻的研究与推广
在怀化不断取得新成效

（1998.01—2023.09）

★ 超级杂交水稻研究、选育与示范推广在怀化
的实践

★ 杂交水稻产业在怀化的发展

★ 杂交水稻发源地怀化的影响力日益增强

1997 年底，经国务院批准怀化地区撤地设市；1998 年初，成立新的怀化市委、怀化市人民政府。这年 8 月，超级杂交水稻研究纳入国家 863 计划。从此，怀化各级领导对杂交水稻的研究与推广更加重视，进一步加大了领导与支持力度，引领怀化在推动超级杂交水稻研究和推广、产业化、更好地走向世界、服务国家发展战略和兴起杂交水稻文化等方面，不断增强了影响力。

第一节　超级杂交水稻研究、选育与示范推广在怀化的实践

两系法杂交水稻研究取得突破性进展后，袁隆平团队及时把超级杂交水稻研究与推广作为自己的新任务，并明确了三个重点：一是设计和初步确定好选育技术路线，二是纳入国家整体发展战略规划，三是技术的深化研究与新成果的推广。怀化作为杂交水稻发源地自觉地承担起新的任务。

1998 年以后，超级杂交水稻研究新成果接二连三面世。怀化职业技术学院（原安江农校）、怀化农科所和湖南奥谱隆科技股份有限公司发挥了积极作用。

一、怀化科研人员在超级杂交水稻领域的丰硕成果

1．联合研究的成果

2017 年，袁隆平农业高科技股份有限公司、湖南亚华种业科学研究院、湖南亚华种业有限公司合作选育的籼型两系杂交中稻迟熟品种"隆两优 301"通过省级审定。

2018 年，怀化职业技术学院、江苏中江种业股份有限公司共同选育的

"民两优 1314"，通过湖南农作物品种审定委员会审定。

　　2. 怀化职业技术学院的研究成果

　　1998 年以来怀化职院取得以下杂交水稻研究新成果：

　　刘登中参加了由省农业厅粮油局、科教处等单位组织的两系杂交水稻栽培技术研究（"接力式栽培法"技术发明）、两系杂交早稻超高产栽培技术途径研究、超级稻再生稻栽培技术研究和超级稻专用肥试验等课题研究，试验期间完成了承担的试验任务，并提交较高质量的试验研究报告。这些研究成果分别通过省科委（科技厅）、省农业厅组织的成果鉴定；其中"两系法杂交水稻接力式栽培法"，1998 年 5 月获省农业厅颁发的省农业科技进步奖二等奖，排名第七位。

　　1998 年，曾存玉选育的"威优 298"通过衡阳市农作物品种审定委员会审定，邓华凤选育的"八两优 100"通过湖南省农作物品种审定委员会审定。

　　2000 年，张振华育成的"八两优 113""八两优 28"，李树林育成的"金优 191""威优 191"通过怀化市农作物品种审定委员会审定。

　　2001 年，"威优 191"通过衡阳市农作物品种审定委员会审定，"金优 298""金优 804""金优 191"通过广西农作物品种审定委员会审定。

　　2003 年，宋克堡发现水稻"标 810S"淡黄叶突变，为规避和降低两系杂交水稻生产风险提供了技术支撑，为快速、准确鉴定杂交种子纯度提供了新方法。安江农校选育的"怀两优 63"通过农业部（国家）品种审定，并申请国家农作物新品种保护。"株两优 971"，通过农业部（国家）品种审定。

　　2004 年，曾存玉选育的"金优 179"通过湖南省农作物品种审定委员会审定。

　　2005 年，曾存玉选育的"Ⅱ优 231"通过湖南省农作物品种审定委员会审定。

　　2006 年 8 月，宋克堡发现的水稻淡黄叶"标 810S"突变体通过湖南省科技厅组织的成果鉴定，专家一致认为该发现具有原创性，其水平居国际领先。

2007年，怀化职业技术学院陈湘国配组成的籼型三系杂交水稻"中优281"通过湖南省农作物品种审定委员会审定。品种属三系杂交迟熟晚籼，适宜在湖南省稻瘟病轻发区作双季晚稻种植。

2008年8月6日，由袁隆平院士任主任，中科院亚热带农业生态研究所、国家杂交水稻工程技术研究中心、湖南师大、湖南农大等单位专家任成员的国家级专家评审委员会实地考察后宣布：由怀化职业技术学院青年科技工作者宋克堡发现并育成的水稻淡黄叶隐性标记温敏不育系"标810S"成果，是继袁隆平、李必湖、邓华凤等杂交水稻专家之后，在研究杂交水稻领域里发现的第四个水稻有利基因，其发现具有原创性，达到国际领先水平。

2010年，曾存玉选育的"安丰A"、肖建平选育的"645优238"和"金优238"，通过湖南省农作物品种审定委员会审定。

2011年，"贺优一号"在2009年至2010年湖南省中稻区域试验中单产比对照品种平均增产7.1%，于这年5月通过湖南省品种审定。审定后由湖南春云高科股份有限公司开发经营，累计推广面积300万亩，增产稻谷3亿斤，增加产值4.05亿元。"正丰118A"通过湖南省品种审定。

2012年5月，由安江杂交水稻研究所年轻科研工作者陈湘国选育的杂交水稻新品种"内5优263"和"丰源优263"通过湖南省农作物品种审定委员会审定。

2013年5月，陈湘国选育的超级稻"Y两优263"通过湖南省农作物品种审定委员会审定。

2016年，宋克堡选育的三系不育系"秋实A"通过湖南省农作物品种审定委员会审定。

2018年，朱世军选育的"深两优857"通过国家农作物品种审定委员会审定，肖建平选育的两系不育系"民丰520S"通过江苏省农作物品种审定委员会审定。

2020 年，怀化职业技术学院选育的"民两优华占"品种通过湖南省农作物品种审定委员会审定。该品种属籼型两系杂交中稻迟熟品种，适宜在湖南省稻瘟病轻发区作迟熟中稻种植。该品种在 2018 年参加湖南省中稻迟熟组区域试验，平均亩产 1411.0 斤，2019 年续试，平均亩产 1407.8 斤。曾存玉选育的"金珍 A"和"金珍优早丝"通过江西省农作物品种审定委员会审定；宁鹏选育的"深两优 608"通过国家农作物品种审定委员会审定；朱世军选育的"宸 S"通过江西省农作物品种审定委员会审定；肖建平选育的"民两优华占"通过湖南省农作物品种审定委员会审定，同年通过国家农作物品种审定委员会审定。

2021 年，肖建平选育的民两优丝苗通过湖南省农作物品种审定委员会审定，陈湘国选育的两系不育系"盟 S"通过湖南省农作物品种审定委员会审定。

2022 年，陈湘国选育的"赣优 18"通过湖南省农作物品种审定委员会审定，曾存玉选育的"隆科两优 673"通过湖南省农作物品种审定委员会审定。

3. 怀化市农科所（院）的研究成果

1999 年至 2006 年，廖松贵、龙天建、向太友等人取得以下杂交水稻研究新成果：

1999 年 1 月，"怀两优 63"通过怀化市农作物品种审定小组审定并命名，"八两优 96"通过怀化市农作物品种审定小组审定。

2000 年 2 月，"八两优 97"通过怀化市农作物品种审定小组审定并命名；同年 3 月，"株两优 97"通过怀化市农作物品种审定小组审定并命名。

2001 年 3 月，"株两优 971"通过湖南省农作物品种审定委员会审定并命名，"株两优 97"通过衡阳市农作物品种审定小组审定。

2002 年 4 月，"株两优 176"通过湖南省农作物品种审定委员会审定并命名。

2003年11月，"八两优96"通过农业部（国家）品种审定。

2005年，怀化农科所科研人员龙天建、向太友等人用自选恢复系"怀94-2"与湖南亚华种业科学院杨远柱选育的两系不育系"湘陵628S"进行测配育成"陵两优942"；向太友、舒铁生、贺德高等人用怀化农科所自选恢复系"怀恢210"与湖南省贺家山原种场选育的三系不育系"贺50A"配组育成"贺优一号"。

2006年，怀化市农科所选育出的三系杂交中稻新品种"金优怀98"在湖南省山丘区中稻新品种区域试验中表现优秀，平均亩产1008.2斤，比对照品种"金优207"增产5.5%，且稻米品质由省区域试验点统一取样送农业部稻米及制品监督检验测试中心检测，在12项检测指标中有8项指标达部颁一级标准，综合评价为"达部颁二等食用籼稻品种品质标准"，是全省首次通过省级区域试验中稻米品质达到部颁二等优质稻米品种品质标准的新品种。

向太友、舒铁生、贺德高等人2011年以来还取得以下杂交水稻研究新成果：

2011年，"正丰118A""贺优一号"通过湖南省农作物品种审定委员会审定。

2013年5月，"Y两优2108"通过湖南省农作物品种审定委员会审定。

2014年7月，"广两优210"通过湖南省农作物品种审定委员会审定。

2015年6月2日，"粘S"通过湖南省农作物品种审定委员会审定，由该不育系配制的新品种"粘两优4011"和"粘两优28"同步通过湖南省农作物品种审定委员会审定。

2016年6月24日，"宏宸901S"通过湖南省农作物品种审定委员会审定。

2017年6月，"粘两优1086"通过湖南省农作物品种审定委员会审定。

2019年，怀化市农科所与企业合作选育的杂交水稻新品种"粘两优2363"通过农业部国家农作物品种审定委员会审定。"裕两优2108"在湖南省预试中，抗性表现突出，丰产性和品质较好，进入湖南省2019年中稻区域试验。一批配合力强的优质不育系和优质、高抗、强优势恢复系选育定型。选出恢复系材料9500余份，两系不育系材料3200余份，选育定型恢复系材料700余个，选育定型不育系材料300余个，制种小组合300余个。当年，承担国家级水稻区域试验8组（90个品种）、湖南省水稻区域试验34组（341个品种）。

2021年3月，由肖俊良、向太友育成的两系不育系"裕怀S"通过湖南省品种审定委员会审定。

怀化市农科所在研究选育超级杂交水稻的同时，还取得三系杂交水稻育种新成果："辐优晚3"，1999年1月通过怀化市农作物品种审定小组审定。"金优怀98"，2007年初通过湖南省农作物品种审定委员会审定。"金优怀98"，2008年进入湖南省农转资金专项推广计划。"金优怀340"，2008年初通过湖南省农作物品种审定委员会审定。"金优怀18""金优怀210"，2009年初通过湖南省农作物品种审定委员会审定。"T98优1号"，2010年初通过湖南省农作物品种审定委员会审定并命名，获2012年度市科技进步二等奖。"贺优一号"，2011年5月通过湖南省品种审定委员会审定，获2013年度市科技进步二等奖。

4. 湖南奥谱隆科技股份有限公司的研究成果

湖南奥谱隆科技股份有限公司2008年成立，其前身是2004年张振华创办的怀化奥谱隆作物育种工程研究所。截至2022年末，研究所及公司的张振华、吴厚雄、陈世建等育种专家与周永坤、谢波、段剑平、张文杰、潘伯友、石泽汉、舒易吉等科研助手，先后育成的杂交水稻新品种通过国家审定的56个，省级审定的37个，获省级审定的两系、三系不育系16个，获得植物新品种权保护的新品种37个。

（1）通过国家及省级审定的品种：

2007年：国审品种有"T优15""奥两优28"；省审品种有"八两优18"。

2008年：省审品种有"奥两优69""奥优83"。

2009 年：国审品种有"奥龙优 282"。

2010 年：省审品种有"C 两优 255""Y 两优 696""奥两优 76"。

2011 年：省审品种有"奥两优 200"。

2012 年：省审品种有"Y 两优 8188"（超级稻 1800 斤攻关品种）。

2013 年：省审品种有"Y 两优 488"。

2014 年：省审品种有"Y 两优 8866""奥富优 655""Y 两优 8188""奥两优 499""奥龙优 282"。

2015 年：国审品种有"Y 两优 8188"；省审品种有"奥优 818""Y 两优 585"。

2016 年：省审品种有"奥富优 383""锋优 125"。

2017 年：国审品种有"奥龙优 282""天两优 3000""云两优 5455""奥优 83"；省审品种有"云两优 247"。

2018 年：国审品种有"广两优 990""广两优 1000""六福优 977""六福优 996""六福优 1066""黔丰优 877""黔丰优 900""天两优 682""五丰优 9989""云两优 588"。

2019 年：国审品种有"奥富优 287""奥富优 958""黔丰优 990""强两优 698""强两优雄占""天两优 218""天两优 55""奥富优 826""云两优 2118""天两优 12"。

2020 年：国审品种有"红两优 211""红两优 898""红两优 1566""强两优 373""雄两优 255""云两优 1999"。

2021 年底，第四届国家农作物品种审定委员会第八次会议召开，湖南奥谱隆科技股份有限公司科研团队育成的杂交水稻新品种"泰优奥美香""六福优 996""鹤优奥隆丝苗""雄两优 188""天两优 666""黔丰优 990""慧优 996""强两优平占""强两优 373""云两优 2118""强两优奥香丝苗""雄两优奥美香""盈两优奥占""红两优奥隆丝苗""慧优奥隆丝苗""六福优 977""强两优 599"等 17 个品种审定通过。同时，农业农村部发布第 503 号公告，湖南奥谱隆科技股份有限公司培育的"奥隆丝苗"

符合《植物新品种保护条例》和《植物新品种保护条例实施细则（农业部分）》的要求，对其授予植物新品种权。本次通过国家审定的 17 个杂交水稻新品种，达到部颁一级优质米标准有 3 个，达到部颁二级优质米标准有 10 个，达到部颁三级优质米标准有 3 个。

2022 年：国审品种有"奥晶香""宝两优奥香丝""慧优奥隆丝苗"；省审品种有"奥富优 287""六福优 977"。

（2）通过省级审定的两系、三系不育系：

A. 两系不育系有 9 个："奥龙 1S""天安 S""云峰 S""强 11S""宝丰 66S""盈丰 99S""赫 19S""红丰 80S""雄丰 68S"。其中，"奥龙 1S"由张振华等选育于 2006 年通过福建省品种审定委员会技术鉴定。

B. 三系不育系有 7 个："奥富 A""六福 A""黔丰 103A""慧28A""鹤 16A""奥 106A""奥香 121S"。

C. 通过国家农业农村部植物新品种保护授权的品种（包括两系、三系不育系恢复系等）：

2016 年有"R69""奥 R8188""Y 两优 488""奥富 A""奥富 B""六福 B""天安 S"等 7 个品种取得《植物新品种权证书》。

2017 年有"H696""奥 R15""云峰 S"等 3 个品种取得《植物新品种权证书》。

2019 年有"天两优 3000"取得《植物新品种权证书》。

2020 年有"坤占""奥 R990""奥 R877""奥 R688""奥 R520""奥R218""W55""奥 R2205""平占""奥 R3000""奥 R1066"等 11 个品种取得《植物新品种权证书》。

2021 年有"奥 R666""奥隆丝苗"等 2 个品种取得《植物新品种权证书》。

2022 年有"奥 R682""奥 R996""奥 R 雄占""奥晶丝苗""奥隆丽晶""奥美香""奥香丝""奥占""红丰 80S"等 9 个品种取得《植物新品种权证书》。

二、怀化参与超级杂交水稻发展取得较好示范效果

1998 年以前，怀化全市两系稻每年开发面积约 2250 亩，为湖南全省的五分之一。1998 年示范 49.51 万亩，主要组合是"八两优 100""培两优特青""培杂山青"等，每亩平均产量 1041 斤；1999 年示范 59.68 万亩，主要是"培矮 64S"系列组合、"八两优 100""八两优 96""香两优 68"等，每亩平均产量 990.1 斤；2000 年全市示范面积 62.93 万亩，每亩平均产量 960.4 斤。同期，国家科委下属的中国生物技术开发中心成立的华怀两系杂交水稻发展有限责任公司，两系法杂交水稻新组合示范推广于 1998 年获怀化市科技进步一等奖，1999 年获湖南省科技进步四等奖；两系法杂交水稻高产保纯制种技术推广于 1999 年获怀化市科技进步一等奖，2000 年获湖南省科技进步三等奖。

2000 年，怀化在沅陵县凉水井镇、辰溪县城郊乡、麻阳苗族自治县大桥江乡、中方县桐木镇等四县乡实施超级稻示范。全市累计示范 261.31 万亩，圆满完成了怀化两系杂交水稻示范开发领导小组当初的预定任务，实现了两系比三系同熟期组合平均增产 5% 以上的目标。怀化农科所受省两系办的委托，对麻阳县大桥江乡大桥江村的百亩超级稻"培矮 64S/9311"进行现场测产，加权平均产量达到每亩 1409.2 斤。中方县桐木镇黄家湾村、沅陵县凉水井镇松山边村、辰溪县城郊乡竹桥村的百亩超级稻"培矮 64S/9311"经现场测产，加权平均产量分别达到每亩 1425.2 斤、1419.2 斤和 1450 斤。

沅陵县的西部山区属老稻瘟病区，水稻因稻瘟病危害常年损失 10%～20%，严重的达 40% 以上。近 20 年来在该稻瘟病区采取综合防治措施，推广优质杂交水稻，取得较好的效益。2005 年推广 76995 亩，平均亩产 924 斤，每亩增收 63.96 元左右。

2006 年，袁隆平提出了超级杂交水稻"种三产四"丰产工程，即运用超级杂交稻的技术成果，用 3 亩地产出现有 4 亩地的粮食，节余 1/4 的面积也就相当于增加了 1/4 的粮食耕地，以大幅度地提高现有水稻的单产和总产，提高农民种粮的经济效益，确保国家粮食安全。同时认为，在湖南可以率先启动。

同年，怀化市农科所在靖州、辰溪、溆浦等县建立 3000 亩良种繁殖基地，繁殖生产具有自主知识产权的 3 个新品种种子 500 吨，推广应用面积 50 万亩以上。在鹤城区双村村、中方县花桥镇火马塘村等地建立百亩国家和省中稻新品种展示基地，示范新品种 100 余个，单产比当地单产高 10% 以上，吸引了来自省内外的专家和领导莅临观摩。

2007 年 2 月 17 日，湖南省农村工作会议决定"把袁隆平院士的'种三产四'工程作为粮食生产的重要支撑，力争全年全省推广超级稻 800 万亩以上，发展优质稻 4000 万亩"。按不同生态区域，选定 20 个县（市、区）率先示范实施，其中怀化溆浦名列其中。怀化市和溆浦县党委、政府高度重视，立即成立专门班子，选定示范地，并按要求全面启动了这项工作。

2008 年，湖南省人民政府决定由副省长徐明华担任"种三产四"丰产工程项目总指挥，袁隆平任首席专家，湖南杂交水稻研究中心指派专家彭既明为专职项目协调人。要求各示范县（市、区）成立由分管农业的副县长任组长，相关单位为成员的项目领导组，成立由县（市、区）农业局局长任组长、农业局相关股站、乡镇农技站和拥有品种权的种子企业参与的项目实施小组。怀化市、溆浦县随即成立了相关机构并投入工作。

2009 年，湖南省示范县增加到 32 个。9 月 13 日，全国强优势杂交水稻现场观摩会在溆浦隆重召开，袁隆平等 160 多名专家参加会议，横板桥乡兴隆村百亩强优势杂交水稻每亩产量 1103.8 斤。国家 863 计划"强优势水稻杂交种的创制与应用"首期目标如期实现。

2010 年，"陵两优 942"在 2007 年、2008 年湖南省早稻区域试验中比对照品种"株两优 819"（国定超级早稻种）连续两年增产，且 2008 年单产居小组第一位，比对照品种增 8.24%，且稻米品质优于对照品种，于这年初通过湖南省农作物品种审定委员会审定。审定后，由湖南隆平高科种业股份有限公司独家开发经营，累计推广 750 万亩，新增稻谷 4.5 亿斤，新增产值 5.85 亿元。

2011 年，怀化市超级稻示范推广面积达到历史新高，其中百亩示范片有 52 个，示范面积 16050 亩，平均每亩产量 1289 斤；千亩示范片 70 个，示范面积 79050 亩，平均每亩产量 1138.3 斤；万亩示范片 17 个，示范面积 21.3 万亩，平均每亩产量 1267 斤。溆浦县横板桥乡兴隆村和黄茅园镇金中村作为第三期超级杂交稻百亩示范片，当年平均亩产均突破了 1800 斤大关，实现了第三期目标。村民们说："祖祖辈辈都没有见过这样的大丰收，不但产量高，煮的饭也特别香。"

2012 年，怀化市超级稻示范推广面积与示范点（片）略有减少，有百亩示范片 42 个，示范面积 4995 亩，平均每亩产量 1295 斤；千亩示范片 53 个，示范面积 67950 亩，平均每亩产量 1273.6 斤；万亩示范片 11 个，示范面积 139050 亩，平均每亩产量 1249 斤。但第三期百亩攻关示范片在湖南定点 7 个，怀化溆浦就占了两个，仍放在横板桥乡兴隆村、黄茅园镇金中村，攻关片面积分别为 103.5 亩和 108 亩，攻关品种为湖南奥谱隆科技股份有限公司选育的品种"Y 两优 8188"。

2013 年，怀化市科技局顶层设计"优质超级杂交水稻提质增效技术研究与示范"科技重点项目，包括 4 个子课题：一是选育超级稻新品种，完成 1～2 个不育系省级审定，5～6 个杂交中稻新品种国家或省级审定；二是集成新技术，开展生态适应研究和标准化生产技术研究，确定最适宜的生态区域，制定标准化生产技术规范，组织生产示范；三是转化生产方式，推广土地流转规模化种植模式和机械化作业，提高生产率；四是强化稻米加工工艺，提高稻米商品化率，旨在通过对超级杂交水稻开展新品种选育、病虫防治、栽培新技术等组装配套，达到提高生产效率、降低劳动强度、节约生产成本、增加粮食总量、提升稻米品质的目标。该项目由市农业科学研究所、湖南奥谱隆科技股份有限公司、市农业技术推广站、市种子站等 4 家单位联合承担。

同年，怀化市及溆浦县、靖州县、洪江市、芷江县被农业部认定为国家级杂交水稻种子生产基地市县。在市里的指导下，各县根据袁隆平提出的超级杂交水稻高产栽培技术路线和本县实践经验，由县超级稻示范推广工程指挥部与县农业局、县老科协的农业技术人员共同研究，制定出"六个统一"的技术方案，即统一选用新组合，统一浸种催芽，统一栽插规格，统一配方施肥，肥水管理统一要求，病虫防治统一指挥。当年，溆浦县横板桥乡兴隆村106.95亩攻关片，品种为"Y两优6号"，全部施用湖南丰惠肥业有限公司供应的超级稻专用的926牌有机复合肥混肥。经由中国科学院院士、福建省农科院研究员谢华安领衔，国家杂交水稻工程技术研究中心、广东省农科院、湖南农业大学等单位为成员组成的专家组测产验收，平均每亩产量1812.6斤。

这年8月，怀化市农业局组织召开水稻新品种深两优3059现场观摩会。观摩会上，辰溪县、靖州苗族侗族自治县、鹤城区介绍水稻新品种"深两优3059"示范种植情况。该品种系湖南科裕隆种业有限公司选育的超级杂交稻新组合，2013年参加国家区域试验，表现出抗性好、产量高、米质优等特点。与会人员来到鹤城区黄金坳镇沙溪村"深两优3059"示范片现场，一致称赞水稻生长旺盛、茎秆粗壮、分蘖力强、抽穗整齐、有效穗多、产量较高。据示范片现场评议，预计平均亩产突破1500斤，大家表示非常满意。

这年9月30日，辰溪县农业局组织专家，对辰溪县锦滨乡中学旁的一丘无水栽培的杂交水稻进行了测产验收，结果亩产达到了1120斤，与辰溪县普通中稻的产量不相上下。

2014年，袁隆平提出"三分地养活一个人"的粮食高产工程（简称"三一工程"），即中产田水稻两季平均亩产超过2400斤，按国家粮食安全指标每人每年消费粮食730斤计算，三分田足以养活一个人。到2020年，推广面积将超过1000万亩，可以多养活1650万人口，相当于湖南四分之一的人口数量。并根据李克强总理"超级杂交水稻攻关不仅要搞百亩，还要搞千亩、万亩"的指示，提出"超级杂交水稻百千万高产攻关示范工程"（简称"百千万工程"），即在南方水稻产区开展超级杂交水稻百亩连片平均亩产 2000 斤、千亩连片平均亩产 1800 斤、万亩连片平均亩产 1600 斤的高产攻关研究与示范。

2014 年 10 月 10 日，受农业部委托，国家杂交水稻工程技术研究中心在溆浦县横板桥乡红星村超级稻第四期亩产 2000 斤攻关示范现场，举行中国超级稻第四期研究进展新闻发布会。袁隆平院士，农业部科教司推广处处长王青立，湖南省农科院党委书记柏连阳等领导出席。新闻发布会宣布第四期超级杂交水稻高产攻关项目通过农业部专家测产验收，溆浦县横板桥乡红星村 102.6 亩示范片平均亩产 2053.4 斤，实现大面积亩产超 2000 斤目标，创造了水稻大面积亩产世界最高纪录。这标志着我国计划 2020 年实现的超级杂交水稻第四期亩产 2000 斤攻关目标提前 6 年实现。

2015 年，湖南省在 53 个县市区实施"种三产四"丰产工程项目，面积 1200 万亩。同年，溆浦被列为超级杂交水稻示范基地县，首次在桥江镇独石村试种 112.88 亩获得成功，平均亩产 1613 斤。会同县也在前一年杂交水稻制种面积 1.1 万亩，实现产值超过 3000 万元的基础上，继续加大发展杂交水稻制种产业力度，积极引进省内外 6 家制种企业，在坪村、堡子、连山等 12 个乡镇着力打造 2 万亩杂交水稻制种基地，制种面积和产值较前年均实现翻番。

2015 年 9 月，经专家验收组现场验收后认为，怀化市牵头于 2013 年启动的"优质超级杂交水稻提质增效技术研究与示范"科技重点项目，通过 3 年来的科研试验、示范、推广等工作，较好地完成了项目任务，取得了预期成果：一是 1 个两系不育系和 7 个杂交水稻新品种通过省级品种审定；二是制定并发布 11 个超级稻新品种制种和栽培技术标准；三是在全市推广机械化育秧、插秧技术累计 125 万亩，实现稻谷订单生产累计 6 亿斤；四是项目成果转化效益良好，建成 1.2 万亩杂交水稻制种基地，创办千亩生产示范片 34 个，平均亩产 1374 斤，全市累计推广 210 万亩，增效 4.52

亿元。

2018 年，溆浦县在进一步推进水稻制种"五化"（即制种基地规模化、机械化、标准化、集约化、信息化）技术的同时，优化本辖区杂交水稻制种区域布局，规范社会化服务组织能力，为杂交水稻制种提供全程服务。制种大户、制种专业合作社牢固树立种子质量意识，严格按照规程组织种子生产，确保种子质量符合国家标准。大胆探索制种新模式，大力推广制种新技术，加强制种技术培训，建立健全生产档案，确保种子质量可溯源。同时，为缓解农村劳动力不足的矛盾，降低种子生产成本，提高制种效益，溆浦县农业局主动与湖南农大、隆平高科、省水稻所等单位合作，引进了杂交水稻全程机械化制种技术，提升种子生产能力和种子质量水平。全县涌现出桥江镇堰塘村等十余个水稻制种专业村，全县杂交水稻三系、两系制种基地达 4 万余亩，全年喜获丰收。

湖南奥谱隆科技股份有限公司在实践中不断积累经验、改进技术，增强了核心竞争力，2018 年成功实施了"优质稳产多抗型高档食用稻"和"广适型超高产优质多抗超级稻"研发双向攻关。公司在推广 Y 两优 8188、天两优 3000 等 20 余个亩产突破 2000 斤的广适型优质超级稻的同时，又育成六福优 977、奥富优 287、雄两优奥美香、泰优奥美香、慧优 996、强两优平占、红两优 1566、天两优 666 等 12 个长粒香型、米质达国标二级及以上标准的高档优质新品种，结合优质高产无公害栽培等配套技术示范推广，减少了化肥和农药的施用量，既降低了生产成本，又减少了农药残留，保护了生态环境，成果转化后累计增产粮食约 48 亿斤，农业新增产值约 66 亿元。经过多年的努力，公司通过国家审定的杂交水稻新品种逐年增多，育成的品种将优质、高产、有机相结合，推广价值不断提升。湖南奥谱隆科技股份有限公司进入中国种业 50 强（排名第 27 位），中国水稻种子企业 20 强（排名第 15 位）。2018 年至 2021 年，在长江流域和南方稻区适宜种植区域累计推广面积达 4320.8 万亩，增产稻谷约 43.2 亿斤，为农民增收约 59.6 亿元。

第二节　杂交水稻产业在怀化的发展

怀化面向国内外大市场，立足本地优势，充分发挥杂交水稻龙头企业开拓市场、配套服务功能的作用，以龙头企业内联千家万户，外联国内外市场，带动、辐射杂交水稻产业化的发展，做到有一批主导产品、一批龙头企业、一批服务组织、一批商品基地，依靠科技的进步，形成市场牵龙头、龙头带基地、基地连农户的产业组织形式，推进杂交水稻研究与生产的规模经营。

一、以龙头种子企业促进杂交水稻技术产业化

怀化市域内先后建立杂交水稻种子企业 20 多家。其中，华怀两系杂交水稻发展有限责任公司（以下简称"华怀公司"）1998 年 3 月 27 日挂牌营业，由国家科委中国生物工程中心、怀化两系杂交水稻中试研究开发中心、安江农校、怀化市种子公司 4 家单位各筹资 100 万元入股共同组建，总经理由张建华担任。"国家 863 计划华怀两系杂交水稻中试基地"也于同天挂牌运作。2001 年 1 月 4 日，怀化隆平高科技种业有限责任公司成立，由袁隆平农业高科技股份有限公司、怀化市种子公司、怀化市两系杂交水稻研究开发中心合资组建，主营农作物种子、种苗生产与经营，农用生长激素、农药、制种专用化肥、杂交水稻经营，农业技术咨询及培训服务，公司总经理由怀化市种子公司经理彭春山担任。

华怀公司成立后，在张建华总经理的带领下，面对种子公司群强竞争、种子市场相对饱和的环境，经开拓进取实现了"三年向前迈三步"的目标：三年中公司共制种两系杂交水稻新组合 11 个，累计制种面积 14100亩，生产合格杂交种子 382 万斤，销售收入 2060 万元，创利税 147 万元。生产的种子除本地留部分使用外，主要销往广东、广西、贵州、湖北、江西，

并出口越南。公司成立之初，从 14 个员工中安排 4 名科技人员专抓科研，从时间、精力和财务上给予充分保证。三年中在科研上取得了很大的成绩：一是选育了两用不育系 139S 通过省级审定；二是利用 139S 配制了 139S 杂三青、139S 杂茂三等；三是狠抓了品比筛选和大田示范，每年有目的地组织各级各部门和农户实地参观，产生了很好的辐射效应。至 1999 年，市内两系稻开发面积达 45 万亩，占全省开发面积的三分之一。2000 年市内两系稻开发面积 69 万亩（其中两优培九 10.5 万亩），占全省开发面积的四分之一。2001 年 3 月，湖南四达评估有限责任公司将公司三年来在科研上所取得的成果进行了评估，评估结果为无形资产达 818 万元。

2000 年，华怀公司狠抓了两系稻制种工作，其中难度大的超级稻两优培九制种 405 亩，平均亩产 213.3 斤，培两优双七制种 915 亩，平均亩产 293.3 斤。其中公司直接管理的 600 亩，平均亩产 346.7 斤，创湖南省该组合制种亩产的最高纪录。以公司为主要完成单位的两系法杂交水稻高产保纯制种技术推广成果，1999 年获市科技进步一等奖，2000 年获省科技进步三等奖。

从 1998 年 3 月至 2001 年 7 月，华怀公司先后从华茂、华安、华鄂三个全国两系稻公司及湖南、四川和湖北等省的农大和农科院引进两系杂交水稻优良品种 20 多个，组织农业技术人员进行品比和中间试验，三年中有 5 个品种经市品种审定委员会审定通过。

2001 年 7 月，华怀公司并入隆平高科。

2004 年，张振华创办湖南怀化奥谱隆作物育种工程研究所。

2008 年，因政策原因，怀化隆平高科技种业有限责任公司注销。

2008 年 10 月 14 日，湖南奥谱隆科技股份有限公司在湖南怀化奥谱隆作物育种工程研究所的基础上正式成立，注册资本 10002 万元，袁隆平院士任技术顾问。公司以经营杂交水稻种子为主，业务包括科研、繁育、生产、加工、销售、推广、咨询服务等，是具备全国育繁推一体化经营及进出口业务许可资质的高新技术企业、中国种业信用骨干企业。怀化以此为契机，开启了杂交水稻研究与产业发展的新阶段。

湖南奥谱隆科技股份有限公司将科研作为一项核心工作优先推动，年投入科研经费 1000 万元以上，建立了较为完善的商业化育种体系，拥有奥谱隆创新育种科学院及奥谱隆院士专家工作站。与国家杂交水稻工程技术研究中心、湖南帅范大学、湖南农业大学等国内各大科研院所建立了长期的产学研合作关系。先后承担 30 余项国家和省、市级科技攻关项目。至 2022 年底已育成并通过国家审定的杂交水稻新品种 56 个，省级审定的杂交水稻新品种 37 个；通过省级审定或鉴定的两系、三系不育系 16 个；已获植物新品种权保护的新品种 37 个。公司创新"土地流转五化（规模化、集约化、标准化、机械化、信息化）种子生产模式"和实现"良种直销 ERP 远程管理与售后服务系统"，具备为不同生态区域持续提供具有高科技含量及市场应用前景的丰富品种群的卓越研发与生产经营能力。公司已发展成为科研成果储备丰富、客户遍及长江流域 15 个省市区、拥有800 余个县级营销网点的集科研、繁育、生产、加工、销售、推广、咨询服务为一体，具备全国育繁推一体化经营及进出口业务许可资质的高新技术企业。

湖南奥谱隆科技股份有限公司一成立便得到各级党委、政府的高度关怀和支持。

2011 年 8 月 23 日至 25 日，在怀化举办了中国·怀化 2011 年超级稻现场观摩暨种业发展研讨会。会上，作为主办方的中共怀化市委、怀化市人民政府将奥谱隆试验基地作活动主场地，邀请袁隆平院士和到会专家、领导、种业同仁到奥谱隆试验基地考察。会议期间，北京凯拓三元生物农业技术有限公司邓兴旺董事长与湖南奥谱隆公司张振华董事长就"成果研制与产业化开发战略合作"正式签约，为公司的未来发展注入了强有力的科技支撑元素。

2012 年以来，怀化市委书记彭国甫，湖南农业大学副校长段美娟，湖南省证监局党委书记、局长何庆文，湖南农业大学校长邹学校，怀化市委副书记、市委统战部部长陈恢清，怀化市委副书记、政法委书记周振宇，怀化市委常委、市政府党组副书记、常务副市长陈旌，怀化市委副书记、怀化市人民政府市长黎春秋，湖南省农业农村厅党组书记、厅长袁延文，湖南省委常委、副省长张迎春，湖南省委副书记朱国贤，湖南省科技厅党组成员、副厅长周建元，怀化市委书记许忠建，怀化市政协党组书记、主席印宇鹰，怀化市副市长杜艾峰先后到湖南奥谱隆科技股份有限公司考察指导工作，给予充分的肯定和鼓励，提出新的奋斗目标。至 2022 年 9 月底，湖南奥谱隆科技股份有限公司的注册资本已变更为 10486 万元，成为"省级专精特新'小巨人'企业""省级新型研发机构"，与湖南农业大学共同创建了"省级博士后创新创业实践基地"。

2023 年 4 月 12 日，柬埔寨四星将军速莫尼一行莅临湖南奥谱隆科技股份有限公司考察，考察团参观了杂交水稻种子全自动加工包装车间、种子精选车间及中高档优质大米加工车间，详细了解了公司新品种研发、种子生产与销售、海外贸易等情况。在品尝了"山背香米"米饭后，速莫尼将军对米饭的外观、口感、香味等给予高度评价。

二、在国家级杂交水稻基地建设中突出产业化发展

2013 年，农业部认定绥宁、洪江、靖州、溆浦、攸县、武冈、零陵、芷江为国家级杂交水稻基地县，认定怀化市为国家级杂交水稻基地市。

2017 年 3 月 6 日，湖南省首个杂交水稻制种产业园在靖州动工开建。按照"五化"（标准化、机械化、信息化、规模化、集约化）的要求，总投资约 2300 万元，总体规划占地约 20 亩，建筑面积约 13000 平方米，建筑包括综合楼、种子原料仓库、加工车间、晾晒车间等，建筑面积约 13500 平方米，配备 10t/h 杂交水稻流水加工线 1 条，承担全县 10000 亩高产优质杂交水稻良种繁育基地的加工、仓储任务，可全天候完成新制杂交水稻良种的烘干、精选、加工等工作，抗灾能力增强，种子质量可提高

10%，每年创造经济价值超过 500 万元。湖南优至种业有限公司承担了种子产业园建设项目，同年底，完成土地转让、报建等手续，2018 年 6 月完成项目工程招标工作，2019 年底完成项目建设并投入使用。基地建设达到"五化"标准：

一是规模化。投资 3000 余万元，在完成核心区域水、电、路、晒坪、仓储、机械等标准基础设施建设基础上，建成以甘棠、坳上、艮山口、铺口、飞山、横江桥为核心的"一带一路"杂交水稻种子标准化生产重点基地 4.5 万亩，积极扩大藕团、新厂、寨牙等乡镇杂交水稻种子生产基地面积，加强太阳坪原种场、铺口同乐村两个亲本繁育标准化基地建设。2018 年全县杂交水稻种子年产量达 2000 万斤，产值达 1.8 亿元。

二是集约化。通过政策激励，引导和鼓励农户通过土地入股、租赁、托管等方式，将土地向生产大户、专业合作社、生产企业流转。2019 年，全县杂交水稻种子生产流转面积已达 4.8 万亩，占全县制种面积的 95%，从事杂交水稻种子生产的大户（30 亩以上）有 256 户，其中 1000 亩以上的 6 户、500 亩以上的 15 户、200 亩以上的 23 户。

三是标准化。严格落实种子生产技术规程，在制种上严格落实各项质量控制措施，全面推行测土配方施肥、病虫害综合防治等先进技术，进一步提高种子标准化生产水平（面积达 4.5 万亩）。特别是两系种子生产中，严格按照怀化市《两系法杂交水稻（中稻）制种技术规程》执行，抽穗赶粉时间科学安排在 7 月 20 日至 8 月 20 日的安全期之间。

四是机械化。2019 年全县农机总装备 5.64 万台套，共计 22.8 万千瓦。其中大中型拖拉机 992 台、插秧机 206 台、收割机 635 台、耕整地机 11620 台、排灌机 13680 台、植保机械 6840 台、加工机械 8530 台。农机合作组织 8 个，从业人员 550 人，全国示范合作社 1 个，全省扶持先进合作社 4 个。全县制种机耕面积 5.045 万亩，机耕率 100%，机插 2.1 万亩，机插率 34.7%，机收 5.045 万亩，机收率 100%，全县制种耕种收综合机械化水平达 78.2%。

五是信息化。通过建立综合信息管理服务平台，充分发挥村级信息服务站作用，逐步将农业天气情况、病虫防治情况、农资产品市场行情等信息及时传送到制种农户手中。2018年与北京奥科美公司合作，投资204万元，建设基地信息平台，在甘棠乐群、横江桥爱国两个标准化基地实现远程可视化监管，基地信息平台建设已初见成效。

同时，建成后的靖州基地风险保障机制更加完善，建立了政府支持、种子企业和专业合作社及生产大户参与、商业化运作的种子生产保险制度。项目实施以来，由中华联合财产保险承接全县杂交水稻制种保险，保费按照中央财政40%+省级财政30%+县级财政5%+农户5%的规定比例进行缴纳，还有20%由保险公司优惠减免，参保率达90%以上。管理水平也逐步提高，主要包括两个方面：一是加强组织领导，明确责任分工。成立靖州苗族侗族自治县杂交水稻制种产业发展领导小组，负责制种产业发展规划的编制、项目的实施及组织协调工作。成立制种产业协会，通过协会聘请省内外科研院所、高等院校专家教授，从靖州的地理位置到土壤性质、品种种性到管理方法，以深入浅出、通俗易懂的方式分析讲解，让制种人更快捷地掌握制种核心技术，规避风险，提质增效。二是加强检查检验，强化监督管理。按照《中华人民共和国种子法》的规定和县委、县政府的要求，强化了对种子企业的依法登记、注册、资格审查等管理工作，严格市场准入制度。全县审核登记的水稻制种企业有湖南优至种业、希望种业、奥谱隆科技、袁创种业、亚华种业等20余家。在基地落实中，坚持"双向选择、择优合作"的原则，明确制种产业发展中必须遵守的规定，实行"四个严禁"（即严禁同无种子生产许可证的企业签订制种生产合同并落实面积；严禁企业和制种代理人采取不正当手段抢占基地；严禁在制种生产合同中搞暗箱操作；严禁制种企业之间抢挖已经签订合同的种子生产基地），确保了种子生产秩序的规范有序。靖州自2013年被定为国家杂交水稻种子生产优势基地以来，发展杂交水稻制种4万多亩，年产杂交水稻种子4000万斤，种子生产基地县产值8亿多元，带动贫困人口431户1558

人实现就业，年人均增收 2600 元。荣获全国杂交水稻高产攻关县、全国粮食生产先进县、湖南省粮食生产标兵县等荣誉。

溆浦和芷江的基地建设也取得很好成果。2017 年 6 月 20 日，溆浦县在观音阁镇青龙村举办了溆浦县杂交水稻全程机械化制种观摩现场会，共调集 2 台高速插秧机、2 台全自动无人植保飞机参与现场示范表演。县农业局、县农机局和隆平高科种业有限公司工程技术人员在现场从不同角度就机械化制种有关优点、技术要求进行了讲解。全县 30 多户制种大户和制种公司负责人、20 多家农机大户、100 多名当地农民参加了现场观摩。参加观摩的各界人士对机插、机械植保给予了充分肯定，大家一致认为：实现杂交水稻全程机械化制种不仅能成功，而且会让制种户大大提高制种效益。同年芷江县杂交水稻制种面积也由 2015 年的 2 万余亩增加到 3 万余亩，分布在全县 13 个乡镇 34 个村，制种模式由原来的一家一户逐步向制种大户转型，制种大户由 2015 年的 8 户增加到 20 多户，最大的制种大户李泽梅种植面积为 160 余亩，稻田均为土地流转形式。在芷江镇和牛牯坪，政策性特色农业保险"杂交水稻制种保险"承接单位人保财险对全县制种大户的种植面积逐一进行现场查验。

三、用延伸产业化链条巩固扩大杂交水稻研究推广成果

怀化人口多耕地少，经营规模小，杂交水稻使粮食产量提高后，一度出现卖粮难情况，有的农民反映粮食增产不增收。为了改变这种状况，保证杂交水稻的最大收益率，怀化以科技为手段、以市场为导向，将杂交水稻生产的各个环节有机统一起来，将分散的小规模用地集中起来统一规范化操作，在粮食市场化、经营多渠道化的发展趋势下，积极参与，大力发展购粮订单，在发展企业自身的同时帮助农民增收，提高粮食产出率。

1. 向粮食经营加工环节延伸

为了使农民不仅获得生产环节的效益，而且能分享加工、流通环节的

利润，从而富裕起来，怀化把杂交水稻的生产与市场流通有效地结合起来，延伸杂交水稻产业化链条，推进杂交水稻产业化经营。全市粮食企业严格执行政策，真正做到常年挂牌敞开收购，依质论价，既充分发挥粮食部门主渠道作用，又切实保护农民利益。特别是在价格把握上，根据市场变化及时调整思路，掌握收购工作的主动权。各粮食企业采取职工集资、企业自筹等方式，多渠道筹措资金，并积极争取当地政府的支持，尽可能地多收粮、收好粮。

沅陵县七甲坪粮站是个不足 50 人的小站，按照"粮站＋基地＋农户"的模式，收购优质稻多达 1000 万斤，不但使农民创收、企业得利和职工得实惠，而且打响了"七优"大米的品牌。由职工入股，粮站创建沅陵县七优米业有限责任公司，成为怀化乃至全省粮食系统第一家以基层粮站为主体而组建起来的米业公司。

2004 年后，怀化粮食产业化经营出现较好势头。同年，全市完成粮食订单面积 30 万亩，收购订单粮食 7600 万斤。2005 年，全市粮食订单面积 55.5 万亩，其中杂交水稻订单面积 51.2 万亩；收购订单粮食 1.8 亿斤，其中收购订单杂交水稻 1.454 亿斤。此后优质原粮订单基地不断扩大，2007 年全市粮食订单面积达 151 万亩，其中杂交水稻等优质稻 120 万亩。产业化经营崭露头角，涌现振兴米业、金珠米业、五溪米业、七优米业、金裕米业等成规模的产业化龙头企业。其中，金珠米业、五溪米业为省级龙头企业。金珠米业的"金珠王"大米获全国放心粮油产品称号。五溪米业的硒米产品获第四届稻博会优质产品奖。振兴米业的"绿色食品"获得省级绿色通行证。以怀化国家粮食储备库为载体的怀化粮食物流中心建设项目，被列入怀化市"十一五"规划并立项，被列入省农业发展银行对怀化 50 亿元开发贷款之列。2010 年，怀化市大米加工企业达到 49 家，大米年产量 5.49 亿斤。涌现了金珠米业、凯丰米业、四通食品、怀化正大、湘珠饲料、唐人神怀化湘大骆驼饲料等一大批骨干粮食及饲料加工企业。到 2022 年，其中一批企业已成为全市乃至全省的粮食加工龙头企业。

2. 向农户延伸

由于农村劳动力日趋减少，以千家万户分散制种为主的传统模式已不能适应新形势下种业的发展要求。2003年开始，怀化部分县（市）开辟建设土地流转基地，探索总结"运用土地流转进行规模化制种生产"新模式，在一定程度上推动了规模化、集约化、专业化、标准化、机械化生产的现代农业产业化发展。

2008年后，怀化市委、怀化市人民政府实施百千万人才培养计划及培训战略，即以怀化职院为依托，培养100名掌握杂交水稻育、繁、推专业技能的种业高素质科研人才；以湖南奥谱隆科技股份有限公司专业技术为支撑，培养1000名种子生产基地技术骨干；以种子生产基地为核心，把课堂设到农村为农民授课讲座、提供咨询辅导，培训10000名知识型、技术型农业产业工人。

同年，在怀化各县（市、区）建立种子直销试点，探索和完善"公司良种直销到农户"新模式，种子直接由湖南奥谱隆科技股份有限公司供应到终端，规定统一的零售价，农民可以以低于市场价25%～30%的价格（即每斤种子低于市场价5～6元）购买到优质种子。

2009年，全市耕地流转面积为38.97万亩，占承包耕地面积的12%，占耕地总面积的9.8%。20亩以上的粮食种植大户达1500多户。政府发放农机补贴3000万元。在国家强劲的直补政策的刺激下，全市购买农机的资金达1亿多元，新购农机2万多台，同比增加12.5%。这年，全市已有耕田机1.6万台、插秧机200多台、大小型收割机1500多台，部分种粮大户和粮食加工企业拥有粮食烘干机等设备。溆浦生源优质稻生产合作社，由5个股东投资，11个农民入股，平整土地，集中连片400亩，按照"统一品种、统一植保、统一收割、统一加工"的模式进行合作经营。金珠米业租赁土地面积达2600多亩。金珠米业、五溪米业投入粮食基地建设资金500多万元。农户参加杂交水稻规模化经营，有利于加工品种的统一、粮质的提升和品牌的打造。为打造品牌，为金珠米业、怀化第二粮油直属仓库争取技改贴息额度 1540 万元，贴息近 90 万元；市粮食局组织 3 家省级龙头企业参加在南京举办的第九届中国国际粮油产品及技术展览会。

2010 年 8 月 2 日，湖南省种子管理局组织专家对湖南奥谱隆科技股份有限公司选育的国审稻品种"T 优 15"（在洪江市熟坪乡罗翁村千亩连片制种基地）进行了现场验收，随机抽样测产的结果为平均亩产高达 731.34 斤。

2011 年 9 月 13 日，湖南省农业厅组织专家对湖南奥谱隆科技股份有限公司选育的"Y 两优 696"优质超高产制种项目（洪江市沙湾乡 1100 余亩制种）进行现场测产验收，结果为平均亩产 806.4 斤，创造了杂交水稻制种高产新纪录。

2012 年，湖南奥谱隆科技股份有限公司将"公司种子直销到农户"模式向全市推广，逐步建立乡镇直销门店 200 余家。如果按公司每年在怀化销售 180 万斤种子（市场占有率 40%）计算，每年将给全市农民节省购种款 2000 万元以上。

党的十八大后，以习近平同志为核心的党中央先后推出实施精准扶贫和乡村振兴战略，湖南奥谱隆科技股份有限公司紧紧围绕国家发展大局，积极参与精准扶贫和乡村振兴事业，通过产业优势，因地制宜，在怀化市及周边县市建立制种基地，解决贫困户就业、种子生产、优质稻生产、专业技术培训及捐赠基础设施建设等问题，带动农民增产增收增效。

（1）发展产业：采取"公司＋技术＋农户＋服务"委托生产模式，2020 年在溆浦、芷江、洪江、辰溪等 8 个县市 49 个村建立制种基地，安排制种面积 2.56 万亩，带动农户 12150 户，其中帮扶贫困户 173 户、贫困人口 695 人，为贫困户增收 103.8 万元，带动农户创收 7680 万元。

（2）解决就业：生产基地及科研基地聘请贫困户临时工 43 人，按人均年收入 2.1 万元计算，为贫困人员直接增收 90.3 万元。

（3）技术培训：以公司专业技术为支撑，免费培养了 200 余名高素质农民技术员；以种子生产基地及制种户为核心，免费在贫困村举办农业实用技术讲座 15 次，培训农民 500 余人次。

（4）基地建设：结合种子生产基地建设在签订结对帮扶协议的 8 个贫困村投入基础设施建设资金 107.6 万元，主要是修建（参建）村组通达道路、机耕道、灌溉水渠、水井水塘及帮助晒场硬化等。如 2018 年 4 月捐赠 32 万元支持靖州寨牙乡大林村道路建设。

3．向外地延伸

怀化在杂交水稻产业化进程中，注重内创品牌，外树形象，密切行业交流与合作。依托怀化国家杂交水稻工程技术研究中心分中心、国家现代服务业数字媒体产业化基地怀化分中心、中意（湖南）设计创新中心怀化文创设计中心等平台，围绕做大做强主导产业和特色农业开展科研，加快科研成果转化和产业化。通过"走出去""引进来"，加快农业开放式发展。积极引进央企、名企，带动提升农业产业发展层次；主动对接融入国家"一带一路"、长江经济带、成渝城市群战略和湖南"一带一部"战略；抓好西南一流商贸物流基地、怀化现代物流配送中心建设，推动怀化优质农产品阔步走向全国、走向世界。

怀化市农业经济研究所（原黔阳专区农业科学研究所、怀化地区农业科学研究所）是对外交流的主力军，先后选育出"辐优 63""辐优 637""辐优晚 3""怀两优 63""八两优 96""八两优 97""株两优 97""株两优 971""株两优 176""金优怀 98""金优怀 340""金优怀 181""金优怀 210""T98 优 1 号""陵两优 942""贺优一号""Y 两优 2108""广两优 210""粘两优 4011""粘两优 28""粘两优 1086""粘两优 2363"等 23 个杂交水稻新品种。这些品种都是适合于长江中下游区生产的优良品种，据不完全统计在省内外推广应用面积达到 7130 万亩，为农民增产 57.04 亿斤，创社会经济效益 77 亿元。

2015 年后，湖南省水稻产业技术体系湘西山区试验站设怀化市农业科学研究所，由该所所长陈告研究员担任站长，组成 20 人的科研团队，对怀化、邵阳、湘西自治州等市（州）水稻产业开展科学研究工作。到 2020

年该试验站选育杂交水稻新品种5个、不育系3个（"广两优210""粘两优4011""粘两优28""粘两优1086""粘两优2363""粘S""901S""宏宸S"）；选育定型的杂交水稻育种材料2000多份；推广应用杂交水稻新品种100多个；开展杂交水稻区域试验新品种4000多个；建立杂交水稻全段机械化示范基地50多万亩；获省市级科技成果奖6项，其中广谱恢复系怀恢210及其系列组合在湖南省推广应用达到800多万亩。

为了提高生产、研发和推广能力，湖南奥谱隆科技股份有限公司与国家杂交水稻工程技术研究中心、湖南师范大学、怀化职业技术学院等国内各大科研院所建立了长期的产学研合作关系。至2016年，公司已拥有680余亩高标准商业化育种和中试核心基地与南繁基地，35000余亩稳定安全的良种繁育基地，先后承担30余项国家和省、市级农业科技攻关项目，成功突破"高档优质食用稻选育"和"籼、粳、爪亚种间远源杂交"核心技术。辐射终端零售商3.5万余家，示范推广区域覆盖湖南、云南、广西等15个省市区90%以上的县市，种子销量连年递增，累计销售不同熟期杂交水稻和玉米新品种种子6400余万斤，推广面积2700余万亩。2016年9月5日，全国南方稻作区15省（区、市）的187家水稻种子核心经销商来怀参加湖南奥谱隆科技股份有限公司组织的新品种展示会和科技核心战略伙伴峰会。当天，在奥谱隆国家杂交水稻创新育种怀化基地展出的105个杂交水稻品种，涵盖了不同成熟期，适应不同区域的栽培需要，来自各地的客商手捧金灿灿的稻穗，仔细观摩。"粒大而多，很饱满！"从湖北赶来的何先生摘下一束稻穗向记者介绍，自己一直在寻找新品种，5年前引进奥谱隆种业的产品后开始推广，几年的实践，取得了很大成功，深受当地种粮户的欢迎。"人们反映说米质好，吃起来特别香，有'老水稻米'的味道。"程先生来自安徽，2015年引进湖南奥谱隆科技股份有限公司600斤种子进行试种，效果良好，当即又采购15万斤种子进行大面积推广。

至2022年5月，湖南奥谱隆科技股份有限公司推广杂交水稻面积累计达4320万余亩，覆盖了15个省市区的800多个县市，影响力日益扩大。

第三节　杂交水稻发源地怀化的影响力日益增强

文化品牌是一座城市也是一个地区的灵魂。在怀化这样一个后发展地区，应该用什么样的文化品牌凝聚人心，加快建设"和谐怀化"呢？"2004中国·怀化国际杂交水稻与世界粮食安全论坛"的成功运作，使人们惊喜地发现：尚未深度挖掘便已走向世界的怀化文化品牌——"杂交水稻文化"，已经在这里成为一道亮丽的风景线。

一、怀化成为杂交水稻技术推广的国际前沿基地

2004 年，湖南省政协九届二次会议上，袁隆平提交了一份非同寻常的兴湘提案。提案提出，在世界粮食安全日益引起全人类关注的今天，对杂交水稻发源地怀化的关注度也应日益提高，若能结合国际大形势，充分挖掘怀化"杂交水稻发源地"这一世界性品牌，借鉴海南省"博鳌亚洲论坛"的运作模式，在怀化创办永久性国际会议组织——"怀化国际杂交水稻论坛"，交流和推广杂交水稻科技成果，探索解决全球饥饿和粮食安全问题，形成国际多元化的对话平台，对大湘西和湖南的发展将产生不可估量的积极影响。

同年 9 月，中国·怀化国际杂交水稻与世界粮食安全论坛在怀化隆重举行，全世界 30 多个国家和地区的 300 多位政府官员和专家学者云集于此，举办单位是联合国粮农组织和国际杂交水稻研究所及湖南省人民政府，承办单位是怀化市人民政府和国家杂交水稻工程技术研究中心。袁隆平担任本次论坛的主席，陈才明担任论坛的秘书长。在这次论坛上，大会通过并向世界发布了《怀化宣言》，袁隆平提出了"让杂交水稻技术覆盖全球，造福人类"的远大目标。这在怀化是一次空前的国际性会议，袁隆平力主放在怀化召开，为怀化增光添彩，让怀化走向世界。

中国·怀化国际杂交水稻与世界粮食安全论坛不仅充分凝聚了国内外的政治资源和经济资源，将怀化打造成政治经济重镇，把湖南融入世界政治经济格局，大力提升了怀化乃至湖南的影响力，使之成为经济热点，进入世界的投资视野，从中获得巨大经济效益，而且推动了中国继续在粮食安全领域发挥大国作用，提升了国际地位。

2010年，T98优1号通过湖南省品种审定后，怀化市农业科学研究所与湖南鑫盛华丰种业科技有限公司合作进行成果开发应用。2012年怀化市农业科学研究所在鹤城区黄金坳镇、芷江县岩桥乡和会同县坪村镇等地开展3000亩T98优1号高产栽培技术示范，示范点平均亩产1460斤。2013年1月15日，"T98优1号选育与应用"成果获怀化市科技进步二等奖。

2011年，贺优一号通过湖南省品种审定后，怀化市与湖南省春云农业科技股份有限公司进行成果开发合作，在湖南省中稻区开展示范推广工作。2013年，怀化市农业科学研究所在中方县花桥镇、溆浦县龙潭镇和鹤城区溪坪村等地开展3000亩贺优一号高产栽培技术示范，示范片区平均亩产1606.7斤。同时，春云高科在桃园县开展的超级稻"种三产四"工程——"贺优一号百亩高产示范片"生产示范中，平均亩产达1620斤。2014年2月20日，"杂交水稻新品种贺优一号选育与应用"成果获怀化市科技进步二等奖。

2016年9月11日至17日，发展中国家"绿色超级稻"品种培育及种子生产和栽培技术培训班在怀化职院安江校区举行。培训班由怀化职院与隆平高科国际培训学院共同主办，来自巴拿马、哈萨克斯坦、加纳、南苏丹、尼泊尔、塞拉利昂、斯里兰卡、乌兹别克斯坦、苏里南、赞比亚、埃及等11个国家的42名农业领域官员和专家参加培训。课程包括杂交水稻制种、田间测产、品种比较及种子检验、精选、包装等。哈萨克斯坦农业部专家埃米尔感叹地说："终于来到杂交水稻的发源地和'杂交水稻之父'袁隆平院士工作生活过的地方学习，还到田间实践，真是太高兴了。"通过培训，杂交水稻技术进一步造福"一带一路"建设。

2017年7月22日，由中国商务部主办、袁隆平农业高科技股份有限公司承办的2017年发展中国家水稻高产栽培技术培训班在怀化开班，来自朝鲜、泰国、肯尼亚等11个国家的37名农业官员及专家在这里进行现场观摩和理论研讨，学习交流超级稻优质高产栽培技术。

二、杂交水稻文化在怀化的兴起

1. 建设体现杂交水稻文化的怀化市香洲广场

怀化市香洲广场位于怀化市博物馆背后鹤城区香洲路与花溪路交会处，投资建设近千万资金。2005年开工建设，2006年1月开园。广场建有绿色景观、健身步道，尤其是在广场内的杂交水稻文化柱上，通过12个故事将袁隆平院士研发杂交水稻的一生图文并茂地展示给过往游客，生动地展现了袁隆平为代表的科学家们在怀化成功研究发明杂交水稻的光辉历史，为怀化增添了一处重要的人文景观，是全国迄今为止唯一的一座将杂交水稻文化固化的集休闲、观光、娱乐、健身为一体的开放式城市广场。

2. 建立"杂交水稻发源地——安江农校纪念园"

怀化职业技术学院十分重视安江农校杂交水稻纪念园的保护管理工作。1998年，成立安江农校杂交水稻纪念园管理机构，安排了专职管理人员，明确了管理责任。

2005年，在怀化市委、怀化市人民政府的重视和关心下，正式成立安江农校杂交水稻纪念园建设管理领导小组，请袁隆平老师担任总顾问，由国家杂交水稻工程技术研究中心、湖南省农业厅、湖南农科院以及怀化市主要领导担任顾问，怀化职院主要领导同志任组长，全力抓纪念园建设管理工作。学院专门设立安江农校杂交水稻纪念园管理处，增加人员，其中专职管理人员14名。此后，每年还承担着2000多名农民科技骨干的培训任务，有200余名农学专业高职学生在此学习和专业实习。园区继续承担袁隆平和国家杂交水稻工程技术研究中心的科研任务，在此工作的科研人员有 18 名。

2008 年 4 月，经多方慎重考虑后，将安江农校确定命名为"安江农校杂交水稻纪念园"。经怀化职业技术学院申报后被批准为市级文物保护单位，划定了保护范围和建设控制地带。并筹集 300 多万元用于科研供水设施改造以及袁隆平科研楼、袁隆平旧居、安江农校原教学办公楼、木板房、杂交水稻玻璃温室、作物抗病鉴定圃、安江杂交水稻研究所、鱼塘、早期杂交水稻试验田、捞禾废井等的修缮美化以及除险加固处理。

2008 年 9 月，怀化职业技术学院会同怀化市文物局制定了《安江农校杂交水稻纪念园保护利用方案》，委托市文物处完成了安江农校杂交水稻纪念园申报全国重点文物保护单位的推荐材料及"四有档案"工作，并报请国家文物局中国遗产研究院专家启动编制《安江农校杂交水稻纪念园保护利用规划》。10 月 10 日，袁隆平为安江农校杂交水稻纪念园题写了园名。当月，国家杂交水稻工程技术研究中心与怀化职业技术学院等相关单位在长沙召开了省（市）有关领导、专家参加的安江农校纪念园保护与利用协调会。袁隆平院士出席并作了讲话。参会的领导及专家认为：作为杂交水稻发源地，安江农校是袁隆平精神与学术思想形成发展的见证，是全面构建和谐社会、落实科学发展观的重要资源。为了避免安江农校杂交水稻纪念园湮没于历史长河，对其严加保护非常重要且十分紧迫。

湖南省文物局和中共怀化市委、怀化市人民政府领导对安江农校杂交水稻纪念园非常重视，每年落实一定的保护经费。2009 年 2 月，怀化职业技术学院向政府相关部门提交书面报告，请求将安江农校杂交水稻纪念园特批为国家重点文物保护单位。同年 3 月，国家文物局局长单霁翔到安江农校杂交水稻纪念园现场考察，对安江农校杂交水稻纪念园保护工作给予高度评价，进一步推进和落实国家重点文物保护单位的申报和审批工作。9 月 10 日，湖南省人民政府举行新闻发布会，宣布经批准安江农校杂交水稻纪念园为国家重点文物保护单位。

安江农校杂交水稻纪念园集科研、教学、文物展示、人文景观、旅游休闲与爱国主义教育于一体，保存了具有一定规模的、1939年至1986年间特定历史时期修建的、时代特征明显的各类建筑及科研设施。这里见证了袁隆平及其团队的科学研究奋斗足迹，是人类稻作文明阶段性历史发展的载体，是我国教学与科学实验相结合、教育与生产实践相结合的典范，为杂交水稻的研究推广及农业科技人才的培养作出了重要贡献。这里也见证了袁隆平团队从事杂交水稻研究、掀起世界"绿色革命"的辉煌历史。文物专家认为，纪念园符合世界文化遗产保护的原真性、唯一性和完整性原则，具有重要的历史研究和利用价值。

2014年10月9日，怀化市委书记彭国甫深入安江农校纪念园调研，详细察看了纪念园教学、科研、生活设施，听取了相关情况介绍。彭国甫书记肯定了纪念园的工作，并提出了希望和工作要求，特别指出要让怀化本土的研发专家参与国家杂交水稻工程技术研究中心所主持的国家级、省级重大项目，通过搭建平台，加快培养师资队伍，不断提高师资队伍的层次和水平，提升自主研发的能力。2016年6月24日下午，科技部高新区升级调研评审组专家李文辉，科技部高新技术发展及产业化司原司长、高新区升级调研专家评审组组长赵玉海一行，在中共怀化市委、怀化市人民政府领导陪同下，考察怀化职业技术学院杂交水稻展览馆。

2018年，经党中央批准、国务院批复，将每年农历秋分设为"中国农民丰收节"。这是第一个在国家层面专门为农民设立的节日，是广大农民庆祝丰收、享受丰收的节日，也是五谷丰登、国泰民安的生动体现。安江农校纪念园被定为湖南省五大分会场特色会场之一。

安江农校杂交水稻纪念园还成为重大历史题材的电影、电视剧拍摄基地。先后在这里取景拍摄的电影、电视剧、纪录片达10余部，如电影《袁隆平》，电视剧《恰同学少年》《少年毛泽东》，纪录片《在共和国的花园里》《杂交水稻》等。

3.安江举办《杂交水稻》邮票首发式

为纪念杂交水稻研究成功40周年，洪江市人民政府致函相关部门申请发行"隆平科技成果——《杂交水稻》邮票"。同时成立了领导小组，由时任市人大副主任的汤和平赴长沙、北京，与国家邮政总公司对接。当北京、江西、海南、长沙以各自的理由要求举办邮票首发仪式时，袁隆平考虑再三，认为应放在杂交水稻的发源地——原安江农校举行为宜。

2013年10月24日，袁隆平从长沙赶到安江参加邮票首发式。这一天成了安江的盛大节日，到处红旗招展，炮声不断，舞龙耍狮，欢歌笑语，安江镇居民和附近的农民纷纷赶来，人数达三万余众。安江的大街小巷张贴着"欢迎院士回家""湖南安江，天下粮仓""西方出了个爱因斯坦，东方出了个隆平院士"等标语口号。不少人还穿上了自己印制的"院士回家"T恤。袁隆平乘坐的小车经过之处，群众自动让路并向他热烈鼓掌问好，袁隆平不断向大家招手致意。袁隆平关心安江，热爱安江，安江人民也深深地热爱着他。"院士回家"四个字，包含着安江人多少深情厚谊。

4. 国家杂交水稻工程技术研究中心在怀化设立湖南首个分中心

2014年12月5日，国家杂交水稻工程技术研究中心在怀化职院设立湖南省首个分中心，袁隆平院士任中心名誉院长并亲临揭牌。袁隆平指出，在杂交水稻发源地设立国家杂交水稻工程技术研究分中心意义重大，对杂交水稻的研究和发展具有积极的促进作用，希望政府部门、社会各界人士关注杂交水稻，推动中国农业现代化。

国家杂交水稻工程技术研究中心湖南省怀化职院安江杂交水稻分中心长年来承担国家杂交水稻工程技术研究中心科研任务，每年都有新的科研成果，培育出水稻"645优238""Y两优263"等73个新品种，"标810S"通过国家杂交水稻研究中心鉴定，能对种子纯度进行快速筛选，具世界领先水平。

怀化市委、怀化市人民政府对中心的发展十分重视，要求把"袁隆平"这个核心品牌竖起来，把"农"字号文章做起来，深化与湖南农大的合作，协调推动对接与中国农大的合作，把怀化职业技术学院建设成培养农业产业的根据地、培养农业产业化人才的摇篮。

怀化职业学院依托国家杂交水稻工程技术研究中心怀化职业技术学院分中心，积极建立"双创"教育机制，摸索了一条培养竞争力强的实用型人才的路子。学院设立了创新创业学院，并组建了高规格的"创新创业学院专家咨询委员会"。创业服务办公室、孵化基地等面积达 5800 平方米。袁隆平院士个人捐资 20 万元，怀化市财政局每年安排经费 200 万元，支持设立了"袁隆平创新创业基金"，目前基地已成为"湖南省双创示范基地"。

5．创建隆平学校等纪念性公益单位和设施

围绕杂交水稻文化，怀化先后建成安江镇隆平国际商贸城、隆平电商产业园、隆平名苑、隆平国际大酒店、隆平购物商场、怀化隆平国际粮油市场、隆平大道及由此经安江农校连岔头高庙遗址，接中方县蒋家乡的旅游公路。特别是隆平学校，其建设速度快，办学效果好。在长沙还建有隆平水稻博物馆。2000 年 8 月，以袁隆平名字命名的高等院校"袁隆平科技学院"在湖南成立，袁隆平出任名誉院长。袁隆平院士还时常为怀化特优产品代言，并出席有关活动，为怀化发展加油助威。2021 年 5 月，在安江建成杂交水稻发源地展览馆。

6．举办怀化职业技术学院办学 80 周年庆典活动

2019 年是怀化职业技术学院办学 80 周年。11 月 5 日，湖南省政协副主席、怀化市委书记彭国甫在怀化职业技术学院调研时强调，要按照教育和经济社会发展规律，进一步明确办学定位、办学特色、办学思路、办学举措，推动学校高质量可持续发展。要坚持地方综合性高职院校的定位，把学校前身安江农校作为永远的灯塔、永远的骄傲、永远的"根"来坚守，将这块牌子响亮地打出来，进一步做大做强；发挥多专业、多学科融合的特色优势，坚持"依托市场办专业、办好专业兴产业、兴旺产业促就业"，根据怀化商贸物流、文化旅游、电子信息、农产品深加工、医养健康等优势、特色、重点产业的发展，科学灵活调整、办好专业。要始终坚持"以人名校"，把"杂交水稻之父"袁隆平院士作为最大精神财富，加大名师引进、培养力度，坚持以事业、感情、政策和适当待遇引人留人，充分激发教师队伍

内生活力；把优、长专业摆在关键位置，办好精品课程，培养更多优秀学生。

11月9日，湖南省、怀化市的相关领导和来自全国各地的安江农校（怀化职业技术学院）毕业生代表、怀化职业技术学院全体教职员工及在校学生等8000余人欢聚一堂，共同庆祝怀化职业技术学院办学80周年。怀化职业技术学院名誉院长、"杂交水稻之父"袁隆平院士虽然不能亲临现场，也通过家人带来了祝贺："学院是我从事杂交水稻研究和早期取得重要成果的地方，在这里我度过了人生中最美好的岁月。衷心希望怀化职业技术学院以校庆为新的起点，发扬光荣传统，不断开拓进取，努力争创全国一流职院，为国家培养更多优秀人才。"

7. 开展悼念袁隆平逝世系列纪念活动

2021年5月22日，袁隆平因多器官衰竭逝世。袁隆平病重期间和逝世后，中央有关领导同志以不同方式表示慰问和哀悼。数以万计的老百姓自发到长沙送别袁隆平的场面让人感动。

23日下午，中共湖南省委书记、省人大常委会主任许达哲受中共中央总书记、国家主席、中央军委主席习近平委托，专程看望了袁隆平同志的家属，转达习近平总书记对袁隆平同志的深切悼念和对其家属的亲切问候。习近平总书记高度肯定袁隆平同志为我国粮食安全、农业科技创新、世界粮食发展作出的重大贡献，并要求广大党员、干部和科技工作者向袁隆平同志学习，强调我们对袁隆平同志的最好纪念，就是学习他热爱党、热爱祖国、热爱人民，信念坚定、矢志不渝、勇于创新、朴实无华的高贵品质，学习他以祖国和人民需要为己任，以奉献祖国和人民为目标，一辈子躬耕田野，脚踏实地把科技论文写在祖国大地上的崇高风范。袁隆平同志家属对习近平总书记的关心厚爱表示衷心感谢，表示要继承袁隆平同志的遗志，努力工作，奉献社会，绝不辜负党和人民以及社会各界的关怀。

同年6月19日下午，中共怀化市委书记雷绍业来到长沙看望慰问袁隆平院士家属邓则，并代表怀化市委、怀化市人民政府致以亲切慰问。湖南省农科院党委书记柏连阳、怀化市领导唐浩然、怀化职业技术学院党委书记胡佳武陪同。雷绍业说，袁隆平院士虽然离开了我们，但他胸怀祖国、服务人民的大爱情怀，勇攀高峰、敢为人先的创新精神，淡泊名利、潜心研究的治学态度，光照千秋、永世流传。怀化人民一定将袁隆平院士的精神传承好、宣传好、发扬好，以袁隆平院士为榜样，坚决扛牢杂交水稻发源地的责任担当，坚持藏粮于地、藏粮于技，加快推进农业现代化，为实现"把中国人的饭碗牢牢端在自己手中"作出怀化应有的贡献。

2022年4月2日，在袁隆平院士与世长辞的第一个清明节将至之际，共青团洪江市委联合安江公益协会组织社会各界人士在安江农校纪念园深切悼念袁隆平院士，敬献鲜花，并到袁隆平院士故居进行清洁工作。

2022年5月，在袁隆平院士逝世一周年前后，怀化职业技术学院组织师生开展了"做一粒好种子"系列纪念活动。《写给袁爷爷的一封信》书信比赛共收到作品1086封，在20日的"做一粒好种子——写给袁爷爷的一封信"诵读会上，同学们用一封封书信抒发真挚情感，用饱含深情的朗诵回忆袁隆平院士赤诚为民的一生，激励青年学子传承先辈精神、坚定理想信念；作为系列活动的重要组成部分，全院172个团支部、3684名团员青年举行做一粒好种子主题班会，百名团员青年在安江农校纪念园"愿天下人都有饱饭吃"的校训牌下举行新团员入团仪式，35名青年学子光荣入团，全体团员共同宣誓，安江农校纪念园管理处处长谢军为团员青年们上了一堂生动的主题团课，让大家更深切地了解袁隆平院士研究杂交水稻的贡献和科技创新精神，并观看了《袁隆平》电影。同时，还在全院范围内开展光盘行动，发出"珍惜每一粒粮食，不挑食不偏食，从自身做起，发扬勤俭节约传统美德"的倡议。团员青年还来到袁隆平院士育种过的大垄试验田开展插秧实践。同学们深有感触地说："就像袁爷爷说的，电脑里长不出水稻，只有在太阳底下晒，在泥土中间踩，才能真正把所学的知识融会贯通；奋斗是青春最亮丽的底色，作为新时代的青年学子，唯有努力奋斗、脚踏实地才是对袁爷爷最好的缅怀和致敬。"

5月20日，湖南农业大学召开袁隆平逝世一周年纪念大会。袁隆平院士夫人邓则、长子袁定安（湖南袁氏农业发展有限公司董事长）、次子袁定江（农业高科技股份有限公司董事长）、三子袁定阳（湖南杂交水稻研究中心副主任），袁隆平院士首届学生代表谢长江（湖南杂交水稻研究中心原第一副主任），湖南杂交水稻研究中心党委书记许靖波，湖南杂交水稻研究中心主任唐文帮，农学专业校友黄培劲（海南波莲水稻基因科技有限公司董事长），少年画家蒋杰瑞（长沙麓山国际实验学校学生）及家人，湖南农业大学陈弘、邹学校、印遇龙、刘仲华、段美娟、吴波、张立、陈光辉，校属各单位主要负责人，农学院、马克思主义学院领导班子成员，校庆办全体人员，各民主党派和统战团体负责人，学生代表 200 人等参加大会。会议由湖南农学院副院长陈光辉主持。会上，学生代表朗诵了《风吹稻香踏梦前行》，湖南农业大学党委副书记段美娟宣读《关于将第十二教学楼命名为"隆平楼"的决定》。袁隆平院士夫人邓则、湖南农业大学校长邹学校共同为"隆平楼"揭幕，袁定安向"袁隆平纪念馆"捐赠袁隆平遗物，校长邹学校代表学校接受捐赠并为袁定安赠送纪念铭牌。黄培劲向学校捐款建设"袁隆平纪念馆"，校党委副书记段美娟代表学校接受捐赠并颁发捐赠证书。谢长江向学校捐赠图书《杂交水稻之父——袁隆平传》孤本及袁隆平院士修改定稿的手稿等珍贵文物，副校长吴波代表学校接受捐赠并颁发捐赠证书。蒋杰瑞向学校捐赠袁隆平院士像，副校长张立代表学校接受捐赠并颁发捐赠证书。袁定江、唐文帮、农学院党委书记陈弘先后讲话。

　　5 月 22 日，湖南农科院举行学习贯彻习近平总书记重要指示一周年暨弘扬袁隆平科技创新精神高峰论坛。湖南省委副书记朱国贤在开幕式上致辞并为"院士林"揭牌，省委常委、副省长张迎春出席。中国工程院副院长邓秀新、中国农科院院长吴孔明、湖南省农科院党委书记柏连阳 3 位院士在开幕式现场或线上致辞；田红旗、刘旭、张启发、陈春、谢华安、罗锡文、陈温福、朱玉贤、陈剑平、印遇龙、宋君强、邓兴旺、谭蔚、万建民、康振生、邹学校、李培武、钱前、谢道、胡培松、刘仲华、喻景权、杨维才、吴义强、单杨等院士出席。开幕式后，出席活动的院士们来到"院士林"参加植树活动。

同日，国内首部袁隆平院士画传《把功勋写在大地——奋斗与奉献的一生》在长沙隆平水稻博物馆首发。全书通过300余幅珍贵图像资料，全面再现了"当代神农"奋斗与奉献的一生。

同日，洪江市在安江农校纪念园组织开展"学习袁隆平，做一粒好种子"活动。中共洪江市委常委、宣传部部长金国华主持活动。中共洪江市委副书记、市长向青松致辞。中共怀化市委宣传部副部长、市文明办主任向孝辉，怀化职业技术学院党委副书记、院长王聪田，省乡村振兴局党组成员、副局长赵成新先后讲话。活动期间，大家观看了学习袁隆平院士专题片，参观袁隆平故居、杂交水稻发源地纪念馆、科技和图书展，青少年代表朗诵袁隆平的作品《妈妈，稻子熟了》。现场发布了由袁隆平作词、杨柠豪作曲、易烊千玺演唱的纪念袁隆平歌曲《种子》MV，音频和MV同步在《人民日报》、新华社等各大媒体线上发布。

5月26日上午，怀化市委宣传部、市文明办、共青团怀化市委共同指导市志愿者协会、怀化职业技术学院、市同心公益服务中心、市大学生志愿者服务队，在怀化职业技术学院联合开展"悼念袁隆平院士，节约就是最好的致敬"宣传活动。来自怀化职业技术学院的学生代表与大家一起回顾了袁隆平院士的生平事迹。大家表示，一定铭记袁隆平院士为我国粮食安全、农业科学发展、世界粮食供给作出的杰出贡献。参加活动的师生相继在"节约就是最好的致敬"横幅上签上自己的名字。随后，100余位同学铿锵有力地宣誓。该项活动在怀化市各高校和中小学同步开展。

5月31日，安江农校纪念园管理处、怀化市妇联、洪江市妇联在安江农校纪念园内举办"少年儿童心向党·争做一粒好种子"六一儿童节活动，大家参观了袁隆平故居、杂交水稻发源地纪念馆，下田插秧体验耕种生活。怀化市妇联授予安江农校纪念园"怀化市家庭教育创新实践基地"牌匾。同时，在洪江市易烊千玺图书馆开展了"用爱培育出好种子"亲子阅读活动。

8. 擦亮"一粒种子　改变世界"的金字招牌

自 2022 年 4 月上任后，中共怀化市委书记许忠建经过几个月调研，8 月 22 日在接受红网记者采访时提出：怀化的最大品牌是杂交水稻发源地。共和国勋章获得者、"杂交水稻之父"袁隆平在怀化从事教学及杂交水稻研究长达 37 年，在安江农校成功培育出杂交水稻，从此"一粒种子　改变世界"，怀化有了"杂交水稻发源地"的美誉。他表示，怀化将充分发挥"杂交水稻发源地"这个世界唯一品牌的核心引领作用，把"一粒种子　改变世界"作为怀化旅游最大"引爆点"，以人类水稻种植史（高庙文化）、杂交水稻发明发展史为主线，深入挖掘杂交水稻发源地和高庙文化遗址的全球意义，科学规划，加快建设，在尽快启动申报中国重要农业文化遗产的同时，整体谋划申报全球重要农业文化遗产，进一步擦亮"一粒种子　改变世界"的金字招牌。9 月 14 日，在怀化市安江农校纪念园旁，占地面积超过 88 亩、总投资 11.2 亿元的杂交水稻国家公园开工建设。12 月 9 日，中国共产党怀化市第六届委员会第四次全体会议在通过的决议中提道：打造"世界杂交水稻发源地"这张最亮名片，高起点申报全球重要农业文化遗产，高标准建成杂交水稻国家公园，高质量建设"安江杂交水稻国家公园—洪江古商城—黔阳古城"旅游金三角，叫响"一粒种子　改变世界——中国·怀化"城市形象品牌和"怀化，一个怀景怀乡怀味的地方"旅游宣传口号，建设全国一流旅游度假目的地。同日，首届怀化市旅游发展大会在洪江区开幕，怀化市委常委、市委宣传部部长张远松发布怀化城市形象品牌为"一粒种子　改变世界——中国·怀化"。

三、怀化以杂交水稻为桥梁服务于国家发展战略

怀化各级党委、政府自觉运用袁隆平团队在安江农校起步打造的杂交水稻这一世界品牌，服务于扶贫开发、"一带一路"等国家发展战略，推动研究和应用杂交水稻日益成为世界农业发展潮流，架起了与世界各国人民友好交往的桥梁。

1. 怀化市委、市人民政府将发展杂交水稻产业作为推进武陵山片区扶贫开发战略的重要抓手

中共怀化市委、怀化市人民政府在创建武陵山山地农业特色、绿色发展、精准扶贫的现代农业科技创新转化示范基地中，把杂交水稻制种示范区纳入其中作为重要内容，杂交水稻制种已成为脱贫群众稳定增收不返贫的主导产业。

2011 年 10 月，国家启动武陵山片区区域发展与扶贫攻坚工作，这是党中央、国务院对贫困地区的深切关怀，是包括怀化在内的武陵山片区 4 省（市）71 个县 3600 万各族人民的重大发展机遇。2014 年 3 月 9 日，怀化市市长李晖等在湘全国人大代表向大会提出建议，根据武陵山片区"田里有优质的杂交水稻""各县市区'同域不同策'的问题却非常突出"的实际情况，建议进一步加大对武陵山片区的扶贫力度，推动武陵山片区加快脱贫步伐，与全国同步全面建成小康社会。

2015 年 2 月，国家科技部批准建立怀化国家农业科技园区。根据怀化市委、市人民政府的建议，国家科技部将怀化国家农业科技园定位成武陵山山地农业特色、绿色发展、精准扶贫的现代农业科技创新转化示范基地、现代农业新兴产业孵化基地，集科研攻关、科普试验、示范推广、精深加工、贸易物流、培训交流、旅游观光等七大功能于一体的农业生态公园和国家农业高新技术产业示范园区。

整个园区的规划布局由核心区、示范区、辐射区三部分组成。核心区占地面积约 15000 亩，其中核心区的核心区域占地约 3700 亩，主要分布于怀化高新区和中方县相关村镇，按照核心区"一心一带六分区"的功能定位，具体包含"一心"——农业嘉年华展示区，"一带"——创意农业产业景观带，"六分区"——科研创新试验区、特色农业生产示范区、智慧农业展示区、休闲农业体验区、生态田园怡养区、农产品精深加工物流区等六大功能分区。示范区总面积约 100 万亩，主要包括水果种植示范区、

中药材种植示范区、杂交水稻制种示范区、竹木种植示范区和特色家畜生态养殖示范区等，主要分布在核心区周边的洪江市、会同县、靖州苗族侗族自治县、通道侗族自治县、中方县、芷江侗族自治县、新晃侗族自治县及麻阳苗族自治县等8个县（市）。

杂交水稻是怀化国家科技园优先发展的产业之一。为此，怀化初步建立了100万亩优质超级稻等9大农业生产基地，年产水稻36亿斤。洪江市根据2017年《湖南省农作物品种安全跟踪评价与新品种展示示范实施方案》，实施了水稻新品种展示示范项目，展示园设在黔城镇双溪社区严家团村天岔垅，选择"隆两优534""晶两优华占""两优1号""荃优丝苗"等20个优质品种进行展示，每个品种0.2亩；"隆两优华占""广两优143""晶两优534""Y两优896""Y两优8188"等5个品种进行示范，示范面积100亩，均为2014—2016年通过湖南省或国家审定的品种。通过观察记录各个品种的丰产性、生育期特性、田间抗逆性等农艺性状，"隆两优534""隆两优1212""晶两优1377""科两优889""两优1号""隆两优97""新两优998"等7个品种表现相对优异，可重点推广应用。

怀化通过对新品种展示示范项目的实施，推进新一轮水稻品种更新换代，指导农民科学选种，提高主导品种市场覆盖率，助力精准扶贫，发挥了杂交水稻等良种对推进农业供给侧结构改革和发展精细农业生产的基础性和关键作用。

2. 杂交水稻在"走出去"战略中担当开路先锋

杂交水稻在"一带一路"国家中已广泛推广，产量优势十分明显，受到赞誉。

在亚洲，最先引进杂交水稻的是菲律宾。菲律宾是稻米主产国，这是一个全民吃稻米的国家，是国际水稻研究所和东盟农业组织总部所在地，是国际先进农业技术示范基地。在菲律宾搞好杂交水稻品种选育及示范，对于加速杂交水稻在全球推广具有重要战略意义。这个国家的领导人十分重视发展杂交水稻。

菲律宾国家水稻研究所等机构，先后与日本国际协力事业团、美国孟山都公司和先正达公司、德国拜尔公司、印度生物科技合作，从上述国家先后引进了 1000 多个杂交水稻组合在菲律宾试种，但都因种种原因效果不明显。1997 年，菲律宾获联合国粮农组织推广杂交水稻专项资助，菲律宾许多有实力的民营企业也加大了对杂交水稻研发的投资力度。袁隆平自二十世纪八十年代初开始，多次受国际水稻研究所邀请，参加国际水稻研究学术年会。1997 年 8 月，中国国家杂交水稻工程技术研究中心派出张昭东副主任、白德朗研究员以高级杂交水稻专家身份赴菲律宾，与菲律宾西岭农业技术有限公司开展杂交水稻研发合作。

2001 年 8 月 31 日，阿罗约总统在菲律宾首都马尼拉亲自为袁隆平颁发了"拉蒙·麦格赛赛政府服务奖"。拉蒙·麦格赛赛是菲律宾共和国的第三任总统，在二十世纪五十年代的一次空难中不幸遇难。拉蒙·麦格赛赛奖是为了纪念拉蒙·麦格赛赛总统而设立的，由拉蒙·麦格赛赛基金会组织评选。

经过 5 年努力，中国专家组成功选育并推广了菲律宾西岭农业技术有限公司第一个杂交水稻组合 SL-8H。

2003 年 4 月 19 日，袁隆平应邀率团赴菲律宾内湖省考察验收。菲律宾总统阿罗约在碧瑶市总统行宫接见袁隆平一行，并召开新闻发布会，向全国公布了热带杂交水稻先锋组合选育成功的消息。4 月 22 日，西岭公司董事长林育庆先生为袁隆平举行了盛大的招待会。菲律宾参议院议长、国防部部长、农业部部长、警察总监、国际水稻研究所主管科研的副所长、菲律宾国家水稻所所长等出席了招待会。各位政要和科学家一致高度赞扬袁隆平院士在菲律宾发展杂交水稻、造福菲律宾人民的巨大功绩。出席招待会的还有中国驻菲大使王春贵和菲籍华裔总会会长等旅菲华人名流，他们都以与袁隆平同为炎黄子孙而自豪。

2003 年，SARS（非典）肆虐，各国都在加强防范，而阿罗约却执意邀请袁隆平访菲。阿罗约在总统府会见袁隆平时说，杂交水稻方案已成为菲律宾粮食安全的主要部分。假如样样就绪，可能在 5 年后就能改变进口大米的局面，这是他们追求的目标。2004 年，菲律宾的杂交水稻种植面积达 300 万亩，其中三分之二是湖南杂交水稻研究中心培育的品种，叫西林8 号，平均亩产 940 斤，而该国灌溉稻的平均亩产为 600 斤，阿罗约总统对此给予高度重视，把发展杂交水稻作为政府的旗舰项目。当年 9 月，阿罗约总统应邀访问中国，抵京后提出要亲自颁发她签署给袁隆平的嘉奖状，赞扬他的杂交水稻在菲律宾推广获得巨大成功。袁隆平风趣地说，这是中国人民对 400 年前华侨从菲律宾首次引进番薯良种，缓解了当时中国粮食紧缺问题的一个回报。这一年是"国际水稻年"，12 月 1 日，阿罗约总统在首都马尼拉总统府又会见了正在菲律宾出席国际水稻大会的袁隆平。在此之前的三年中，这位女总统曾三次面见袁隆平。

2007 年 1 月，袁隆平随同温家宝总理一行访问菲律宾。温家宝总理是到菲律宾参加东盟峰会的，在紧张的行程中还专门安排出席中菲农业合作交流会。在会上，温家宝总理说，这次点名请袁隆平老师作为特邀专家随团访问菲律宾，他的言行代表了中国人民和广大农业科技人员的心愿。温家宝总理还兴致勃勃地观看了中菲农业合作的图片和实物展示。他十分满意中菲农业合作取得的成绩，并签署了多个农业合作文件。

菲律宾在袁隆平委派的专家援助下，杂交水稻单产提高了 2～3 倍，开始脱离粮食进口国行列。

印度，这是中国之外世界上人口最多的国家，也是世界第二大稻米生产国，12 亿多人有 8 亿～9 亿人吃大米，有一半儿童营养不良，每年儿童死亡人数达 250 万，其中大部分因为饥饿。印度"绿色革命之父"斯瓦米纳森博士对此忧心忡忡。他一再向联合国粮农组织呼吁，恳请袁隆平以联合国粮农组织首席顾问的身份去印度指导杂交水稻种植。

在此之前，印度已在效仿中国努力发展杂交水稻，建立了 10 个杂交水稻项目网络中心。袁隆平全面考察了网络中心及其试验基地和田间材料，针对印度科学家研究中遇到的问题与他们进行座谈交流，指点迷津，对育种、栽培和制种的方方面面提出了建议。他围绕联合国粮农组织为印度确立的"发展与利用杂交水稻技术"项目，经过考察和论证，培育出比对照品种增产 15% ~ 30% 的杂交组合。在短期内，印度进展很快，选育出适合当地种植的杂交组合 35 个。

由于饮食义化、习惯的差异，印度引种杂交水稻之初遇到一定困难。因为印度人就餐习惯用手抓饭，要求米饭必须松散爽滑。对此，袁隆平为印度成功地培育出适合当地生态条件的杂交水稻组合，并于 1994 年试种 15 万亩，较当地的常规稻增产 30% 左右。印度的杂交水稻面积，到 2001 年已发展到 300 多万亩，2004 年达 840 万亩，平均亩产 740 斤（其全国水稻的平均亩产仅 400 斤），为缓解印度人口急剧增长对粮食的需求发挥了重要作用。

隆平高科成立后，第一个目标国就是与我国西南毗邻的巴基斯坦。

巴基斯坦意为"圣洁的土地"或"清真之国"，位于南亚次大陆的西北部，东接印度，西北与阿富汗交界，西邻伊朗，南濒阿拉伯海。巴基斯坦国土面积 79 万多平方公里，人口 2.36 亿（2022 年）。小麦是当地人的主食，水稻是排在小麦、棉花之后的第三大作物，稻米主要供出口换汇。巴基斯坦每年出口约 20 亿斤优质大米。由于巴基斯坦大米主要供出口，故对引进水稻品种的米质要求很高。巴基斯坦国家科研机构非常注重他们的长粒型、带香味、质优的巴丝玛蒂米。但对巴丝玛蒂米水稻新品种的研究，几乎处于停滞状态。在巴基斯坦开发、推广杂交水稻，主要是针对以信德省为主的 1050 多万亩非巴丝玛蒂水稻产区。经过仔细分析，除气候不够理想外，其他要素基本具备，隆平高科决定将巴基斯坦列为公司在海外的第一个目标国，认真摸索解决遇到的问题，为开拓国际市场奠定基础、积累经验。

巴基斯坦一年只种植一季水稻。4 月到 6 月气温很高，信德省部分地区可持续 10 天以上高温 43 ~ 53℃。因此，战胜残酷而又罕见的高温，研究出合理的播种期，让杂交水稻抽穗扬花期有效避开高温危害，是隆平高科专家组必须攻克的难题之一。

隆平高科专家组攻坚克难，提供了 5 个杂交水稻组合，在巴基斯坦各省示范种植 3000 亩，比当地对照品种增产 25% 以上，米质和抗性明显优于当地对照品种，巴方非常满意，希望大面积推广。在大面积推广生产实践中，杂交水稻在巴基斯坦具有显著的增产优势和普遍的适应性，一般增产幅度达到 40% ～ 50%，得到当地政府和农民的广泛好评。2005 年，隆平高科向巴基斯坦出口杂交水稻种子 24 万斤，2008 年出口的种子加上当地生产的种子达 200 万斤，进入大面积应用的初级阶段。

水稻是孟加拉国的主要粮食作物，一年栽培两到三季，种植总面积为 16000 多万亩，平均亩产最高 400 斤，尚不能满足全国 1.4 亿人口对粮食的需求，每年要进口 40 亿斤稻谷。稻米是孟加拉国人的主食，他们对米质要求不高，只要米饭不黏、适于手抓食即可。

从 2001 年 12 月起，隆平高科派专家前往孟加拉国举办杂交水稻培训班，累计在孟加拉国长驻的隆平高科和湖南农科院专家超过 10 人。

自 2001 年以来，隆平高科与孟加拉国 AFTAB 公司合作开发孟加拉国杂交水稻市场旱季国家区域杂交水稻试验，平均亩产 1080 斤，产量优势十分明显。

3. 研究和应用杂交水稻已日益成为世界农业发展潮流

全球种植水稻的国家有 110 多个，除我国外，目前全球每年水稻种植面积有 16 亿多亩。稻米是世界上食用人口最多、历史最悠久的食物，它养育着世界近一半的人口。截至 2014 年，杂交水稻已在全球 20 多个国家种植达 3 亿亩，但尚不足水稻总面积的 20%，而平均每亩比当地良种增产 260 斤左右。因此杂交水稻在全球的发展空间非常大，而且具有立竿见影的效果。

譬如越南，吃大米的人有 6000 万至 7000 万。1993 年越南直接从中国购种，种植了 4 万亩杂交水稻，在不增加投入的情况下，稻谷增产 2 亿斤。1999 年 7 月，越南驻华大使馆新任科技参赞阮加胜，发专函邀请袁隆平在越南建立杂交水稻生态试验点，杂交水稻推广面积增加到 720 万亩，其产量较当地常规稻增加 20% 以上。越南政府于 2002 年 5 月特授予袁隆平"越南农业和农村发展"徽章，以表彰他对越南杂交水稻发展的卓越贡献。越南近几年杂交水稻的种植面积已超过 1000 万亩，比常规品种增产四成以上。由于多年大面积、大幅度增产，越南由原来的粮食短缺国一跃成为仅次于泰国的世界第二大稻米出口国。

杂交水稻漂洋过海，播种到非洲大地，受到非洲人民欢迎。1992 年，在赞比亚国家级灌溉稻品种对比试验中，引入的杂交水稻组合产量达每亩 1060 多斤，较当地良种增产 22%，充分展示了杂交水稻在非洲推广应用的前景。

杂交水稻在几内亚试种，效果也很好，其增产潜力受到政府和民众的热情关注。几内亚每年进口大米，中国伸出援助之手，早在 1997 年就开始在几内亚发展农业项目。中方投资 160 万美元和几内亚政府合资进行杂交水稻种植开发，公司的基地是科巴农场。科巴农场就在总统家乡，几内亚总统经常参观农场。中国在那里的工作人员受到优待，农场的车辆挂着几内亚政府的牌子，出行安全便利。

泰国以盛产稻米著称于世。2001 年初，泰国甘攀碧省引进我国 8 个杂交水稻组合，作为品种比较试验，较当地最好的品种增产 28% ~ 58%，而生育期平均要短 8 天。此后，杂交水稻的种植在泰国得到较大发展。2004 年，在泰国主办的首届国际稻米大会上，泰国政府颁给袁隆平"金镰刀"奖。

2004 年 5 月 9 日，以色列总统卡察夫在议会大厦向袁隆平颁发了"沃尔夫农业奖"，以表彰袁隆平在研究杂交水稻方面作出的贡献。沃尔夫奖被喻为"以色列诺贝尔奖"，每年颁给世界各地在农业等五个领域有突出贡献的科学家或艺术家。第二天，袁隆平在耶路撒冷与以色列多产种子公司签署了联合研发超级杂交水稻协议。

2004 年是联合国"国际水稻年"，主题为"稻米就是生命"。美国世界粮食奖基金会指出，袁隆平的技术已经从亚洲、非洲到美洲迅速普及开来，为数以千万计的人提供了粮食，因而该基金会给袁隆平颁发了"世界粮食奖"。

这年底，袁隆平再次被评选为中央电视台"感动中国 2004 年度人物"十大人物之一。颁奖词说："他是一位真正的耕耘者。当他还是一个农校教师的时候，已经具有颠覆世界权威的胆识；当他名满天下的时候，仍专注于田畴。淡泊名利，一介农夫，播撒智慧，收获富足。他毕生的梦想，就是让所有人远离饥饿。喜看稻菽千重浪，最是风流袁隆平。"

亚洲种植和消费世界上 90% 的水稻。所以，任何能使水稻种植高产和高效的方法都将给亚洲乃至世界的普通大众生活带来巨大变化。

在中国政府的支持下，袁隆平先后应邀前往菲律宾、印度、巴基斯坦、孟加拉国、泰国、越南、缅甸、美国、日本、法国、英国、德国、埃及、澳大利亚等 10 多个国家讲学、传授技术，把福音传给全人类，让人们分享丰收的喜悦。

亚洲水稻产区主要集中在温暖多雨的东亚、东南亚、南亚一带，其水稻总产量占世界总产量的 90% 以上，推广杂交水稻的国家已有印度、越南、印度尼西亚、巴基斯坦、缅甸、泰国、孟加拉国、菲律宾、斯里兰卡、老挝、柬埔寨、朝鲜、韩国、马来西亚、文莱等。其中柬埔寨种植的杂交水稻比当地传统品种增产 1 ~ 3 倍。

杂交水稻在南美洲世界水稻主产国巴西、乌拉圭和阿根廷、厄瓜多尔等国种植，产量远远高过当地良种，显示出杂交水稻在南美洲发展的广阔前景。

非洲岛国马达加斯加是位于印度洋上的热带岛国，面积 59.2 万平方公里，人口约 2892 万，为世界第四大岛国，被称为"印度洋中的小大陆"，拥有世界第二长的水稻种植历史，仅次于亚洲国家，耕地三分之二以上种植水稻，然而由于水稻种植技术落后、管理粗放，又无好的品种，所以原来平均每亩产量只有 320 斤左右。

2006 年，袁隆平带着他的援非杂交水稻团队来到了马达加斯加。在中国表现良好的杂交水稻，到马达加斯加却遇上了不少困难。袁隆平团队将各种困难一点点全部攻克，杂交水稻在马达加斯加的试种大获成功，种植面积达到 30 万亩，平均亩产达到 933.3 斤，而当地水稻原本的产量仅有每亩 333.3 斤。2017 年的一次水灾，当地的水稻都倒了，只有中国的杂交水稻依然屹立在那里……

当地农民通过袁氏国际种业公司的培训、指导，种上的杂交水稻产量比他们原来的水稻品种增产 3 倍多，过上了比梦想中还要好的日子。短短几年时间，马达加斯加已累计推广杂交水稻 60 万亩，增产稻谷 2.4 亿斤以上。

中国杂交水稻在马达加斯加推广的模式，就是一种可以在更大范围内推广的模式。而后，袁隆平团队走出了马达加斯加，在非洲的 16 个国家都种上了金黄的杂交水稻。

如今，已有越来越多的中国高科技种业公司在海外进行推广播种，"杂交水稻外交"已是我国"走出去"战略的一项重要内容，也是一个和平崛起的大国向世界展示和谐力量的重要标志。一粒正在改变世界的种子，成为国家"一带一路"倡议的诺言输出技术之一，这种特有的中国精神，也将让杂交水稻在世界上走得更远、更久。

四、杂交水稻架起了中国与世界各国人民友好交往的桥梁

自 1999 年起，我国商务部本着支持"发展杂交水稻，造福世界人民"的意愿，将并办 TCDC（Technical Cooperation among Developing Countries）国际杂交水稻技术培训班作为援外项目，为开展技术援外搭建了一个很好的平台，先后举办 50 期杂交水稻国际培训班，袁隆平就是培训班的主讲人，他的试验田就是杂交水稻的世界课堂。通过这个途径，为亚、非、拉约 50 个发展中国家培训了 2000 名左右的技术人员。另外，还在此召开了

8 次国际学术讨论会。

2005 年，袁隆平正式提出了"杂交水稻外交"的构想，并上报国务院，以争取国家的大力支持。他说：杂交水稻外交，简单地说就是依托杂交水稻这一优势品牌，以拓展杂交水稻的国际市场为切入点和突破口，把杂交水稻培养成营造良好国际关系的重要载体。

这年 10 月 18 日，国务委员唐家璇在钓鱼台国宾馆会见并宴请袁隆平，他高度评价说："杂交水稻外交"将是我国"走出去"战略的一项重要内容，也将是我国经济外交的一张王牌。外交部当时正在举办第四期大使参赞学习班，特邀请袁隆平给驻 80 多个国家的中国大使、总领事和参赞作了一场报告。大家听了杂交水稻的介绍后非常振奋，也为我国拥有这样一项处于世界领先水平的技术而感到自豪。同时，他们意识到杂交水稻的国际影响力在不断扩大，国际市场空间不断拓展，加上我国杂交水稻培育技术的成熟，我国已经具备了"杂交水稻外交"的基本条件。

从 1979 年我国农业部种子公司赠送 3 斤杂交水稻种子给西方石油公司开始，我国杂交水稻正式走出国门，杂交水稻以迅猛之势走向世界，为全球解决温饱和贫困问题提供了新的思路和途径，也向世界展示了中华儿女的聪明才智和敬业精神。1980 年，杂交水稻作为我国出口的第一项农业专利技术转让给美国。

美国是世界上发展杂交水稻较早的国家之一，在第一次引进杂交水稻试种之后，杂交水稻在美国的种植面积和产量都在不断增加，2009 年的杂交水稻种植面积已达到 600 万亩，占全国水稻种植面积的 30%，平均亩产超过 1200 斤，比当地良种增产 25 % 左右。杂交水稻在非洲几内亚、利比里亚示范的增产效果更是惊人，比当地品种产量高 3 ~ 5 倍。

美国西方石油公司特来中国拍摄了一部以杂交水稻为中心内容的彩色纪录片《在中华人民共和国的花园里——杂交水稻的故事》。影片中称赞袁隆平，说杂交水稻这一科研成果解决了世界各族人民的吃饭问题。该片除在美国放映外，还在巴西、埃及、意大利、西班牙、葡萄牙等国放映，杂交水稻被美国人称为"东方魔稻"，受到世界各国极大的关注。其后，专题片被日本电视台播放。日本还出版了一本名为《神奇水稻的威胁》的书，惊呼"杂交水稻这一海外传奇给日本带来了风暴"。更有人将杂交水稻赞誉为继造纸术、印刷术、火药、指南针后的中国"第五大发明"。

随着杂交水稻国际影响力的不断扩大，许多国家尤其是第三世界国家迫切希望引进我国的杂交水稻技术，提高单位面积粮食产量。

2016年3月23日，澜沧江—湄公河合作首次领导人会议在三亚举行。中国国务院总理李克强与泰国总理巴育、柬埔寨首相洪森、老挝总理通邢、缅甸副总统赛茂康、越南副总理范平明共同出席会议。

在农业与减贫合作展区，中国"杂交水稻之父"袁隆平院士向各位领导人介绍了现场展出的最先进的杂交水稻品种，并结合有关国家领导人关心的气候条件、土壤环境等作了讲解。看到湄公河流域国家领导人对中国水稻品种表现出浓厚兴趣，李克强现场向五国领导人赠送了大米，并表示，要让中国杂交水稻"走出国门"，助力澜湄国家成为"世界粮仓"。

二十世纪八十年代以来，袁隆平及其团队通过杂交水稻国际培训班为80多个发展中国家培训了14000多名杂交水稻的技术人才，并担任联合国粮农组织首席顾问，帮助其他国家发展杂交水稻。杂交水稻已在全球50多个国家种植，近年中国境外年种植杂交水稻总面积达到1.2亿亩，全球近3亿亩，平均每亩比当地良种增产266.67斤左右。

杂交水稻的推广，提高了中国的国际地位，为世界人民战胜粮食危机增添了信心，为人类消除饥荒找到了新的希望，促进了世界和平。研究和应用杂交水稻以解决第三世界人民的吃饭问题，已成为不可抗拒的世界农业发展潮流。杂交水稻在世界范围的发展，从一个侧面传递了中国和平崛起的信息，架起了与世界各国人民友好交往的桥梁。在这过程中，怀化将继续发挥"杂交水稻发源地"独有且卓有成效的应有作用，我们为此而自豪。

结　语

杂交水稻在中国率先获得成功，给人们带来数不尽的历史启迪，其中主要的成功经验是：

一、党的领导是杂交水稻在中国率先成功的根本保证

杂交水稻从袁隆平开始研究时起，就一直得到从党中央到湖南省委、黔阳地委（怀化市委）以及各级党组织和政府的重视、支持，得到各方面的协作帮助。

（一）国家科委支持的公函使杂交水稻研究能够在"文化大革命"非常时期得以坚持

袁隆平发表第一篇关于杂交水稻的论文《水稻的雄性不孕性》后，1966 年 5 月，国家科委九局向湖南省科委和安江农校分别发函，责成他们支持袁隆平的这项研究。正是有了这个信函，"文化大革命"初期，当安江

农校工作组请示黔阳地委书记孙旭涛"袁隆平是否属保护对象"时，孙旭涛果断表示应该保护，并要求工作组响应毛主席的号召，既抓好革命，又促进生产。这样，袁隆平才免除了被批斗的灾难。根据这个信函，在袁隆平要求每日中午请两个小时假去为试验稻穗杂交授粉时，安江农校工作组破例批准他一个上午；他要求连续三天，却批准了一个星期。试验材料抽穗扬花的时候，还调了一位教师帮助袁隆平搞了一个月的杂交工作。

接到国家科委的公函后，湖南省科委派人去安江农校了解试验情况，支持袁隆平的杂交水稻研究，1967 年把"水稻雄性不孕研究"正式列入省科研项目，成立了由袁隆平、李必湖、尹华奇组成的安江农校水稻雄性不孕科研小组，拨了 600 元的科研经费。省农业厅也破例将李必湖、尹华奇两名"社来社去"的学生留校，作为袁隆平的助手，同时给予他们两人每月各 18 元的生活费。省科委以后又多次派人去安江农校和海南育种基地了解情况和解决问题，年年拨款，给予支持。袁隆平被抽调到溆浦县低庄煤矿当宣传队员而中止科研工作时，又是省科委、国家科委先后派员到安江农校纠正，将袁隆平调回学校，继续进行杂交水稻研究，并增加了科研经费。

（二）水稻雄性不育研究得到湖南省领导和各有关部门的高度重视与支持

1970 年成立了湖南省水稻雄性不孕研究领导小组，湖南省革委生产指挥组农林组开始将"水稻雄性不孕研究"列入重大研究课题，从项目管理、人员配备、研究经费等方面给予了大力支持，为杂交水稻的研究推广作出很大贡献。这年 3 月，湖南省革委生产指挥组科技组、省农科院组织 20 多人赴海南参观袁隆平的杂交育种基地，为他鼓劲。之后由省农科院、湖南农学院、湖南师范学院、安江农校、贺家山原种场等 5 个单位组成湖南省杂交水稻协作组。1970 年 6 月，全省第二次农业科学技术经验交流会在常德召开，时任省革委会代主任华国锋听取了杂交水稻研究进展情况汇报，第二天请袁隆平坐上主席台，并颁发奖状。华国锋指示要把"水稻雄性不孕"研究拿到群众中去搞，并告诉袁隆平，周恩来总理经常过问杂交水稻。为支持杂交水稻研究，1971 年，湖南省革委会计划组将杂交水稻研究列入省年度科技计划，袁隆平调省农科院工作。

1972 年 3 月，国家农林部将杂交水稻研究列为全国重点科研项目，随后由中国农科院和湖南农科院牵头，成立了全国杂交水稻研究协作组，组织全国 19 个省（市）30 多个科研单位协作攻关。10 月在长沙召开了第一次全国杂交水稻科研协作会议，以后于 1972 年 12 月、1973 年 10 月、1974 年 10 月、1975 年 10 月、1977 年 6 月和 12 月、1979 年 1 月、1980 年 9 月、1982 年 5 月召开了 9 次全国杂交水稻科研协作会议，交流工作进展和经验，讨论问题和制订计划，从而有力地促进了杂交水稻研制工作。全国大协作加速了杂交水稻的研究进程，是杂交水稻诞生的催化剂，是强大的推动力。

湖南省农业厅原厅长、全国杂交水稻专家顾问组组长陈洪新为推广杂交水稻，深入到湘南十几个县宣传发动并与有关领导研究，制订了大面积种植杂交水稻的周密计划，包括准备种子、建立大样板、培训技术力量等。

1975 年 8 月，时任省委第二书记张平化参观了省农科院的 104 亩杂交水稻示范田之后，在长沙召开的全省水稻杂种优势利用现场会上指出："杂交水稻很有发展前途，要发动群众，以最大的干劲、最快的速度，把杂交水稻搞上去。"并批示省财政、粮食部门拨款 100 万元、粮食 700 万斤支持杂交水稻大规模繁殖，组织全省上万人去海南制种。

洞庭湖区杂交水稻的推广遭受挫折后，也由于中共湖南省委、湖南省人民政府重视才逐渐有了起色。1981 年 10 月，时任省委第一书记毛致用、第二书记万达亲临湖区视察工作，向湖区地、县委书记提出重新认识杂交水稻，以积极态度稳步发展杂交水稻的要求。1982 年 9 月，时任省委书记王治国在澧县主持召开了全省杂交晚稻生产现场会，在重点解决湖区重上杂交水稻的认识问题和方法问题的同时，还对全省杂交水稻如何开拓新领域的问题作出了重大的技术决策。1982 年湘中、湘北地区的"寒露风"影响了杂交水稻产量，导致 1983 年群众对种杂交水稻又产生了动摇，种植面积有所减少，到 4 月份时，全省积压了 1100 多万斤杂交水稻种子销不出去。针对这个问题，中共湖南省委和湖南省人民政府的领导同志卓康宁等多次进行研究，连续召开了两次电话会，进行宣传发动，并从省财政拿出一笔钱用于种子降价补贴（每斤降价 0.2 元），结果全省很快增销种子400 多万斤，种植面积增加了 140 多万亩。同年 7 月，农牧渔业部在江西庐山召开了南方六省（区）杂交早稻考察汇报会，副省长曹文举和省农委负责同志及时听取了本省代表的汇报，对发展杂交早稻生产进行了具体研究。9 月下旬和 10 月上旬，省顾问委员会副主任王治国和副省长曹文举分别主持了南北两片召开的地市县负责同志和农业部门负责人参加的全省杂交晚稻现场会，进一步调动了各级继续抓好杂交水稻生产的积极性。1983年拨给省种子公司流动资金 200 万元、兴建种子仓库资金 100 万元，另拨款 700 多万元用于解决积压的 700 多万斤杂交种子的亏损。

1978 年 3 月底到 4 月初，怀化地区科委主任佟景凯代表地区与袁隆平一道上北京参加全国科学大会，在参观科研成果展览中，湖南展板上最醒目的是袁隆平和李必湖发明的杂交稻。佟景凯联想到他们的贡献那么大，但职称问题还没解决。回来后向地委汇报时，提出了这个问题，地委同意将袁隆平和李必湖分别报批研究员和副研究员。同年 9 月，地委组织部部长冯佩清参加全省组织工作会议时，询问省委组织部为什么没有及时批下来，省委组织部部长纪照青要干部处长查查原因。干部处长答复问题主要出在省农业厅，他们的意见是安江农校是一所普通中专，不具备评高级职称的资格。纪部长与省委几位领导交换意见后，当即表态把袁隆平作为省农科院的研究员报批。李必湖则由黔阳地委决定列为黔阳地区农科所的副研究员报批。这样，两位科学家的职称问题得以解决。

1992 年 9 月 15 日，中共湖南省委、湖南省人民政府授予袁隆平"功勋科学家"称号，中共湖南省委书记熊清泉亲自为袁隆平颁奖。

（三）党和国家领导人十分重视杂交水稻的研究推广工作

"中国超级杂交水稻"的研究，得到了历届中央领导的持续关怀和大力支持。前后四任总理李鹏、朱镕基、温家宝、李克强先后共批拨了7000万元，支持超级杂交水稻育种与应用研究。

1975年12月22日，国务院常务副总理华国锋和有关领导听取了陈洪新和袁隆平等关于杂交水稻研究进展和推广工作的汇报，给予了高度评价，并当即拍板：中央拿出150万元（最后实拨155万元）支持杂交水稻推广，由农业部主持立即在广州召开南方13省（区）杂交水稻生产会议，部署加速推广杂交水稻。国务院的强力支持，加大了杂交水稻推广的力度。1984年，在中央和省委的大力支持下，湖南组建了杂交水稻研究中心。

1981年5月5日，国家科委发明评审委员会对籼型杂交水稻这项重大发明进行了认真评审，一致认为这项发明的学术价值、技术难度、经济效益和国际影响等四个方面都很突出。经中国农业科学院和湖南省农业科学院报国务院批准，决定授予全国籼型杂交水稻科研协作组袁隆平等人特等发明奖，奖金10万元。6月6日国家农委、国家科委在北京联合召开发明授奖大会，党和国家领导人王震、方毅、万里出席大会。国务院给全国籼型杂交水稻科研协作组发来贺电。同年6月27日，党的十一届六中全会通过的《关于建国以来若干历史问题的决议》中，把籼型杂交水稻的研究成功与氢弹、人造卫星的发射回收，并列为我国科学技术的重大成就。

1994年12月16日，李鹏总理来到湖南杂交水稻研究中心视察。在听取了袁隆平的汇报后，李鹏总理非常支持将国家杂交水稻工程技术研究中心建在湖南的建议，当即特批1000万元，陪同前来的国家发展银行行长姚振炎也表示贷款500万元。不久，国家杂交水稻工程技术研究中心在湖南正式成立。

国家杂交水稻工程技术研究中心成立不久，江泽民总书记、乔石委员长、姜春云副总理、邹家华副总理等党和国家领导人，先后来这里视察，与科研人员座谈并题词，对杂交水稻的研究给予了大力支持。国家科技部把杂交水稻研究作为 863 计划一号工程。该中心在国家计委、科委以及中共湖南省委、湖南省人民政府的关怀和支持下，一批大、中型精密仪器陆续装备起来，为杂交水稻科研创造了优越的工作环境。

1990 年 4 月 19 日至 20 日，国务委员陈俊生在怀化考察期间，接见了著名杂交水稻育种专家李必湖，听取他对科技兴农的意见和建议。陈俊生说："你们在杂交水稻的研究、推广中作出了重大贡献。请你们转告我向袁隆平同志以及所有从事杂交水稻研究的科技工作者表示问候和感谢。希望你们进一步努力，继续研究。"并要求把安江农校在怀化市桐木乡的农业科技推广点的经验抓紧总结，以便在全国推广。

2001 年 2 月 19 日，袁隆平获首届国家最高科学技术奖，国家主席江泽民亲自颁授奖励证书和奖金（500 万元）。2 月 22 日，中共湖南省委、省人民政府召开袁隆平院士荣获首届国家最高科学技术奖庆功大会，决定在全省广泛深入开展向袁隆平院士学习的活动。

2003 年 10 月 3 日，中共中央总书记、国家主席胡锦涛专程来到袁隆平院士主持的国家杂交水稻工程技术研究中心，详细了解超级杂交水稻选育进展情况后，充分肯定了他们作出的重大贡献。

2005 年 8 月 13 日，国务院总理温家宝专程前往国家杂交水稻工程技术研究中心，了解杂交水稻研究情况，看望袁隆平院士，高度评价了袁隆平的贡献，殷殷嘱托袁隆平在新的起点创造新的成绩，并专门给袁隆平送了生日蛋糕。

2007 年 1 月 16 日，袁隆平随温家宝总理出席中菲农业合作情况交流会。这是他第 30 次到菲律宾指导和研究杂交水稻技术的推广。温家宝说："这次我点名让袁隆平作为特邀专家随团访问，袁隆平的言行反映了中国人民和广大农业科技人员的心声。"

2007 年 7 月 24 日，袁隆平先进事迹报告会在人民大会堂举行，国务院委员陈至立，全国政协副主席、中共中央统战部部长刘延东接见袁隆平先进事迹报告团全体成员。

2013 年 4 月 28 日上午，中共中央总书记、国家主席、中央军委主席习近平来到全国总工会机关，看望全国各条战线、各个时期、各行各业的劳动模范代表，袁隆平等 65 名劳模同习近平围坐在一起，畅谈人生梦想。在会议现场，袁隆平拿出两张超级杂交稻照片递给总书记。习近平站起来，身体前倾，伸手接过照片。袁隆平汇报说："我的中国梦，就是禾下乘凉梦和杂交水稻技术覆盖世界梦，照片上像瀑布一样的是超级稻。"习近平称赞道："超级稻，真是颗粒饱满啊。这是项伟大的事业，要继续抓好。"

2014 年 1 月 10 日，国家科学技术奖励大会在北京隆重举行。"两系法杂交水稻技术研究与应用"项目获国家科技进步奖特等奖。袁隆平代表该项目上台领奖。习近平总书记在颁奖时握着袁隆平的手说："希望您再接再厉攀高峰。"袁隆平表示："在荣誉面前，我应该急流勇退，但在事业面前，我要勇往直前。"

2014 年 1 月 17 日下午，李克强总理主持《政府工作报告》座谈会，为正在起草的《政府工作报告》收集意见和建议，袁隆平应邀参加。李克强总理对袁隆平说："你是我们科学界的大功臣，用科学支撑了我们的发展。"合影时，特意伸手拉袁隆平站在他身旁并亲切地说："你发明的超级杂交水稻，不仅有利于中国的粮食安全，对于解决全世界的粮食问题也作出了巨大贡献。我要继续支持超级杂交水稻的研发。""超级杂交水稻攻关不仅要搞百亩，还要搞千亩、万亩。一定支持你们！"

为落实李克强总理对开展超级杂交水稻"百千万高产攻关示范工程"的指示，袁隆平回湖南后立即组织团队专家奔赴河南、安徽、浙江等 10 多个省（市）实地调研，并带队前往湖南宁乡等地考察，确定了超级杂交水稻百亩攻关示范基地 26 个（平均亩产 2000 斤）、万亩攻关示范基地 3 个（平均亩产 1600 斤，其中含千亩片亩产 1800 斤），讨论和制定了实施方案和技术措施。

同年 6 月 3 日，习近平主席在 2014 年国际工程科技大会上发表了《让工程技术造福人类、创造未来》的主旨演讲。他在演讲中指出："一项工程科技创新，可以催生一个产业，可以影响乃至改变世界。袁隆平院士的团队发明了杂交水稻，促进中国粮食亩产提升到 1600 斤，不仅为中国解决 13 亿人口吃饭问题作出了突出贡献，而且推广到印度、孟加拉国、印度尼西亚、巴基斯坦、埃及、马达加斯加、利比里亚等众多国家，使那些地方的水稻产量提高 15% ~ 20%，为人类保障粮食安全、减少贫困发挥了重要作用。"习近平主席的讲话，是对杂交水稻研究与应用事业的充分肯定和科学总结，是对我国杂交水稻科研团队的巨大鼓舞。

在长沙市芙蓉区浏阳河东岸，建有世界首个大型水稻博物馆，这就是隆平水稻博物馆。这座博物馆以"传播稻作知识，弘扬农耕文化"为宗旨，于 2015 年 10 月开建，2016 年 5 月 19 日试开馆，2019 年 9 月 27 日正式开馆。总建筑面积 1.8 万平方米，主体建筑面积 1.1 万平方米，分为陈列、库藏、公共服务、技术与行政管理等 5 个功能区。其中陈列区包括中国水稻历史文化、水稻科技、袁隆平与杂交水稻 3 个基本展厅和 1 个临时展厅，展陈面积约 6000 平方米。展厅结尾，有一面展示了 144 种超级稻品种的大型"种子墙"，那是农业部确认的超级稻品种。在"杂交水稻世界"的联动装置里，可以通过装置互动感应世界上正在种植或研究杂交水稻的国家，随着一个个亮光的出现，我们看到全球近 40 个国家被杂交水稻点亮。隆平水稻博物馆开馆不到一年的时间，获中国对外援助培训实训基地、中国政府奖学金来华留学生社会实践与文化体验基地两块"国字号"招牌。隆平水稻博物馆作为世界上最大的水稻历史文化社会记忆载体，进一步彰显了党和政府对杂交水稻研究与推广的重视和支持。

2018 年 4 月 12 日下午，中共中央总书记、国家主席、中央军委主席习近平在海南省三亚市考察。习近平在国家南繁科研育种基地（海南）同袁隆平等农业技术专家一道，沿着田埂走进"超优千号"超级杂交水稻展示田，察看水稻长势，了解超级杂交稻的产量、口感和推广情况。

党中央、国务院还给予袁隆平诸多的崇高荣誉鼓励，2018 年 12 月授予他"改革先锋"称号，称他是"杂交水稻研究的开创者"。2019 年 9 月 17 日授予他"共和国勋章"。

自中华人民共和国成立以来，我国共育成水稻品种 500 多个，然而没有哪个良种能像杂交水稻推广得这么快，效果这么好。杂交水稻以世界良种推广史上前所未有的发展态势在中国大地上迅速推开。1975 年南方各省（区）种植面积是 559.95 亩，1976 年一下子跃升到 208.05 万亩，继而于 1977 年迅猛扩大到 3150 万亩，到 1991 年已达到 26400 万亩。截至 2006 年，杂交水稻在我国已累计推广 56.4 亿亩，共增产稻谷 10400 多亿斤。根据农业部统计，全国水稻平均亩产 714 斤，而杂交水稻是 882 斤，每亩增产近 200 斤。至 2018 年，杂交水稻在全国累计推广 90 多亿亩，共增产稻谷 17000 多亿斤。

袁隆平曾在 2004 年 2 月 21 日《光明日报》发表一篇题为《寸草仰春晖，全靠党领导》的文章，在文章中他感叹地说："回顾我走过的路，深深感到，杂交水稻的成功以及我的成长都离不开党的关怀、鼓励与鞭策。曾经有人难以理解，中国的杂交水稻竟能在'文化大革命'这样的非常时期取得重要突破，我想这其中原因很多，像同事的精诚团结、各地百姓的密切配合，但我还想说，是党的阳光雨露养育了杂交水稻这朵奇葩，我由衷地感谢党的好领导。""为什么我们国家的科研能在国际范围内占有重要的一席之地呢？就在于我们有优越的社会主义制度，有实事求是的党。"[1]

---

[1]　袁隆平 . 寸草仰春晖，全靠党领导 [N]. 光明日报 ,2004-2-21(3).

二、勇担使命不断创新是杂交水稻成功的内在动力

袁隆平团队研究推广杂交水稻获得成功的内在动力，来源于"愿天下人都有饱饭吃"的自我使命担当，通过使命激励增强砥砺前行的精神力量，在砥砺前行的艰苦付出中不断创新，开辟了成果迭出的成功之路。

（一）使命激励是砥砺前行的精神力量

毛泽东1959年4月29日在《党内通信》中说："吃饭是第一件大事。"1960年3月，袁隆平带领学生去黔阳县硖洲乡秀建大队劳动锻炼，看到人们吃不饱的场景，加之受到生产队队长向福财说的"施肥不如勤换种"的启示，他决心把培育粮食优良品种让人们吃饱饭作为自己的奋斗目标。然而，无论美国、日本，主观上并没有让世界上挨饿的人都能吃饱饭的美好愿望。只有一心要为解决本国及全世界饥饿问题而砥砺前行的袁隆平及其团队，才有可能取得杂交水稻研究培育的成功。

袁隆平和他的同事们为了将理想变成现实，付出了毕生的精力和心血，常常夜以继日地拼命工作。1986年7月1日，袁隆平带领"中心"的十几位科研人员，冒着酷暑赴长沙县春华山考察早稻生长情况，第二天回到单位已很晚了。半夜12点，他正准备就寝，突然接到一封加急电报，是国家计委和科委的两位负责人从武汉发来的，约他火速赶到武汉商量要事。可是，7月4日"中心"要召开两系法籼粳亚种间杂交水稻课题碰头会，全国有几十个科研单位参加，他是主持人，如果去了武汉，这个会怎么办？他想了想，当机立断：连夜奔赴武汉。

7月3日，他们凌晨两点坐小车出发，冒雨行驶400余公里，赶在上午9点半到达武汉。顾不上休息，便去见国家计委和科委的两位负责同志。两位负责人为此深受感动。袁隆平详细汇报了自己负责的课题进程。由于

通宵未睡，过度疲劳，他胃病发作了。中午，湖北省科委举行便宴，袁隆平没喝一口酒，没吃一口菜，只吃了两个小笼包。下午座谈，他带病参加，整整一个下午没有谈完，晚上接着座谈，直到深夜 11 时 50 分。接着，袁隆平马不停蹄，驱车急返长沙。

7 月 4 日早上 7 点整，小车驶进了湖南杂交水稻研究中心。袁隆平抹了一把脸，匆匆吃了早饭，准时参加了碰头会。

为培育能让老百姓吃饱饭的杂交水稻，袁隆平常常这样拼命地工作。

（二）砥砺前行是实现使命目标的必要付出

1968 年起，每年 10 月寒风南下三湘时，袁隆平带上两个助手，背着挎包，扛上行李，远走南国，开始了数十年之久的春湖南、秋云南、冬海南的劳累奔波生活，在湖南、云南、海南、广东和广西之间南北辗转，进行南繁北育。他们用木头、油棕架床，木墩做凳，自己上山砍柴，开荒种菜，烧茶煮饭，缝补浆洗。那里是蚊子、蟑螂、老鼠、蛇虫的天下，无论怎么清扫，都会无孔不入地钻进来捣乱。早上起来，每个人都是一身红疙瘩，几乎人人都得过奇痒无比的皮肤病。他们默默地承受着个中艰苦。他们如同在与时间赛跑，像候鸟一样追逐着太阳，一年当两年三年用，大大赢得了科研时间。

二十世纪七十年代的交通仍很落后，从湖南省安江农校出发到三亚最快也要五六天时间。在三亚的生活环境和工作条件很艰苦，物资十分匮乏，要从湖南带食油、黄豆、干辣椒等食品去。他们每天的生活补助费从八十年代初的 5 角一天到八十年代末的 1 元一天。当时他们住在三亚市郊的荔枝沟火车站，没有电，只能用煤油灯照明，直到 1985 年才通了电。从 10 月初离开家乡亲人到达三亚，半年多时间完成一季的水稻从种到收，第二年 4 月下旬才能回到湖南。当时的通信条件也很落后，只能靠书信与家里联系，从三亚写封信寄到湖南安江，要 8 ~ 10 天到达，不顺利时就更久了。

就这样年复一年，冬去三亚，夏回湖南，在艰苦的条件下，大家毫无怨言。

夏禹治水，三过家门而不入，成为千古美谈。袁隆平和他的团队成员从事杂交水稻研究以来，转战湘滇，奔走琼桂，究竟有几过家门而不入，无法计算。从二十世纪七十年代到九十年代，这数十年间的春节，他们大多是在三亚度过的。

袁隆平师生三人就这样以苦为乐，以事业为荣，沉醉在杂交水稻的研究中。袁隆平的3个孩子落地，有两个出生时他不在妻子身边，而他的第二个儿子出生时虽在妻子身边，但他第四天就去了海南，这一去就是一百多天。父亲在重庆逝世，他坚守在海南育种基地。母亲在安江病危，他在长沙主持完杂交水稻研究的国际会议才连夜赶去，终究没能在母亲去世前见上最后一面。大家说，袁隆平视杂交水稻种子胜过妻子、儿子、老子和娘亲！

（三）不断创新是成果迭出的成功之路

党的十八届五中全会提出：创新是引领发展的第一动力。在袁隆平的思想深处，创新是灵魂；在袁隆平的词典里，创新永无止境；在袁隆平的团队里，创新是核心目标。袁隆平将"求实创新，奋发进取"作为自己的座右铭。

袁隆平用一个公式来表述杂交水稻取得成功的原因：知识＋汗水＋灵感＋机遇＝成功。他认为，有知识是很重要的；有了知识，又发奋努力，才会有灵感；再加上好的机遇，才有可能获得事业上的成功。如果没有日积月累的知识，即使流再多的汗水，在科学上也出不了灵感；即使机遇再好，也可能视而不见，失之交臂。例如，1961年7月发现"鹤立鸡群"的奇异稻株后，第二年精心培育到抽穗时，没有一株像它"老子"那样苗壮优秀，当出现这种意外失败时，很多人可能会被失败击倒而放弃继续研究，而袁隆平却产生了从失败现象中意识到天然杂交稻的灵感，如果他没有孟德尔—摩尔根遗传学关于纯系品种是不会分离的理论知识,就会错失良机。

　　袁隆平还特意强调,作为一个科学家,不能迷信权威、迷信书本,科学研究就是创新,要敢于质疑,质疑是科学研究的出发点,是技术创新的原动力,是获得成果的先决条件,只有不断探索,敢于创新,才能成果迭出,常创常新。在"文化大革命"那种学术思想被政治所左右的严酷气候下,他敢于挑战李森科的权威学说,从孟德尔—摩尔根遗传学理论中寻求突破,就是他大胆创新的开始。三系杂交水稻研究推广成功,使袁隆平名声大振。在成就和荣誉面前,他仍坚持经常下田研究,而且越是打雷、刮风、下雨等恶劣气候环境,越要到田里面去看看,看禾苗倒伏不倒伏,看精心培育的品种能否经得起风吹雨打。

　　"我的个性就是总不满足。"袁隆平这样评价自己从事科研的风格。从常规稻到三系杂交水稻,再到两系杂交水稻,再到超级稻的研究推广过程,就是袁隆平不断解决广大农民增产增收和粮食稳定增长中新矛盾的创新过程。在他的创新构想中,随着技术的进步,两系杂交水稻必然还要过渡到一系杂交水稻,也就是不要再经过制种环节,让老百姓省掉买种子的钱,直接拿自己田里的稻谷做稻种,同样能获得高产稳产。但实现这一目标的道路还比较漫长。1992年1月,在长沙举办了首届水稻无融合生殖国际学术讨论会。这次会议有8个国家的近50名代表参会。会议着重研讨了具有无融合生殖特性的水稻材料在遗传学及胚胎学等方面研究的初步结果,以及将异属中的无融合生殖基因导入水稻的试探性研究情况。无融合生殖是指以种子形式进行繁殖的无性生殖方式(无性种子繁殖),它可使世代更迭但不改变核型,后代的遗传结构与母体相同,因此,通过这种生殖方式可将F1杂种优势固定下来。育种工作者只要获得一个优良的F1杂种单株,就能凭借种子繁殖,迅速在大面积生产上推广。会议认为水稻在这方面的研究刚刚开始,尚处于探索阶段,提出有必要对已发掘的无融合生殖水稻资源做更深入的研究和改造;同时,应当继续在栽培稻及野生稻中发掘或通过远缘杂交或诱变等途径,创造新的无融合生殖材料。袁隆平认为,培育无融合生殖系固定 F1 杂种优势为最有前景的可能途径，具有十分重要的意义。

杂交水稻研究的开创者袁隆平谱写出人类战胜饥饿的绿色神话，至九十高龄时仍不满足，他在客厅里挂着一首自撰的七绝：

山外青山楼外楼，自然探秘永不休。

成功易使人陶醉，莫把百尺当尽头。

三、社会主义大协作是杂交水稻加速
选用推广优良组合的组织保障

袁隆平说，集体的力量和智慧才是巨大的，在团队的智慧面前，任何天才都显得微不足道。杂交水稻的研制成功和广泛推广，既是袁隆平等农业科学家长期实践、努力攻关的结果，也是社会主义大协作的成果，充分体现了社会主义制度能办大事的优越性。

（一）国家把杂交水稻列为全国重大科研项目开展协作攻关

1971 年春，中国科学院业务组副组长黄正夏亲临海南，召集在海南搞南繁的有关省和单位开会，号召通力协作，加快进程。会后，广东、广西、江西、湖北、新疆等 8 个省、自治区的 30 多人，到海南南红农场湖南基地跟班学习，形成大协作的态势。

同年 10 月，周坤炉带来的"野败"杂种抽穗，共 71 株，其中有 46 株表现雄性不育，其余 25 株表现部分可育。后来通过进一步转育和测交，育成了"二九南一号"等不育系和保持系。不育系和保持系育成后，最后一关就是恢复系了。国家把杂交水稻列为全国重大科研项目，由中国农林科学院和湖南省农业科学院牵头，组织 19 个省、市、自治区开展协作攻关。

（二）袁隆平慷慨地把"野败"材料分送给十几个省（区、市）进行试验

袁隆平没有把"野败"据为己有，而是分送给全国协作单位。

一天，广西的同行老李来南红农场找袁隆平，想要一点"野败"材料。袁隆平当即表示，等收了种子以后，再给他送点去。老李深表感谢，还在农场住了一晚。没多久，老李又来了，找到袁隆平说，实在等不及了，能不能分点禾给他带回去。袁隆平有点为难起来，他一共才 46 蔸野生稻，全国有 13 个省（区、市）的 18 个单位的同志，都眼巴巴地企盼着它啊！但袁隆平转念一想：这是一项举世瞩目的重大实践，是前无古人的事业，单靠一个人或几个人干，是很难取得成功的，一定要靠社会主义制度的优越性，靠全国大协作的力量。于是，袁隆平决定把一蔸野生稻掰成两半，连泥挖起捧给了广西来的同志。

袁隆平还把"野败"植株分送给江西萍乡农科所的颜龙安作试验，使他们收获了"野败"第二代杂交种子。

福建省科研组的试验秧苗出了问题，袁隆平就把仅有的一蔸"野败"第二代不育株挖出一半用塑料袋包好亲自送去。

广西农学院的张先程向他要一斤不育系种子，袁隆平大方地送给他两斤。

袁隆平先后把加速繁殖出来的十分珍贵的"野败"种子分送给广东、广西、湖北、福建等十几个省（区、市）进行试验。

（三）袁隆平团队指导大家从不同方面突破，加快了研究进程

经过两年的试验，利用"野败"转育取得了重大进展，雄性不育株100% 遗传，其后代每代都是雄性不育株。袁隆平认为有必要及时公布这

一最新研究成果，以便争取更多的人参与。"众人拾柴火焰高"，多一个人就多一份智慧和力量，有利于尽早实现杂交水稻的三系配套。中国有两万多个水稻品种，要想从中筛选出理想的品系，就需要动员全国的科研力量。

一向冷清的南红农场一下子变得热闹非凡，江西的同志来了，四川的同志来了，福建的同志来了……全国十几个省（区、市）都派人学习来了。十几个省（市）的科研人员浩浩荡荡汇聚到这里，开展杂交水稻三系配套协作攻关。

同时，全国各地的农业科技工作者到他们基地来跟班学习，袁隆平团队成员也很乐意在试验田手把手地传授杂交操作技术。只要能挤出时间，袁隆平就支起小黑板给大家讲课，把自己多年积累的知识和经验奉献给大家。

各省的南繁试验组轮番来请袁隆平去做指导。为了避免出现千军万马在同一层面上搞试验的局面，他指导大家各有侧重，从不同的方面去突破。他指导各个试验组用"野败"与上千个不同的品种进行上万次测交和回交转育试验，扩大了成功概率，加快了研究进程。

南繁是研究中特殊的一个环节，南方温度高，通过南繁加代，可以加快育种的进程。在湖南搞一个品种出来要 8 个世代，需要 8 年；而在海南，一年两代，只需要 4 年。一般来讲，搞水稻每种一季，从播种、插秧、开花、结实，周期很长，都要四五个月。他们为了加快速度，一年种两代，或者三代，即夏天在湖南，秋天在广西，冬天在海南。后来有了人工气候室，原来出一个新品种要 8 年，现在只需 3 年了。海南三亚有着得天独厚的自然优势，是植物的天然温室，是理想的南繁试验基地。全国所有的农业科研机构，大多数都在海南三亚设有南繁基地。

在南繁制种期间，他们克服了不少困难，也得到了当地的怀化老乡的不少支持和帮助。例如国营立才农垦场是解放军一个团成建制下放办起来的，副场长杨思木是怀化铁坡人，后勤科长曾凡林是鸭咀岩人，武装部长是泸阳人，他们把南繁制种遇到的困难，当作自己的困难，全力支援。乐东县黄流一个话务员小蒋（黔阳秀建人），在农用物资运到时都是她首先通报制种前线指挥所的。

四、按自然规律办事是杂交水稻研究推广成功的基本途径

袁隆平团队有一个旗帜鲜明的观点，这就是"只有老老实实按规律办事才有可能成功"。他们坚持不断探索事物的本质，不迷信权威，不害怕批评、嘲笑，以求真正获得对事物本质的、规律性的认识。在尊重客观规律的前提下，进而发挥人的主观能动性，并将人的主观能动性作用最大化，时刻保持饱满健康的科学精神，包括怀疑既定权威的求实态度、对理性的真诚信仰、对知识的渴求、对可操作程序的执着、对真理的热爱和对一切弄虚作假行为的憎恶和互助共进的协作精神。在杂交水稻探索、实验和推广的整个过程中，都坚持按自然规律办事，既大胆假设，又小心求证，任何成果都经过实验、筛选、区试、审定、示范，再到大面积应用，样板示范，以点带面。

（一）在探索中博学多闻，果断调整研究方向

袁隆平是一个爱好广泛、博学好问、喜欢钻研书本却不迷信书本的人。不管是古代的、现代的，中国的、外国的，只要是能找到的农业科学著作，他都精心地去研读。

在科研中，有许多基本技能是研究者取得成绩的基础，对于农业科研工作者来说，没有很强的操作能力，很难取得很大的成就。袁隆平操作能力极强，尤其是擅长观察与实验。杂交水稻研究最初始于袁隆平观察到水稻的杂种优势现象，特别是发现了优势明显的天然杂交稻株。后来，他能

从 14000 多个稻穗中获得 6 株天然雄性不育植株，说明了他对天然花粉败育植株惊人的观察力。没有敏锐的观察力，"野败"的鉴定就不可能那么迅速、准确；没有敏锐的观察力，袁隆平就不会发现水库渗漏水眼周围的水稻"两用不育系"结实率明显高于其他植株，不会促成"两系法"杂交稻种子生产程序的完善；没有敏锐的观察力，袁隆平就不会注意"培矮64S/E32"的优良形态，可能超级杂交稻的植物形态指标体系还要摸索几年。袁隆平年过九旬后至去世前，仍然坚持每天都在杂交稻育种田里观察 3～4 个小时。

1956 年开始，袁隆平曾搞过多种作物栽培试验。开始，他用米丘林—李森科学说，嫁接月光花红薯"无性杂种"，地下结出了一蔸重达 27 斤的红薯，还同时搞过其他多种作物的"无性杂交"，如把西红柿嫁接在土豆上，地上结出了西红柿，地下结出了土豆等。正当别人赞扬他的时候，他对自己的"无性杂种"提出了疑问，这些无性杂交的方法不能改变作物的遗传性，从而自我否定了对无性杂交的研究。

他在《参考消息》上看到一条消息：英国和美国两位年轻的遗传学家沃森和克里克，根据孟德尔—摩尔根学说，已研究出遗传物质的分子结构模型，从而使遗传学研究进入到分子水平。他们的这项研究成果，在 1953 年就已公布于世，他们也于 1962 年获得诺贝尔奖。他恍然大悟：自己如同迷途羔羊，被误导了很多年，走了好多的弯路。他觉得应该抛开米丘林—李森科那一套，坚决用孟德尔—摩尔根遗传学说来指导育种。

在那种学术思想被政治所左右的严酷环境下，袁隆平敢于挑战米丘林—李森科的权威学说，从孟德尔—摩尔根遗传学理论中寻求突破，果断调整研究方向。

（二）在研究中大胆设想小心求证，分解目标逐步推进

袁隆平认为，没有想象和联想就只能跟在别人后面跑，连想都不敢想、不会想，又何谈创新！他主张超越常规，"大胆设想，小心求证"。袁隆平敢于突破杂交水稻"无优势论"，与联想到玉米、高粱等作物的育种有关。当时，这些作物的杂种优势被承认，而且已经被成功应用于生产。玉米是异花授粉作物，在配置杂种前，两个亲本都必须先自交多代提纯，育成自交系，然后进行杂交才能产生杂种优势。既然经过多代自交提纯的玉米自交系可以产生更强的杂种优势，那么，经过长期自交提纯的水稻品种为什么不能产生杂种优势呢？袁隆平因而更加坚信水稻的杂种优势。

如何利用水稻的杂种优势呢？他类比水稻与高粱，联想到杂交高粱的"三系配套"成功经验应可以借鉴。他从文献中获悉，杂交玉米、杂交高粱的研究是从天然雄性不育株开始的，根据天然杂交稻存在的事实推断水稻中也存在天然的雄性不育株，因此，他开始寻找天然不育株。在找到天然不育株并用大量品种与不育材料杂交后，一度未能培育出理想的不育系。袁隆平联想到高粱的杂交，猜测失败的原因可能是用来杂交的亲本材料亲缘关系太近，因为国外的杂交高粱也是用南非高粱与西非高粱进行品种间杂交才实现"三系配套"的。这促使他调整了研究方案，从野生稻中去寻找用来杂交的亲本材料，最终发现了"野败"。

在"一系法"、远缘杂交稻的设想中，袁隆平也运用了想象思维。当时，除了"三系法"以外，他只掌握了一个光敏核不育材料以及无融合生殖、广亲和基因的信息，没有关于杂交农作物固定杂种优势和远缘杂交农作物的报道。制定出如此具前瞻性的战略设想，是他各种因素高度综合的结晶，其中创造性的想象起了重要的作用。他根据丰富的遗传育种知识与实践经验以及对农作物育种历史与现状、现代生物技术发展情况的了解等各种已知信息，经过大胆想象与合理推测，得出发展方向：育种方法简化的最终理想结果是杂种优势的固定，即"一系法"；杂交稻杂种优势水平的逐步提高取决于父、母本亲缘关系逐步扩大，及至不同种、属间或者更远，即远缘杂交稻。

在科研中，袁隆平常常把一个复杂的问题分解为若干相对简单的子问题，然后逐个解决子问题，最后解决整个问题。比如，在确立"三系法"
基本路线后，他相应地将整个问题的解决分解成几个阶段性目标：寻找雄
性不育材料，培育不育系，培育或筛选保持系和恢复系，选配优势组合，
提高制种产量等。通过逐个解决子问题，实现一系列的阶段性目标，最终
完成总体目标，培育成强优势的杂交稻，研究出繁殖、制种、栽培等技术，
并应用于生产。再比如，"两系法"研究也是逐步积累的：培育两用不育系，
选配优势组合，解决低温敏不育系繁殖产量低的问题，原种提纯，研究制
种和栽培技术，最后实现系列技术综合配套。

（三）在科研与推广时稳中求进，坚持严格的鉴定和试种示范程序

在杂交水稻研究与推广过程中，各级党委政府和科研团队都坚持按科
学规律办事，不论三系杂交水稻还是两系杂交水稻，不论省内省外还是国
内国外，凡是新研究的品种或是新推广的地区，都坚持按照标准严格鉴定、
筛选、区试、审定、示范，再到大面积应用，决不操之过急。

1975 年，湖南全省开展了杂交水稻的多点试验示范，面积 1101 亩，
分布在省水稻所、黔阳农校（即安江农校）、桂东县农科所、湘乡县农科所、
贺家山原种场等地，平均亩产 984 斤，比常规水稻品种增产 2 ~ 3 成。接着，
制定了 1976 年广泛试种、1977 年大面积推广、1978 年基本普及的初步发
展规划。

1981 年以后，省、地、县农业部门，在各级科研、教学单位的紧密配合下，
每年都办了三四百个杂交水稻示范点，参加人员达 1500 多人，其中省农
业厅直接组织和联系的杂交早、中、晚稻示范点 40 多个。为了让洞庭湖
区种上杂交晚稻，1981—1983 年由农业厅牵头，与省有关单位组织澧县、
安乡、常德、汉寿、南县、沅江、益阳、湘阴、华容、大通湖等 9 县 1 场
协作进行试验示范。通过 1981—1983 年的试验示范，解决了湖区发展杂
交晚稻的组合选择、早晚稻品种搭配和高产栽培一系列技术问题，从而使

洞庭湖区杂交晚稻种植面积逐年扩大，单产连年上升。

早在二十世纪八十年代后期，"无融合生殖水稻"的研究就已经被列入国家 863 计划项目，但经过以袁隆平为首的专家组认真研究和鉴定，作出了"'无融合生殖水稻'有待鉴定"的结论，体现了对科学的尊重与负责。一直到现在，"无融合生殖水稻"还在研究实验的阶段。

1999 年 10 月，巴基斯坦旁遮普省嘎德公司执行官兼巴基斯坦全国稻米出口协会主席 Mr Malik 来到长沙，向袁隆平提出请求，希望只经过一至两年试种，就大量进口杂交水稻种子，以便尽快赶超印度。袁隆平说在巴基斯坦大面积推广杂交水稻至少需要五年，应经过筛选、区试、审定、示范，再到大面积应用。必须按科学规律办事，不能操之过急，否则，欲速则不达。Mr Malik 采纳了袁隆平的建议，调整了发展杂交水稻计划，并按照这个计划与隆平高科签订了合同。实践证明，袁隆平坚持按科学规律办事的建议是积极稳妥的，使巴基斯坦全国的杂交水稻大面积推广得以顺利进行，取得了预期成效。

（四）在制种中注重实效，提高产量及种子纯度

种子纯度和产量的高低，关系到杂交水稻的生命。头几年湖南制种缺乏经验，不仅产量提高很缓慢，并且有些地区亲本及杂交种子的纯度不太好；其后十几年全省逐步推广了"省提、地繁、县制"体制，并通过各制种单位协作攻关，不断改进制种技术，全省制种产量从 1976 年的 41.8 斤提高到 1985 年的 276 斤。各级种子公司还坚持严格除杂除劣，加强种子检验和机械选种，推广种子质量押金制度，逐步提高了种子纯度，大田用种一般都达到了一、二级标准。由于种子问题的解决，1976 年全省杂交水稻种植面积发展到 130 余万亩，占全国 208 万亩杂交水稻面积的 64.5%；1977 年种植 1677 万亩，1978 年种植 1772 万亩；到 1984 年，杂交水稻种植面积达 2269 万亩。

（五）在前进中不断调整，注重改进品种组合

湖南在开始推广杂交水稻时，组合比较单一。1976—1978年主要是"南优2号"和"南优3号"当家，生育期太长，抗性差，产量不稳；1979—1980年，以"南优6号"当家，生育期虽然短了3～4天，但抗性仍然较差，丰产性中等；1981—1983年，推广了优良组合"威优6号"，其抗性、丰产性都比"南优6号"强，很快就发展成为全省的当家组合，对提高单产和稳产都起了一定的作用。但是这些组合，都是迟熟类型，在全省不能作早稻种植，在湖区不能大面积作晚稻栽培。1980年前后，经科研部门和育种工作者的共同努力，配制出了"威优64""威优35""威优16""威优41"和"四优41"等一批早、中熟新组合，具有抗性好、生育期短、产量高、适应性广等优点，在湖平区、山丘区都可种植，既可作晚稻栽培又可作中稻栽培，在湘中、湘南、湘东的部分地方还可作早稻栽培，开始改变了组合单一的状况，也解决了季节矛盾，突破了过去杂交水稻"不耐迟插，不宜在湘北大面积种植，不宜在高海拔地区栽培，不宜作早稻栽培"的局面，拓宽了杂交水稻的应用领域。这些生育期短的新组合在1981—1983年进行了广泛的试验示范。

湖南省粮油局与各地协作，通过试验示范，解决了杂交水稻栽培技术上的一系列关键问题，其中主要的措施是从利于全年增产出发，逐步调整了早稻早、中、迟品种布局；通过科学选择适宜播期及栽插期，解决了杂交晚稻的高产的季节问题，使杂交晚稻能适时播种和在高产插期内插完秧。这使杂交晚稻较好地在湖南进行大面积推广。由于杂交水稻对气温适应范围比常规稻小，抽穗扬花期日平均气温不能低于23℃（比粳稻高3℃，比常规籼稻高1～2℃），杂交晚稻在湘北必须在9月10日以前齐穗，湘中必须在9月15日以前齐穗，湘南也要在9月20日以前齐穗，才能高产稳产。要保证安全齐穗，除了适时播种外，湘北应在7月20日以前插完秧，湘南应在7月25日左右插完秧。当时，由于早稻迟熟品种面积较大，超过

60%，杂交晚稻在大暑前能插秧的面积分别为 677 万亩、436 万亩、457 万亩，均不到杂交晚稻总面积的一半，因而每年都有几百万亩杂交水稻不能安全齐穗。省农业厅粮油生产局根据各地历年杂交晚稻播插期试验资料分析，杂交晚稻在 7 月下旬插秧，每迟插一天，亩产减少 20 斤左右；8 月上旬插秧，每迟插一天，亩产减少 30 斤左右；一般杂交水稻迟熟组合迟到 7 月底 8 月初插秧，大部分比常规稻没有增产优势。1981 年 5 月，省农业厅在湘潭地区召开了全省杂交晚稻生产座谈会，分析了湖南杂交晚稻单产不高的主要原因是季节矛盾。解决矛盾的主要措施之一是从调整早稻品种布局入手，压缩迟熟，扩大中熟，稳定早熟，逐步实现早稻早、中、迟熟品种与杂交晚稻早、中、迟熟组合配套。1982 年开始，全省早稻早、中、迟熟品种搭配的比例逐步合理。1981—1983 年，省农业厅粮食生产处与有关地县协作，对双季稻早晚两季早、中、迟熟品种组合搭配进行了研究示范。由于早、中熟杂交组合选配成功，1983 年湖南杂优中心和省农业厅粮油生产局与湘中、湘东有关地县协作，19 个示范基点双季杂交水稻一般亩产 1900 斤左右（丈量面积），不少基点亩产过 2000 斤。其中溆浦县横板桥乡红星村 102.6 亩示范片，2014 年 10 月 11 日通过农业部专家测产验收，平均亩产 2053.4 斤，标志着我国的超级杂交水稻第四期亩产 2000 斤攻关目标取得成功。在此基础上，当年 12 月袁隆平又提出了亩产 2133.3 斤的第五期超级稻目标。2015 年，云南省个旧市在百亩连片"超优千号"攻关中，率先突破袁隆平提出的第五期攻关目标亩产 2133.3 斤。尽管有百亩示范片达到了此前预期的第五期超级杂交稻产量指标，但袁隆平仍不满足，又提出了三年内达到亩产 2266.7 斤的攻关目标。

2020 年 11 月 2 日，湖南省衡南县种植的第三代双季杂交水稻 3 丘晚稻试验田平均亩产 1823.4 斤，加上早稻亩产 1238.12 斤，年亩产达 3061.52 斤。

（六）始终坚持科学的思维模式和研究方法

袁隆平说："在思想方法上，毛主席的《矛盾论》《实践论》对我的影响最大。《矛盾论》讲过，内部矛盾是推进一切事物发展的动力。杂交优势就是两个遗传上有差异的品种杂父，有矛盾，才有优势。我们现在搞亚种间超级杂交稻，就是把矛盾扩大了。另外，关于水稻有没有杂种优势，也是通过实践证明它是有优势的，然后才在理论上加以提高，再用来指导实践，这是《实践论》的思想方法。"他坚持从实践出发，在实践中发现问题和解决问题。在实践中观察到水稻有杂种优势后，大胆突破传统遗传学的束缚，为杂交水稻研究排除了认识上的障碍和反对意见的干扰，坚定了研究的意向。他通过现象看本质，在初期杂交优势实验中，稻草增产而稻谷不增产，面对非议他抓住问题本质，指出实验的目的是证明水稻有没有杂交优势，稻草优势也是杂交优势，通过优化组合，完全可以把杂交优势转到增产稻谷上来，从而说服了大家，赢得了大家对杂交水稻研究的继续支持。他善于抓住主要矛盾破解难题，在三系法制种阶段，怎样解决授粉问题是个难题，通过实践总结，抓住"以做到父母本的花期花时相遇为关键"这个主要矛盾，探索出一系列有效的针对性技术措施，大大提高了制种产量。他以全面观和两点论看待事物，既正视水稻不利于异花传粉的事实，又看到水稻异花传粉有利的一面，只要发挥主观能动性，扬其利，避其弊，杂交制种产量是可以提高的，这种认识坚定了大家的必胜信心。他以辩证唯物主义的发展观指引杂交水稻研究不断创新，从三系法杂交水稻、两系法杂交水稻、超级杂交稻、"种三产四"工程、"三一"工程、优质杂交水稻、海水稻到沙漠稻，发起了一次又一次的新探索，通过科学运用观察法、实验法、类比法、归纳推理法、演绎推理法、综合法、想象法，以及无性杂交法、系统选育法、有性杂交法、杂种优势利用法、生物工程法等特殊研究方法，推动了杂交水稻研究与应用的持续发展，使中国杂交水稻研究能长久领先全世界。

附　录

一、杂交水稻研究推广中作出重大贡献的安农师生和怀化人选介

袁隆平

男，汉族，1929 年 8 月 13 日出生，江西省九江市德安县人，毕业于西南农学院（现西南大学），杂交水稻育种专家，中国研究与发展杂交水稻的开创者和带头人，被誉为"杂交水稻之父"。2021 年 5 月 22 日 13 时 07 分，因多器官衰竭逝世，享年 92 岁。

曾任第五届全国人大代表，政协全国委员会第六届、七届、八届、九届、十届、十一届、十二届常务委员，国家杂交水稻工程技术研究中心主任，农业部科学技术委员会委员，农牧渔业部技术顾问，杂交水稻

专家顾问组副组长，中国作物学会副理事长，中国遗传学会理事，湖南省政协第六届、七届、八届、九届、十届、十一届委员会副主席，湖南省科协副主席，西南大学农学与生物科技学院名誉院长，湖南农业大学教授，中国农业大学客座教授，怀化职业技术学院名誉院长，世界华人健康饮食协会荣誉主席，黑龙江延寿县经济发展顾问，湖南省生物学会理事，湖南省遗传育种学会副理事长，湖南省农学会理事，湖南杂交水稻研究中心主任，湖南省安江农校名誉校长，西南农业大学兼职教授，湖南省农业科学院名誉院长。1990 年受聘为联合国粮农组织国际首席顾问。1995 年当选为中国工程院院士。2003 年 7 月 17 日，受聘为海南省人民政府高级科技顾问。2005 年，受聘为贵州省农业科学院顾问。2006 年当选为美国国家科学院外籍院士。2008 年 5 月，担任湖南生物机电职业技术学院名誉院长。2012 年 6 月，受聘为陈光标绿色食品产业高级顾问。2018 年 9 月 13 日，当选为中国发明协会会士。

袁隆平的贡献主要体现在以下几个方面：

1. 突破了传统理论束缚，发明了杂交水稻。他在撰写的第一篇论文《水稻的雄性不孕性》中，提出了"要想利用水稻杂种优势，首推利用雄性不孕性"的观点。他的理论与研究实践是对经典遗传学理论的挑战，否定了水稻等"自花授粉作物没有杂种优势"的传统观点，极大地丰富和提升了作物遗传育种的理论和技术。

2. 创建了杂交水稻学科，构建了杂交水稻理论体系，攻坚克难推动杂交水稻技术应用，解决了三系法杂交水稻研究中的三大难题。一是提出用"野生稻与栽培稻进行远缘杂交"的技术方案，终于找到了培育雄性不育系的有效途径，于 1973 年实现了不育系、保持系和恢复系的"三系"配套。二是育成强优势的杂交水稻"南优 2 号"等，并实现大面积生产应用，成为世界上第一位成功利用水稻杂种优势的科学家。三是突破了制种关。过去的研究认为，水稻异交率仅 2.4%，杂种一代种子产量极低，离生产要求相距甚远；国际水稻所 1971 年开始研究，1973 年放弃，原因也是当时在该所没有人相信可以解决制种难题。而袁隆平领导的课题组成功地解决了这一难题，制种产量逐渐提高，现已亩产 600 斤以上。

3. 提出了杂交水稻育种的发展战略，即方法上由三系到两系再到一系，程序越来越简单而效率越来越高；杂种优势水平上由品种间到亚种间再到远缘杂种优势利用，优势越来越强，促使杂交水稻一步步向新的台阶迈进。这一思路已被国内外同行采用，并成为杂交水稻育种发展的指导思想。

4. 解决了两系法中的一些关键技术难题。如 1989 年在两系法研究遇到重大挫折的时候，他提出了选育实用光温敏核不育系导致不育的起点温度指标和选育的技术策略，使两系法杂交水稻研究走出了低谷。后来又研究并提出了核心种子生产程序和冷水串灌繁殖等重大技术，使两系法杂交水稻研究最终取得成功并推广应用。1987 年起，他担任 863 项目两系法杂交水稻技术研究专题责任专家，主持全国性协作攻关。1995 年两系法杂交水稻研究成功，两系杂交水稻比同熟期三系杂交水稻每亩增产 5% ～ 10%。

5. 设计出了以高冠层、矮穗层和中大穗为特征的超高产株型模式和培育超级杂交水稻的技术路线，并在超级杂交水稻研究方面连续取得重大进展。1997 年，开始超级杂交水稻研究。已于 2000 年、2004 年、2012 年、2014 年、2015 年、2016 年分别实现中国超级稻百亩示范片亩产 1400 斤、1600 斤、1800 斤、2000 斤、2133.4 斤、2266.6 斤的第一、二、三、四、五、六期目标。同时实施超级杂交水稻"种三产四"丰产工程，促进科技成果的生产应用，并致力于杂交水稻走向世界，彰显了为人类战胜饥饿的中国担当。

袁隆平先后发表学术论文 70 余篇，出版专著 10 余部，其中《杂交水稻育种栽培学》《杂交水稻学》分别获得优秀科技图书一等奖和国家图书奖；联合国粮农组织出版的《杂交水稻生产技术》在 40 多个国家发行，成为全世界杂交水稻研究和生产的指导用书。

他将获得的联合国教科文组织科学奖奖金 1.5 万美元和美国世界粮食奖奖金 12.5 万美元全部捐出，作为湖南省袁隆平农业科技奖励基金会（原袁隆平杂交水稻奖励基金会）基金。袁隆平农业科技奖自 1994 年首次颁奖以来，已评选 12 届，共有 20 多个团体和 100 余名个人获奖。在袁隆平的身上真实生动地体现了以爱国主义为核心的民族精神和以改革创新为核心的时代精神。

李必湖

男，土家族，1946 年 5 月出生，湖南省怀化市沅陵县人，中共党员。是中共十一大、十二大代表，第九届、十届全国人大代表，中国科协四大、五大代表。

1966 年毕业于湖南省安江农校，留校给袁隆平当助手研究杂交水稻。1976 年毕业于湖南农学院农学系。历任安江农校技术员，怀化地区科协主席，安江农校副校长，杂交水稻研究室副研究员、研究员，怀化职业技术学院院长，怀化市人大常委会副主任。1987 年 3 月至 11 月担任美国得克萨斯州农场技术顾问。1988 年被农业部聘为科学技术委员会委员。

主要研究方向是作物品种改良与原理和种子生物技术工程。研究内容：1. 作物品种改良与原理，主要研究水稻杂种优势利用的原理、途径与技术；水稻种质资源评价、利用和创新；水稻高产、优质、抗病虫害、抗逆性等主要性状的遗传、表达及这些性状的遗传改良原理和技术。2. 种子生物技术工程，利用现代农业生物技术，开展水稻种质工程研究，培育出转基因水稻品种。以抗虫、抗病、抗逆种子生物技术工程为重点，以新品种、新方法为突破口，为种子产业化工程提供技术支撑。

1970 年冬，按照袁隆平院士制定的技术路线，李必湖在海南发现花粉败育的野生稻"野败"，为攻克中国籼型三系杂交水稻保持系难关打开了突破口，结束了杂交水稻研究徘徊的局面，为选育水稻雄性不育系，实现杂交水稻不育系、保持系、恢复系"三系"配套作出了重要贡献。1973年，与袁隆平等在世界上首次育成强优势杂交水稻。籼型杂交水稻在全国普遍应用推广，先后被引种到20多个国家和地区，并作为中国第一项农业技术转让给美国，李必湖赴美国得克萨斯州传授制种技术。

1986年以来，根据袁隆平"两系法亚种间杂种优势利用研究"的学术思想，指导助手邓华凤育成国内第一个籼型光温敏核不育系"安农S-1"及一系列高产优质杂交水稻新组合"金优402""威优402""八两优100"等，为杂交水稻研究作出了特别突出的成绩。李必湖指导助手育成一系列高产、高抗、优质的三系法或两系法杂交水稻组合，累计在全国推广26亿多亩，增产稻谷5000多亿斤。

先后获得湖南省重大成果奖、湖南省科技进步奖一等奖和国家级有突出贡献的科技专家、全国优秀科技工作者等荣誉称号，籼型杂交水稻选育获国家特等发明奖，籼型杂交早稻"八两优100"的选育与应用获湖南省科技进步奖一等奖。

尹华奇

男，汉族，1943年8月8日出生，湖南省邵阳市洞口县人，中国农科院专家、湖南杂交水稻研究中心主任助理。1966年毕业于湖南省安江农校，留校给袁隆平当助手研究杂交水稻。1974年进入武汉大学生物系学遗传专业学习深造。1984年被派遣到美国种子公司工作，传授杂交水稻技术。先后被聘为美国得克萨斯州农业研究院杂交水稻顾问、联合国粮农组织专家顾问，并到越南、印度传授杂交水稻技术，推

广杂交水稻。

1967年6月，黔阳地区农校（原安江农校）水稻雄性不孕科研小组正式成立，他和李必湖同时为该小组成员，此后长期跟随袁隆平从事杂交水稻研究与推广工作。特别是在"文化大革命"期间，当袁隆平大钵中种的不育株被歹徒砸烂毁坏之前，他与李必湖一起偷偷地藏起了三钵，使袁隆平借助保存下来的不育株，最终培育成了水稻良种。没有这两个学生保存下来的不育株，水稻良种的培育工作至少要晚几年。

1994年，培育出"香125S"。1999年，用美国的爪哇稻与核不育系配组，培育成了高产、优质的两系法早籼稻新组合"香两优68"，在湖南、安徽、广西等省（区）进行大规模种植推广，获得大面积的丰收。为此，全国863计划两系法杂交早稻示范现场会在湖南召开。会议组织的南方稻区各省区的代表和专家参观了湖南长沙至岳阳沿线10多个乡镇10多万亩两系法杂交早稻示范现场后，都感到精神振奋，增强了走出早稻米质差的困境的信心。

杜安桢

男，汉族，高级农艺师，1935年1月出生，湖南省怀化市沅陵县人。1962年12月毕业于湖南农学院，1963年1月分配到黔阳地区农业科学研究所（现更名为怀化市农业科学研究院）工作。1995年从怀化地区农业科学研究所退休，2020年11月24日病逝，享年86岁。

1969年，安江农校与黔阳地区农业科学研究所合并为黔阳地区农校，袁隆平领导的水稻雄性不孕科研小组增加了杜安桢等人，组长袁隆平，副组长杜安桢。1970年以前，通常称"水稻雄性不孕"。1970年12

月，杜安桢提出了自己的看法，认为按中国的语言习惯，应该称"雄者育、雌者孕"。袁隆平接受了这一观点，此后改称"雄性不育"。1971 年春，袁隆平调往省农科院，杜安桢主持黔阳地区农业学校水稻雄性不育研究小组日常工作，主攻杂交水稻三系配套研究，先后配制了上万个组合。

1973 年底，黔阳地区农业学校与黔阳地区农科所分家，杜安桢任黔阳地区农科所杂交水稻研究课题组组长，主持农科所杂交水稻研究课题，重点对不育系繁殖、制种以及杂交水稻栽培技术进行研究。培育出"7532""7536"等早熟恢复系材料，与"V20A""珍汕 97A"等不育系配组出早熟新组合。

1975 年 10 月，编写的培训教学讲稿，由黔阳地区农科所专辑刊发 1200 多份，散发至全国农业战线科研院所、大专院校广泛交流。其中《郴州科技》《郴县科技》等刊物于 1976 年 1 月全文转载。1977 年，写出三系提纯基本程序讲义，系统培训黔阳（怀化）地区赴海南提纯的首批农业科技人员，使全区三系提纯工作在全省开展得最早，效果最好。在海南南繁期间，先后为外省育种单位讲课 50 多次，听课人数达 4 万多人次。

在籼型杂交水稻获得国务院特等发明奖后，获省人民政府颁发的"对杂交水稻作出较大贡献"奖，在省农业技术进步一等奖项目"湘西杂交中稻高产栽培技术研究"中获"主要协作者"证书，并获湖南省农业科学技术进步奖一等奖等。

邱茂建

男，汉族，1936 年 2 月出生，湖南省怀化市芷江侗族自治县人，1954 年 4 月在黔阳专署农牧场工作，1996 年从怀化地区农业科学研究所退休。

1970 年至 1973 年，在安江农校与黔阳地

区农科所合并期间，参加袁隆平领导的杂交水稻研究小组，从事杂交水稻三系配套研究，协助配制杂交水稻组合十万个，取得了丰富的三系配套材料。

1976年，针对广泛应用的三系不育系"V20A"存在的包颈重、米质差的缺陷，采用抗病性强、米质较好的中稻常规品种"南特早"进行钴辐射处理，从变异单株的第5代中选育出定型早稻中稻品种"辐南特"作父本，用黔阳（怀化）地区农科所常规育种材料中的不育株作母本进行杂交，再经5代成对回交处理，于1980年秋选育定型新三系不育系"辐南A"，表现出生育期适中、包颈轻、不育性好、异交结实率高、米质较优的特点。用此不育系先后配制出"辐优63""辐优637"等三系杂交稻新组合，通过了地级新品种审定。这些品种在怀化及周边地区以及云南保山地区示范推广面积累计达120万亩，新增稻谷1.08亿斤，新增产值7800万元。

1988年，以怀化农科所三系不育系"V20A"为受体，以两系不育系"安农S-1"为供体，进行轮回杂交转育，1993年培育出我国第一个三系不育系转育而成的低温敏型两用核不育系"怀VS"。并用"怀VS"配组出两系杂交新组合"怀两优63"，于1999年通过怀化市农作物品种审定小组审定。该组合累计推广应用面积45万亩，新增稻谷2700万斤，新增产值2700万元，社会经济效益较好。

在籼型杂交水稻获得国务院特等发明奖后，获省人民政府颁发的对杂交水稻作出较大贡献奖，"湘早籼七号"的选育成果获湖南省农业厅颁发的湖南省农业科学技术进步奖一等奖。

郭名奇

男，汉族，1940 年 4 月出生，湖南省邵阳市隆回县人，国家杂交水稻工程技术研究中心副研究员，被"杂交水稻之父"袁隆平院士誉为"杂交水稻研究与应用领域的历史功臣"。

1965 年 2 月，从安江农校毕业后被分配到湖南桂东县农科所工作。1973 年至 1978 年，任桂东县农科所副所长、所长、农艺师。1986 年 11 月，调入安江农校，协助袁隆平院士主持水稻杂优室工作。1988 年，赴泰国、巴基斯坦考察，推广杂交水稻技术。1990 年，调入湖南杂交水稻研究中心。1997 年，受联合国粮农组织聘请赴缅甸为该国科学家进行杂交水稻技术培训。1987 年至 2005 年，先后被湖南省资兴市人民政府、江西省赣州地区种子公司、湖南省隆回县人民政府、四川省成都市第一农科所、浙江省武义县人民政府、四川禾嘉杂交水稻有限公司聘为杂交水稻高级技术顾问。

参与的籼型杂交水稻研究获国家特等发明奖，主持选育出的在长江流域大面积推广应用的两用核不育系"安湘 S"，获湖南省农科院科技进步奖一等奖（第一完成人），参与的籼型水稻温敏不育系"安农 S-1"选育与应用研究获湖南省一等奖、国家发明奖三等奖（第四完成人）。

贺德高

男，汉族，中共党员，1954 年 9 月出生，湖南省怀化市会同县人，1976 年 9 月毕业于湖南省安江农校农作专业，同年被分配到怀化市农业科学研究所工作至退休。先后从事水稻新品种选育、作物栽培及科研管理等工作。1994 年晋升为高级农艺师，先后任土肥栽培研究室副主任，杂交水稻研究室主任、副所长，正处级干部。2001 年 7 月至 2004 年 7 月被委派到厄瓜多尔太平洋种子王公司从事杂交水稻生产
技术开发项目的工作。2006 年 10 月至 2008 年 9 月代表怀化市农科所先后 7 次到柬埔寨杨氏农业公司指导水稻生产。2014 年退休后受聘江西兴安种业有限公司担任首席专家。

先后主持和参与湖南省、怀化市农业科技攻关项目 20 多项，获得各级各类科技进步（成果）奖 17 项，主持或参与育成水稻新品种 46 个，三系、两系不育系 9 个，植物新品种保护 18 个，在《杂交水稻》《湖南农业科学》等杂志上发表学术论文 14 篇。先后获得湖南省"七五"水稻科技攻关和两系法杂交水稻开发先进个人称号，怀化地区行政公署记大功 2 次，获得怀化地区劳动模范和怀化地区优秀共产党员等荣誉称号。

唐显岩

男，汉族，中共党员，1953 年 3 月出生，湖南省怀化市沅陵县人。1977 年 10 月毕业于湖南省安江农校农学系，大专学历，高级农艺师。

1977 年 10 月至 2001 年 1 月，在安江农校协助李必湖研究员课题研究工作。2001 年 2 月至 2012 年 12 月，在湖南亚华种业科学研究院工作，任该院水稻研究所所长和课题组组长。2013 年 1 月以来，在江西天涯种业股份有限公司工作，任种业技术首席专家、课题组组长等职。

协作和承担省或国家"七五""八五""九五"长江流域高产、优质、多抗杂交早稻新组合选育课题和国家 863 计划协作项目"长江流域优质超级杂交水稻新组合选育""省优质三系杂交水稻新组合选育"等项目。在这些项目中主持（或协作）培育成 40 余个杂交稻新成果（新品种），其中主持育成国家级或省级科研成果 29 个。"R402 恢复系"及配制成的"威优 402""金优 402"品种，先后通过省或国家审定。"R402 骨干亲本""R402 系列组合"，在李必湖的指导下培育成功，先后荣获省市级科技进步奖项。后研究成功"雅占""雅占系列组合"。现以"雅占"为基础成立的种业开发公司有"湖北雅占种业""安徽雅占种业""江西荃雅种业"。

先后获得"长沙市优秀专家""湖南省优秀农业科技工作者""湖南省水稻科技攻关先进工作者"等荣誉称号。

孙梅元

男，汉族，1954年6月出生，湖南省怀化市新晃侗族自治县人，副研究员。1978年9月毕业于湖南省安江农校农作专业，留校跟随袁隆平从事杂交水稻选育工作。1991年调入湖南杂交水稻研究中心继续从事杂交水稻选育工作，直到退休。

1982年成功选育出"威优64"组合，经推广，全国杂交水稻年种植面积由多年徘徊在7000万亩左右一下子突破亿亩大关。该组合全国累计种植面积2亿多亩，增产粮食120多亿斤，新增产值30亿元。时为全国杂交水稻推广面积第二大组合。

1986年受农业部委派到菲律宾卡捷尔公司指导杂交水稻研究工作和传授杂交水稻制种技术。在菲方遇到父母本花期严重不遇的情况下，他采取多种补救措施，使得水稻产量最终超过该公司计划产量的30%，得到菲方高度赞赏。

1995年至1997年受湖南杂交水稻研究中心派遣和美国水稻技术公司邀请，到美国水稻技术公司传授杂交水稻技术。美方用了十多年时间未选育出适合美国米质市场的杂交水稻，而他带领的团队通过运用掌握的杂交水稻技术和实践经验，结合该公司的育种材料，制定出可行性方案，仅用两年时间就培育出适合美国米质要求的不育系和恢复系，为中国杂交水稻专家赢得了荣誉。美方对此给予高度评价，并再次用优越的条件邀请他到美国工作。

先后荣获湖南省农业厅科技进步奖一等奖、国家科委科技进步奖三等奖、湖南省首届青年科技奖、湖南省优秀中青年专家等荣誉。

邓小林

男，汉族，1950 年 8 月出生，湖南省洪江市（原黔阳县）人，研究员，杂交水稻育种专家。1980 年至 1990 年，在安江农校从事杂交水稻育种工作。1990 年 12 月至 2020 年，在湖南杂交水稻研究中心从事杂交水稻育种工作。2021 年至今，任长沙利诚种业首席育种专家。其中 1992 年至今，被联合国粮农组织聘为发展杂交水稻技术顾问。

育成长江流域种植的双季杂交早稻组合——"威优 49"，创造亩产 1392.4 斤的高产纪录，填补该项研究的国内空白，结束长江流域一直没有大面积种植杂交早稻组合的历史；选育出优质、高异交率的三系不育系"T98A"。多家育种单位应用该不育系选育出通过省级以上审定的杂交组合 45 个。相继选育成功"威优 647""T 优 207""T 优 300""Y 两优 1128""糯两优 1 号""糯两优 6 号""T 优 855""Ⅱ优 441"等 57 个杂交水稻组合并通过省级以上审定。

成功研究出综合性状非常突出的超大穗型（巨穗稻）父本，它与多个不育系配组的杂交组合已经稳定。其中"88S/1128"表现出优良的经济性状，超强的杂种优势和高产量并高度抗倒，解决杂交水稻超高产育种中易倒伏的问题，大幅度提高杂交水稻的优势水平。2008 年至 2010 年，"88S/1128"在全国各地的百亩高产栽培示范中，亩产 1600 斤以上。2008 年，隆平高科以 1180 万元的高价竞拍购买"88S/1128"。

1992 年至今，连续 4 次去印度传授杂交水稻技术；先后 5 次去美国水稻技术公司进行杂交水稻育种和制种的协作研究和技术指导；承担中国政府和菲律宾政府农业合作项目，并担任中方水稻组组长，6 次去菲律宾进行技术指导；兼任中国政府援助非洲项目组技术负责人，6 次赴马达加斯加进行技术培训指导等。

先后在《杂交水稻》《湖南农业科学》等刊物上发表学术论文及学术报告等 20 多篇。

获得植物新品种权 2 项；获湖南省科技进步奖二等奖 3 次、三等奖 1 次；多次被评为湖南杂交水稻研究中心先进工作者；被湖南省农业科学院记一等功 1 次、三等功 3 次；被授予"湖南科技突出贡献专家"等荣誉称号。

杨远柱

男，土家族，中共党员，1962 年 8 月 18 日出生，湖南省怀化市沅陵县人。现任袁隆平农业高科技股份有限公司副总裁、水稻首席育种专家，湖南隆平高科种业科学研究院院长，湖南亚华种业科学研究院院长、研究员。

1981 年参加工作以来，一直从事水稻育种研究，40 多年来先后主持或参与国家、省、市级等研发项目 30 余项，累计培育出国内审定的水稻新品种 331 个（其中国审 152 个），国外审定的水稻新品种 13 个，其中农业部认定的广适型超级稻品种 11 个，国家和省评优质稻 20 余个，国家和省级区试对照品种 5 个，累计推广面积 6 亿多亩，增产稻谷 400 多亿斤，为农民增收近 300 亿元。特别是 1999 年辞掉公职到企业从事水稻商业化育种工作后，在国内率先建成以企业为主体、以市场为导向的水稻商业化育种体系，大幅提高了育种效率。

2007 年 9 月，所在的研究院被隆平高科收购后，带领团队由杂交早稻育种转向杂交中稻育种，由"单一高产"育种转向"绿色安全、优质高效"育种。于 2014 年培育出理想株型、优质抗倒、高配合力中稻不育系"隆科 638S""晶 4155S""隆晶 4302A"，截至 2019 年底共育成"隆两优""晶两优""隆晶优"系列绿色安全、优质高效、广适高产的杂交中稻新品种116个，其中国审品种99个。"晶两优534""晶两优华占""隆两优华占"居2018年、2019年全国杂交水稻推广面积前三名，年种植面积分别为470万亩、457万亩和420万亩，杂交中稻育种也跃居国内领先地位。

先后获市级以上科技奖励20余次，其中国家科技进步奖三等奖1次、湖南省科技进步奖一等奖2次、中华农业科技奖二等奖1次、湖南省科技进步奖二等奖5次；并获全国五一劳动奖章及"全国劳动模范""全国优秀科技工作者""中国种业十大杰出人物""全球水稻年度育种之星"等荣誉称号。

邓启云

男，汉族，1962年3月出生，湖南省长沙市浏阳市人，中共党员，农学博士，研究员，著名水稻育种专家，"Y两优"广适性超级稻发明人，袁隆平杂交水稻创新团队带头人，曾任联合国粮农组织顾问。现任杂交水稻国家重点实验室主任、湖南袁创超级稻技术有限公司常务董事兼首席科学家、创世纪种业有限公司水稻首席专家、中南大学和湖南农业大学博士生导师。

1983年7月，邓启云以优异成绩从湖南农学院（现"湖南农业大学"）农学专业本科毕业后，被分配至湖南省安江农校任教。1988年，调往湖南杂交水稻研究中心暨国家杂交水稻工程技术研究中心工作。1991年开始在袁隆平院士的直接指导下，先后从事杂交水稻栽培生理、光温生态、遗传育种、分子育种以及超级稻育种研究工作。2000年受聘为联合国粮农组织技术顾问并应邀赴印度指导杂交水稻研究。2002年12月至次年6月，以副教授访问学者身份应邀赴香港中文大学与生物系辛世文院士团队开展超级杂交稻 C4 转基因合作研究。2004 年后多次应邀出席国内外学术会议并作学术交流。2012 年，邓启云辞去公职后联手创世纪种业有限公司创立了湖南袁创超级稻技术有限公司，至今已发展为农作物种业领域具有勃勃生机的育繁推一体化民营企业。

先后提出实用光温敏不育系安全起点温度为 23.5℃，创建光温敏不育系育性稳定性鉴定技术与方法。后来又提出了选育广适性光温敏不育系和"动态理想型"育种思路，创制的广适性光温敏不育系"Y58S"已成为全国第一大两系不育系，配组育成 145 个审定品种，审定区域覆盖南方籼稻全部三大生态区，成为我国审定品种最多、应用范围最广的两系杂交稻骨干亲本。

主持选育我国第二、三、四期超级稻代表性品种"Y 两优 1 号""Y 两优 2 号"和"Y 两优 900"。"Y 两优 2 号""Y 两优 900"分别率先突破百亩片平均亩产 1800 斤和 2000 斤的目标，创造水稻大面积单产世界纪录。2016 年 11 月 5 日，"Y 两优 900"作为中国超级稻唯一代表受邀亮相首届国际种业成果展。

先后以第一完成人身份获得湖南省创新奖 1 次、湖南省技术发明奖一等奖 1 次、湖南省科技进步奖一等奖 2 次、袁隆平农业科技奖、大北农科技成果一等奖等科技奖项，获得"世界粮食奖基金会特别荣誉奖"等荣誉。

张振华

男，汉族，中共党员，1959 年 6 月出生，湖南省怀化市溆浦县人。现任湖南奥谱隆科技股份有限公司董事长、奥谱隆创新育种科学院院长，怀化职业技术学院客座教授，自然科学研究员，国家特支计划（万人计划）专家，享受全国劳动模范待遇及国务院政府特殊津贴和湖南省政府特殊津贴专家。怀化市首批高层次急需紧缺领军人才（B 类）。中国种子协会常务理事、湖南省种子协会副会长、怀化市工商联副主席等，系政协怀化市第四届委员、第五届常委。

1983 年从安江农校毕业留校工作以来，从事杂交水稻育种研究、科研管理和种业开发工作 40 年，先后主持国家农业科技成果转化项目、湖南省战略新兴产业科技攻关项目、湖南省农业科技攻关重点项目等国家、省、市级科研项目 20 余项，主持和带领科研团队育成通过国家和省级审定的新品种 93 个（国家级 56 个，省级 37 个），通过省级审定或鉴定的两系、三系不育系 16 个，获得植物新品种保护授权 37 个，获各级各类科技进步奖 12 项，发表论文 50 余篇。

为了推进商业化育种，于 2004 年组建湖南怀化奥谱隆作物育种工程研究所，2008 年组建湖南奥谱隆种业科技有限公司。为了加速成果转化，2012 年对公司进行股改，更名为湖南奥谱隆科技股份有限公司，实施"稳产型高档优质食用稻"和"广适型优质抗病超级稻"研发双向战略。他和他的团队育成了"Y 两优 8188""云两优 5455"等 20 余个广适型优质超级稻组合，育成"强两优奥香丝苗""泰优奥美香""天两优 55""红两优

1566"天两优 666"等 12 个长粒香型、高档优质新品种,选育了一批高产、优质、抗逆、适应机械化生产的突破性杂交水稻新品种,为解决种业"卡脖子"问题、提升杂交水稻稻米品质、确保国家粮食安全作出了重大贡献。

先后获得"全国粮食生产突出贡献农业科技人员""第七届袁隆平农业科技奖""全国优秀科技工作者""全国科技创新创业人才""全国'讲、比'活动创新标兵"、湖南省人民政府授予的"最美扶贫人物"、湖南省第二届企业"创新达人"、庆祝中华人民共和国成立 70 周年纪念章等荣誉。

蒲玉平

男,汉族,1961 年 9 月出生,湖南省怀化市中方县人,助理农艺师。1983 年 8 月开始在原县级怀化市种子公司从事杂交水稻制种工作。1996 年任中方县农业技术推广中心泸阳区站站长。2000 年调入所属湖南省农业厅的湖南种子集团公司（后转为亚华种业）,任主管生产副经理。2002 年进入亚华科学院,任开发部经理。2003 年,被国家选派到南美洲厄瓜多尔任杂交水稻种子生产推广专家。2007 年回国,2008 年再次被派任中国驻厄瓜多尔专家组组长。2009 年回国,离职后自主从事优质杂交水稻新品种选育工作。

1984 年主持原县级怀化市种子公司活水乡基地技术管理工作,参加全省杂交水稻种子生产高产竞赛,1986 年获得第一。1992 年参加中国科学院云南分院滇型杂交水稻生产攻关,一次性获得成功,解决了全国三年联合攻关不能解决的难题。2009 年自主研发优质香米杂交新品种以来,先后育成优质"香米果 S""苏 S""茗 S""津 3S""竹 S"等光温敏两系不育品种。先后独立育成"果两优桂花丝苗""苏两优油晶""茗两优丝软占""津两优雪峰丝苗""竹两优珍 25"等一系列达部颁二级、三级优质标准的香米优质品种并通过国审或省审，将香味、适口、优质、高产、抗病、抗倒等性状完美结合，一般亩产量为 1300 ～ 1450 斤，最高亩产量超过 1600 斤。先后育成的香米优质米品种，种子生产的面积超过 25000 亩，生产的杂交水稻种子数量超过 500 万斤，种植面积突破 500 万亩。

2003 年前往南美洲厄瓜多尔，一次性突破前期三年都不能解决的杂交水稻种子生产难题，亩产杂交水稻种子 360 斤（国家标准亩产 300 斤）。两年内育成了当地米质、产量第一的杂交水稻新品种。参加中、美、日、厄多方专家联合攻关，夺得单产第一，亩产 1272 斤，比别人增产 20% ～ 40%。2008 年给国家挽回了 1 亿多元人民币的经济损失和信誉损失。

1986 年获得湖南省杂交水稻杂交种子生产高产竞赛第一名；1998 年参加湖南省优质杂交稻"丝优 63"杂交品种制种联合攻关，获得湖南省科技进步奖二等奖。

邓华凤

男，苗族，1963 年 2 月出生，湖南省怀化市沅陵县人，博士，研究员，现任湖南省农业科学院副院长，民建中央委员、农业委员会副主任，民建湖南省委常委、省农业委员会主任，国家杂交水稻产业联盟副理事长。是国家重点领域创新团队首席科学家，首批国家万人计划科技创新领军人才，首批"新世纪百千万人才工程"国家级人选。

1984 年 8 月至 1998 年 11 月在湖南省安江农校工作，先后任技术员、农艺师、高级农艺师和安江农校杂交水稻研究所副所长；1998 年 12 月至 2000 年 7 月在湖南杂交水稻研究中心任副研究

员；2000 年 8 月至今在湖南杂交水稻研究中心任研究员；2002 年 1 月至 2006 年 11 月在湖南杂交水稻研究中心任科研处长；2002 年 1 月至 2010 年 3 月兼任袁隆平农业高科技有限公司监事；2003 年 9 月至今兼任天津市水稻工程技术中心及国家粳稻工程技术研究中心首席科学家，中南大学、湖南大学、云南农业大学和湖南农业大学博士生导师；2006 年 12 月至 2016 年 4 月任湖南杂交水稻研究中心副主任；2010 年 4 月至 2016 年 4 月兼任袁隆平农业高科技有限公司董事；2010 年 6 月至今任湖南省农科院副院长。

主要研究方向为杂交水稻育种。首次在籼稻中发现温敏核不育材料，育成世界上第一个籼型水稻温敏核不育系"安农 S-1"。2012 年起，全国用"安农 S-1"育成的品种年推广面积达 5500 万亩以上，已累计推广 8 亿多亩。提出了利用高海拔自然低温条件进行温敏不育系高产繁殖的方法，研究建立通过自然光温鉴定进行起点温度提纯和核心种子生产的关键技术，建立广适型超级杂交稻选育的标准和株型模式，育成的 30 多个水稻品种通过审定并大面积推广。

先后被授予"全国先进工作者""全国优秀科技工作者"等荣誉称号，荣获国家科技进步奖特等奖、国家创新团队奖、国家技术发明奖三等奖、中国青年科技奖、湖南光召科技奖，获国家发明专利和植物新品种权 30 项。

全永明

男，汉族，1945 年 3 月出生，湖南省怀化市沅陵县人。1963 年从安江农校毕业。历任湖南省永顺县农技站站长、区长（县辖区）、副县长，1993 年调任安江农校校长，提出"教学出人才，科研出成果，管理出经验，开发出效益"的办学思路，学校被评估为国家级第一批重点

中专学校。

1996年1月，被选调到国家杂交水稻工程技术研究中心任副主任。后来，又担任了国家杂交水稻工程技术研究中心党委书记、常务副主任。他协助袁隆平狠抓两系"矮培64S"的保纯扩繁攻关工作和两系杂交稻"培两优特青"、两系超级稻"两优培九"的示范推广工作，为超级杂交稻第一、二期目标的攻关、示范、达标工作付出了辛勤努力。

依靠集体决策的力量，对整个研究中心的开发经营进行了大刀阔斧的改革，建立健全了经济责任制和管理规章制度，当年即盈利95万元。在他上任之初，研究中心固定资产700多万元，债务200多万元。至他离任审计时，研究中心固定资产7000多万元，现金流6000多万元，股权1.7亿元。

先后获得国家技术发明奖二等奖、国家科学技术进步奖二等奖。

曾存玉

男，汉族，1963年5月出生，湖南省怀化市溆浦县人，中共党员，研究员。现任怀化职业技术学院杂交水稻研究所副所长。

1985年7月至今，一直在安江农校杂交水稻研究所（后更名为怀化职业技术学院杂交水稻研究所）工作，历任技术员、助理农艺师、农艺师、高级农艺师、副所长。先后协助袁隆平院士从事杂交水稻试验品比工作、杂交水稻育种科研工作。

先后育成"威优298""金优298""金优160""神龙101""金优179""Ⅱ优231""安丰优607""安丰A"、优质米不育系"金珍A"等杂交水稻组合。其组合先后推广面积达到1000万亩以上，创造社会效益4

亿元人民币以上。2020 年杂交水稻优质不育系"金珍 A"所配组合金珍早丝优质杂交水稻组合通过江西省作物品种委员会审定，在湖南、江西早晚稻兼用，深受农户欢迎。

目前，由"金珍 B"转育而成的"金珍 S"两系不育系，米质优，穗大粒金，异交结实率高，制种亩产可达 500～700 斤，所配优质组合"金两优华粘""金两优黄莉粘""金两优莉晶"等组合大穗达 400 粒以上，无两段灌浆现象，抗病抗倒伏，达到优质、高产、多抗。

从事育种工作以来先后主持市厅级课题 5 项、省级课题 1 项、国家级课题 1 项（水稻杂种优势利用技术与强优势杂交种创制）。

谢长江

男，汉族，1938 年 3 月出生，湖南省新邵县人。1951 年 8 月考入湖南省安江农校。毕业后，被分配到雪峰山南麓的边远山区绥宁县农业局，长期在农村基层进行农业技术推广工作。1986 年任绥宁县委副书记，分管全县农业与农村工作，积极推广杂交水稻，该县大面积杂交水稻制种收获高产，多年排全省第一。1987 年任绥宁县政协主席。1990 年 11 月，调至湖南杂交水稻研究中心工作。

他编写的《杂交水稻之父——袁隆平》于 1991 年 1 月 12 日在广西科学技术出版社出版，1992 年 5 月获中宣部"五个一工程"奖。

1993 年 1 月起，担任湖南杂交水稻研究中心第一副主任。1994 年 2 月，协同袁隆平赴美国水稻技术公司洽谈，3 月 9 日双方达成《中国湖南杂交水稻研究中心与美国水稻技术公司共同开发和经营两系杂交水稻的合作协议》。他一边协助袁隆平开展工作，一边收集宝贵资料，先后编辑出版有关袁隆平的传记类专著9部，约120万字，其中多部获国家、省、市级大奖，有力地推动了全省、全国开展学习袁隆平精神的热潮。

王聪田

男，汉族，1965年9月出生，湖南省邵阳市人，中共党员，教授，研究员，作物遗传育种专业博士。1986年7月起在湖南省安江农校任教师。现任怀化职业技术学院院长，是湖南省专业带头人、湖南省农业农村厅"百千万工程"专家团团长、怀化市科技拔尖人才，怀化市政协委员。

在作物育种领域，通过对水稻突变体的研究，成功地定位了叶色突变基因。主持和参与省级以上课题7项，发表论文30余篇，主持和参与审定农作物新品种9个。

先后获得湖南省农业厅先进科技工作者、湖南省职业教育先进个人、全国知识型职工先进个人等荣誉称号。

陈良碧

男，土家族，1956年1月出生，湖南省怀化市沅陵县人。湖南师范大学二级教授、博士生导师，国务院特殊津贴专家。曾任湖南省生物研究所所长、湖南省"超级杂交水稻研究与示范协作组"副组长兼基础理论研究小组组长、湖南省植物学会理事长、中国植物学会高级理事、湖南省农业转基因生物安全专家委员会主任、湖南省中学生生物奥赛委员会主任。

在袁隆平院士的指导下，长期从事光敏、温敏核不育水稻的光温生态应用基础理论研究，发明了利用循环水鉴定光敏、温敏核不育水稻育性的方法，制定了鉴定光敏、温敏核不育水稻育性的技术标准，自 1990 年以来为全国提供水稻不育系育性鉴定和核心不育株筛选服务。与袁隆平院士、邓华凤研究员合作研究的"两系法杂交水稻技术研究与应用"获国家科技进步奖特等奖，与邓华凤研究员合作研究的"安农 S-1 籼型温敏核不育系的研究"获国家发明奖三等奖，合作研究的"水稻大面积高产综合配套技术研究与示范"获国家科技进步奖二等奖，获教育部、湖南省成果奖 9 项。主持国家级重大攻关、863 计划、转基因专项、国家自然科学基金等科研项目。培养博士、硕士研究生 100 多人。选育的 4 个水稻品种获湖南省新品种审定，获国家授权发明专利 6 项，发表研究论文 200 多篇，其中在《PNAS》《Plant Cell》等学术刊物上发表 SCI 收录论文数十篇。

向太友

男，汉族，中共党员，1972 年 12 月出生，湖南省怀化市芷江侗族自治县人，正高级农艺师，大学本科学历，怀化市农业科学研究所总农艺师。1994 年 7 月，从湖南省安江农校杂交水稻专业毕业，被分配到怀化市农业科学研究所早稻研究室从事水稻育种工作。先后担任过怀化市农科所常规稻室副主任、水稻室主任，现任怀化市农业科学研究院副院长。

20 多年来，主持选育出"金优怀 210""T98 优 1 号""贺优一号""Y 两优 2108""广两优 210""粘两优 1086"等 6 个通过省级审定的杂交水稻新品种和 3 个水稻不育系；参与选育出 16 个通过国家、省、市级审定的杂交水稻新品种。品种每年推广种植面积在 300 万亩以上，为企业创造年利润 1200 万元以上，为农民年增产稻谷 1.8 亿斤，创造社会经济效益 2.4 亿元。2015 年，向太友参与的"贺 50A 系列籼型三系杂交水稻组合示范与推广"获湖南省农业丰收二等奖。2017 年 5 月，主持的"籼型恢复系怀恢 210 及其系列组合选育与应用"成果获湖南省科技进步奖三等奖。2011 年至 2019 年，先后有 7 项成果获市级科技进步奖一、二、三等奖。

吴厚雄

男，汉族，中共党员，1973 年 9 月出生，湖南省怀化市溆浦县人，研究员。曾先后担任"国家育、繁、推一体化"种企湖南奥谱隆科技股份有限公司首席专家兼副总、副董事长，现任湖南农业大学教授。系湖南省农业科技创新中青年骨干专家，"湖南省第八届青年科技奖"获得者，湖南省 121 创新人才工程第一批次第三层次人员，湖南省水稻产业技术体系湘西试验站站长，湖南省农作物品种审定委员会委员，怀化市科学技术协会兼职副主席，怀化市首批高层次急需紧缺领军人才（C 类）。

参加工作以来坚守水稻新品种选育创新与科研管理及成果开发第一线，先后主持完成国家农业科技成果转化重点项目、湖南省战略性新兴产业科技攻关与重大成果转化项目等 15 项国家和省市农业科技攻关重点项目，创新积累水稻不同类型育种材料 12000 余份，主持育成国家和省级审定的水稻新品种 45 个，在《生态学报》《作物学报》《PHOTOSYNTHETICA》等国内外学术刊物上发表研究论文 30 余篇，荣获省科技进步奖二等奖等省、市级科技进步奖 12 项，荣获"2017 年度中国农业植物新品种培育领域十大育种之星"称号，担任"湖南省企业创新创业团队"项目带头人。主持研发的水稻新品种、新成果至 2022 年底已在我国南方稻区累计推广 2400 余万亩，增产稻谷 14.4 亿多斤。

陈湘国

男，汉族，中国民主同盟盟员，1977 年 5 月出生，湖南省邵阳市新宁县人，副研究员。1998 年 7 月安江农校毕业留校，师从袁隆平院士早期科研团队核心成员李必湖、唐显岩，进行杂交水稻遗传育种工作。现任怀化职业技术学院国家杂交水稻研究中心怀化分中心科研课题主持人。

从事杂交水稻育种工作 25 年，主持或参与育成了"华 37A""禾湘 A""盟 S""湘 05S"等两系三系不育系品种 7 个，"中优 281""内 5 优 263""Y 两优 263""丰源优 263""赣优 18""盟两优 212"等两系三系新品种 10 余个。荣获省科技进步奖三等奖等省、市级科技进步奖 8 项，"湖南省第四届青年科技奖"获得者，在国内学术刊物上发表专业论文 20 余篇。曾主持参与湖南省科技重点专项"超级杂交水稻技术研究"农业厅学科带头人项目——超级稻强优势组合选育、国家高技术研究发展计划（863）课题——强优势水稻杂交种的创制与应用及湖南省科技厅、怀化市水稻科研项目十余项。主持研发的水稻新品种、新成果至 2022 年底已在我国南方稻区累计推广 1000 余万亩，增产稻谷 7 亿多斤。

肖俊良

男，侗族，中共党员。1974年9月出生，湖南省怀化市会同县人，高级农艺师，硕士研究生学历，现任怀化市农业科学研究院水稻所所长。

1996年7月从湖南农业大学农学专业本科毕业，被分配到怀化市农业科学研究所从事杂交水稻育种及推广工作。2004年6月至12月，受隆平高科国际贸易部邀请，赴巴基斯坦从事中国杂交水稻援外合作工作。2005年，在德农正成种业从事杂交水稻育种工作。2006年1月至2010年3月，在北京奥瑞金种业从事杂交水稻育种与推广工作。2006年6月至2010年12月，在湖南农业大学进行农业推广专业硕士研究生学习。2010年4月至今一直在怀化市农科所从事杂交水稻新品种的选育与示范推广工作。

自参加工作以来，先后主持和参与育成"裕怀S""金优怀98""贺优一号""Y两优2108""广两优210""粘S""宏宸901S""粘两优4011""粘两优28""粘两优1086"等14个新品种，并通过国家和省级审定。

获得湖南省科技进步奖三等奖1次、市科技进步奖一等奖2次、市科技进步奖二等奖3次。

段美娟

女，汉族，中共党员，1974年10月出生，湖南冷水江人，博士，二级研究员，杂交水稻专家，博士生导师，作物种质创新与资源利用省部共建国家重点实验室培育基地主任，作物生理与分子生物学教育部重点实验室主任，水稻逆境生物学湖南省重点实验室主任。农业部农产品质量安全风险评估实验室（长沙）技术委员会委员，湖南省知识产权协会农业知识产权专业委员会委员，科技部"三区"科技人才，
湖南省怀化市中方县科技服务团团长，《中国生物工程》编委会委员。

1997年7月，从华中农业大学毕业后被分配到湖南杂交水稻研究中心，先后从事水稻栽培生理研究、水稻遗传育种研究。2006年4月至2008年1月，挂职任湖南省怀化市中方县人民政府副县长。2008年1月后，先后任湖南省农业科学院院长助理（先后兼任湖南杂交水稻研究中心人事处处长、省农科院科技处处长），湖南农业大学党委委员、副校长、党委副书记。

在杂交水稻领域一线从事遗传育种研究26年。在杂交水稻高产高抗优质新品种选育、分子标记辅助育种、杂交水稻机械化制种、第三代杂交水稻不育系——遗传工程不育系创制及水稻耐盐碱、耐低温、耐高温、耐旱、低镉等重要农艺性状关键基因的克隆及应用等方面取得突出成绩。获授权发明专利16项。获得了具有自主知识产权的红色颖壳基因，创制了一批适用于机械化制种的优质新种质，建立了一套机械化混播混收省工节本制种技术。克隆了多个耐盐碱、耐低温基因，创制了一批适应气候变化和极端环境的新种质，育成了一批高产、优质、多抗、广适的杂交水稻新组合，"广两优 1128""T 优 207"等强优势杂交水稻组合的推广与应用累计超过 1 亿亩，增产稻谷 41.4 亿斤，增收 22.5 亿元。

主持国家自然科学基金联合基金重点项目、国家自然科学基金面上项目、国家重点研发计划、国家转基因重大专项、湖南省重大科技计划、湖南省自然科学基金杰出青年基金项目等 10 余项。荣获湖南省技术发明奖一等奖，湖南省科技进步奖一等奖、二等奖、三等奖，湖南省青年科技奖，湖南五四青年奖章，湖南省人民政府一等功。

陈世建

男，土家族，1980 年 1 月出生，湖南省怀化市沅陵县人，农业技术推广研究员，现任湖南奥谱隆科技股份有限公司创新育种科学研究院院长助理。

从事杂交水稻育种工作 22 年，主持或参与育成了"慧 28A""奥富 A""红丰 80S""宝丰 66S""奥两优 499""奥富优 655""奥两优 28""奥优 83""奥富优 287"等新品种 18 个。其中参加研究的"两系优质高产杂交稻'奥两优 28'选育与应用"获湖南省科技进步奖三等奖与怀化市科技进步奖一等奖；参与研究的"三系优质高产杂交早稻'T 优 15'选育与应用"获怀化市科技进步奖二等奖，"优质光温敏核不育系'奥龙 1S'选育与应用"获 2012 年度湖南省科技进步奖三等奖、2011 年度怀化市科技进步奖一等奖和福建省科技进步奖二等奖。在国内学术刊物上发表专业论文 30 余篇。

2013 年被授予"怀化市十大优秀专业技术人员"称号，2014 年获湖南青年五四奖章与"怀化市十大杰出青年"称号，2015 年获评"湖湘青年英才科技支持计划人选"、感动鹤城十大模范人物，2018 年 4 月当为选鹤城区劳动模范，2019 年 3 月获"怀化市五溪青年人才奖"，2022 年 6 月确定为享受湖南省政府特殊津贴专家，2023 年 3 月入选怀化市首批高层次急需紧缺领军人才（C 类）。

肖建平

男，苗族，中共党员，1981 年 10 月出生，湖南省怀化市沅陵县人，副研究员，现就职于怀化职业技术学院国家杂交水稻工程技术研究中心怀化分中心。主持参与香型优质高抗三系杂交籼稻亲本的创制与应用、长江中下游一季稻杂种优势利用技术与强优势杂交种创制、杂交水稻种质资源创新怀化市重点实验室建设等项目。一种杂交水稻育种专用催芽装置获得实用新型专利、一种高光效水稻的育种方法获得发明专利。2020 年至 2023 年入选福建省科技特派员。

从事杂交水稻育种工作 20 年，先后与国内多家种业企业合作，主持育成的"645 优 238""金优 238""民两优 1314""民两优华占""民两优丝苗"等通过湖南省审定委员会审定；"民两优华占""民两优丝苗""民两优晶占""民两优 475"通过国家审定；两系不育系"民丰 520S""垦 176S""垦 101S""龙 18S""楚 802S""长 173S"通过江苏省和安徽省审定委员会审定；三系不育系"长香 717A""浓香 173A""悠香 123A""醇香 6A""双香 585A""永湘 178A"通过福建省审定委员会审定；"垦乡香优莉珍""垦香优 118"通过广西壮族自治区审定委员会审定。其中水稻两栖栽培技术、优质高产杂交稻"中优 281"选育与应用和高抗籼粳交恢复系"R238"系列组合的选育与应用获怀化市科技进步奖三等奖。在国内学术刊物上发表专业论文 25 篇。

廖松贵

男，汉族，中共党员，1937年7月出生，湖南省怀化市中方县人。1956年至1959年在安江农校农作专业学习，1959年8月毕业，被分配到怀化地区农科所工作至2003年退休。

主要从事常规早稻新品种选育研究，先后有8个常规早稻新品种通过省级审定，其中"湘早籼7号""湘早籼13号"是湖南省二十世纪八九十年代的早稻区试对照品种，在全省及长江中下游地区广泛推广种植。

2003年后，在坚持常规早籼育种研究的基础上，又进入两系杂交早稻配组研究。育成的两系杂交早稻新品种"八两优96"通过国家、省、地（市）三级审定，两系杂交早稻新品种株"两优176"和"株两优971"通过省、地（市）两级审定，两系杂交早稻新品种"八两优97""株两优97"等通过怀化、衡阳等地（市）级审定。选育出的14个水稻品种，在湖南乃至长江流域广泛推广，尤其是"湘早籼7号""湘早籼13号""八两优96"等品种，以生育期适中、丰产性好、抗逆性强、适应性广等特点，被湖南省乃至长江流域多省作为早稻主推品种推广。

先后多次获国家、省、地（市）级党和政府授予的各种光荣称号。1992年被国务院确定为享受政府特殊津贴专家，2000年被湖南省人民政府授予"湖南省先进工作者"光荣称号。

陈才明

男，汉族，中共党员，1962年2月出生，湖南省怀化市中方县人，硕士，1982年7月从湖南安江农校农学专业毕业。现任湖南杂交水稻研究中心副主任，2016年3月当选为湖南省农业科学院纪委委员。

对杂交水稻的推广宣传作出积极贡献。特别是调任湖南杂交水稻研究中心暨国家杂交水稻工程技术研究中心任副主任后，先后赴马达加斯加、尼日利亚、肯尼亚、加纳及南非等多个国家宣传和推广杂交水稻，为长沙本部和三亚海棠湾国家杂交水稻综合实验化建设发挥了积极作用。出色完成了湖南杂交水稻研究中心交给的各项任务。2004年9月，陈才明担任"中国·怀化国际杂交水稻与世界粮食安全论坛"秘书长，本次论坛期间，全世界30多个国家和地区的300多位政府官员和专家学者云集怀化。这是怀化空前的一次国际性会议，陈才明为开好这次会议做了大量工作，促进了杂交水稻更好地从怀化走向世界。

与姜庆华合著的《中国梦坚定实践者——袁隆平》，于2016年4月由红旗出版社出版。

邓兴旺

男，土家族，1962 年 10 月出生，湖南省怀化市沅陵县人，博士，教授，美国科学院院士、现任北京大学讲席教授、北京大学现代农业研究院院长、潍坊现代农业山东省实验室主任、北京大学现代农学院学术委员会主任。

1999 年，邓兴旺教授主导成立北京大学—耶鲁大学植物分子遗传及农业生物技术联合中心并任主任。2003 年创办北京生命科学研究所兼任第一届共同所长。2014 年 7 月 1 日，他放弃耶鲁大学终身教授身份，回国全职从事国内科研工作，当年便创办北京大学现代农学院并任筹备院长。2017 年促成北京大学现代农业研究院成立并先后担任首席科学家及院长。2021 年促成潍坊现代农业山东省实验室成功申报并担任主任。

他是国际植物生物学研究领域的主要科学家和领军人物之一，其实验室的研究工作已经形成了关于植物光形态建成调控机制的经典理论体系，他最先发现的光形态建成的核心抑制因子 COP1 是 30 多年来拟南芥中研究引用频率最高的基因。在《Nature》《Science》《Cell》等国际顶级期刊上发表学术论文共计 350 余篇。主持国家自然科学基金重大项目、农业部重大专项等项目 30 多项，连续多年入选全球前 1% 的高被引学者。主导开发完成了水稻、小麦和玉米第三代杂交育种技术；培育出了被称为"洁田技术品种"的抗除草剂水稻、小麦、玉米、油菜及开发出"洁田模式"。他带领团队创制了"第三代"杂交水稻育种技术，能较好地解决两系杂交稻制种风险和三系杂交水稻资源利用的局限性。在我国生物学基础研究、农业生物技术研发、科研体制改革、农业科技成果转化等方面作出了突出贡献。

二、杂交水稻研究与推广大事记

1953 年

8 月　袁隆平从重庆西南农学院毕业，被分配到湖南省安江农校教书。

1954 年

3 月　袁隆平开始担任遗传学专业教师，经常带领学生去农田、雪峰山采集实物作标本，把课本知识与生产实践相结合。

1956 年

是年　袁隆平响应党中央"向科学进军"的号召，在安江农校开始从事农作物育种研究。

1958 年

是年　安江农校被评为湖南省文教战线先进集体，出席湖南省文教战线群英会。

1959 年

6 月 4 日　《新湖南报》报道安江农校教学、生产劳动、科学研究三结合典型经验，介绍袁隆平等 4 位教师的典型事迹。

是年　安江农校被评为全国文教战线先进集体，出席全国文教战线群英会。

1960 年

3 月　袁隆平带领学生去黔阳县硖洲公社秀建大队劳动锻炼，看到人们吃不饱的场景，加之受到生产队队长向福财说的"施肥不如勤换种"的启示，他决心把培育粮食优良品种让人们吃饱饭作为自己的奋斗目标。

是年　袁隆平嫁接月光花红薯，培育出地上结有种子，地下结有一蔸重 27 斤红薯的"红薯王"。

1961 年

7 月　袁隆平在安江农校早稻试验田里发现"鹤立鸡群"特异稻株，他做好标记，经常观察，成熟后采集谷种收藏起来。

是年起，袁隆平从研究红薯转为研究水稻，按照系统选育法，每年在水稻抽穗到成熟的期间去稻田里面挑选表型良好的变异单株加以培育。

1962 年

春夏　袁隆平种植上年采集的"鹤立鸡群"特异稻株的种子，出现分离现象，运用孟德尔—摩尔根遗传学理论分析，得到"杂种优势不仅在异花授粉作物中存在，而且在自花授粉作物中同样存在"的结论。

暑期　袁隆平自费到北京拜访了当时是中国农业科学院作物研究所研究员的鲍文奎先生。在鲍文奎先生的指导下，袁隆平在中国农业科学院图书馆阅读了不少专业杂志，开阔了对杂交水稻研究的眼界。

1964 年

7 月 5 日　袁隆平在安江农校实习农场的洞庭早籼稻中，找到一株奇异的"天然雄性不育株"，这在国内是首次发现。经人工授粉，结出了数百粒第一代雄性不育材料的种子，开创了国内水稻雄性不育研究的先河。

1965 年

7月　袁隆平在安江农校附近稻田的南特号、早粳4号、胜利籼等品种中，逐穗检查数万个稻穗，连同上年发现的不育株，共计找到6株雄性不育株。经过连续两年春播与翻秋，共有4株繁殖了1～2代。

1966 年

2月28日　袁隆平发表第一篇论文《水稻的雄性不孕性》，刊登在中国科学院主编的《科学通报》半月刊第17卷第4期上。

3月　袁隆平的论文《水稻的雄性不孕性》发表后，国家科委九局的熊衍衡看到文章，立即报送局长赵石英。赵石英慧眼识珠，认为雄性不育研究若能成功，将对粮食生产产生重大影响，于是立即请示国家科委党组，获得支持。

5月　国家科委九局致函湖南省科委与安江农校，要求支持袁隆平的水稻雄性不育研究活动，指出这项研究的意义重大，如果成功，能使水稻大幅度增产。

6月　"文化大革命"开始，袁隆平遭受冲击时，因为有国家科委九局的函件而受到保护，借助李必湖、尹华奇抢在砸钵毁苗前保存下来的三钵秧苗，把杂交水稻试验坚持了下来。

1967 年

3月16日　湖南省科委发函安江农校，要求学校将"水稻雄性不孕"研究列入计划。

4月　袁隆平起草安江农校水稻雄性不孕系选育计划，呈报湖南省科委与黔阳地区科委。

6月　由袁隆平、李必湖、尹华奇组成的黔阳地区农校（原安江农校）水稻雄性不孕科研小组正式成立。

1968 年

1 月 14 日　袁隆平与李必湖、尹华奇辗转到广东省南海县大沥公社，开始了杂交水稻的第一次南繁育种。

4 月 30 日　带着从大沥公社培育出的 700 多株不育材料秧苗返回安江，插在安江农校中古盘 7 号田里，面积 133 平方米。

5 月 18 日晚上　安江农校中古盘 7 号田的不育材料秧苗被全部拔除毁坏，成为未破的谜案。事发后第 4 天在安江农校的一口废井里找到残存的 5 根秧苗，袁隆平继续坚持试验。

7 月　黔阳地区革命委员会决定将安江农校迁址靖县二凉亭与黔阳专署农科所合并。

10 月 25 日　湖南省革命委员会生产指挥组下达"水稻雄性不孕"研究补助经费 1000 元的通知。

1969 年

6 月　袁隆平被抽调到湖南溆浦低庄煤矿当毛泽东思想宣传队员。

8 月　袁隆平从溆浦低庄煤矿调回黔阳地区农校担任业务主持。

是年秋　湖南省水稻雄性不孕科研小组用广泛测交和"洋葱公式"，先后用 1000 多个品种与自然不育材料杂交，配成 3800 多个组合，选育出具有一定保持能力的无花粉型南广粘雄性不育材料。

12 月　袁隆平、李必湖、尹华奇等到云南省元江县加速繁殖不育材料。

1970 年

1 月 6 日　云南省元江县遇 7.1 级地震，袁隆平、李必湖、尹华奇仍然坚持繁殖试验，直到收获。

春节期间　湖南省革命委员会生产指挥组农林组组长张勇到元江慰问袁隆平师生三人，提出派李必湖去贺家山原种场帮助建立杂交水稻研究点。

3 月　湖南省科委、省农科院组织 20 多人赴海南参观袁隆平的杂交育种基地。后由省农科院、湖南农学院、湖南师范学院（今湖南师范大学）、安江农校、贺家山原种场等 5 个单位组成湖南省杂交水稻协作组。

同月　袁隆平从广东引进野生稻，拟在靖县（安江农校当时搬迁到了靖县）做杂交，后因没有进行短光照处理而未成功。

6 月　湖南省第二次农业学大寨科学技术经验交流会在常德召开，王震参加会议。省革委代主任华国锋听取了杂交水稻研究进展情况汇报，第二天请袁隆平坐上主席台，并颁发奖状。

11 月 23 日　在袁隆平关于"把杂交育种材料亲缘关系尽量拉大，用一种远缘的野生稻与栽培稻进行杂交"的构想指导下，安江农校教员李必湖，在海南崖县南红农场农业技术员冯克珊带到的南红农场附近的普通野生稻群落中，发现了花粉败育的不育株（简称"野败"），为水稻"三系"的成功选育打开了突破口。

12 月　杜安桢提出自己的看法：按照中国的语言习惯，应该称"雄者育、雌者孕"。袁隆平接受了这一观点，此后"雄性不孕"改称"雄性不育"。

是年底　湖南省农林局局长张勇建议成立一个更高层次的机构来领导水稻雄性不育研究，决定成立湖南省水稻雄性不育研究领导小组，由"支左"的省军区副司令黄立功任组长，张勇、何光文（省农科院院长）任副组长，省农林局开始将"水稻雄性不育研究"列入重大研究课题。

1971 年

1 月　中国科学院业务组副组长黄正夏在海南召集有关省和单位开会，号召协作研究杂交水稻。

4 月 5 日—10 日　经湖南省革委会负责人孙国治批准，在省农科院举办了第一期杂交水稻学习班，参加学习的有省农科院、湖南农学院、贺家山原种场、湖南师范学院、安江农校、各地区农科所、34 个县农科所代表共 75 人，袁隆平等人讲课。

6 月　湖南省农科院成立水稻雄性不育科研协作组，袁隆平抽调到该组任业务负责人。

同月　在海南举办了第二期杂交水稻学习班，学员 66 人。是年开始，袁隆平把他们最新发现的"野败"珍贵材料无私地送给全国许多农业科研单位，开展协作攻关。江西萍乡农科所、广西农科院、福建农科院，还有湖南、广东、湖北、新疆等 13 个省、市、自治区的 18 个单位 50 多名农业科技工作者，皆到袁隆平他们居住的海南南红农场附近一道参加试验。

1972 年

3 月　国家科委和农业部同时把杂交水稻列为全国重点科研项目，组织全国协作攻关。袁隆平"野败"材料分发到全国 10 多个省、市的 30 多个科研单位，用了上千个品种与"野败"进行了上万次测交和回交转育的试验，扩大了选择概率，加快了"三系"配套进程。

8 月　袁隆平选育成功中国第一个应用于生产的不育系"二九南 1 号"。

10 月　第一次全国杂交水稻科研协作会议在长沙召开，来自全国 23 个省、市、自治区及中国科学院遗传研究所的代表 107 人参加。会议交流了水稻雄性不育选育的进展及问题，决定以后每年召开一次会议，交流经验、讨论问题和制订计划，从而大大加快了杂交水稻研制工作进程。

1973 年

1 月　湖南省农业学大寨经验交流大会召开，黔阳农校（原安江农校）科研组被评为先进集体，黔阳农校教师袁隆平被评为先进个人。

4 月　通过测交，湖南、广西、江西、广东等全国协作成员单位几乎同期测选出恢复系，攻克了"三系"配套难关。

10 月　在苏州召开的全国水稻科研现场会议上，袁隆平宣读了由湖南省杂交水稻研究协作组提交的《利用"野败"选育三系的进展》一文，正式宣告中国籼型杂交水稻"三系"配套成功。

1974 年

10月　第三次全国杂交水稻科研协作会议在广西南宁召开，广西农学院试种的数十个杂交组合测产，不少亩产超过 1300 斤，少数组合达 1500 斤。

是年　湖南省农科院李东山、张建、舒呈祥等根据有色性状显性规律，用紫色稻红叶做标记性状，进行花粉隔离的研究，提出制种隔离区距离为 40 米以上，为保证杂种纯度作出了贡献。

是年　袁隆平育成的中国第一个强优势杂交组合"南优 2 号"在安江农校试种，亩产 1258 斤，攻克了交杂水稻优势关。

1975 年

1月　安江农校迁回安江原址。

8月　湖南省农科院在长沙召开全省水稻杂种优势利用现场会议，参观了省农科院水稻所、湘乡县（今湘乡市）农科所、桂东县农科所等示范样板，统一认识，总结经验教训，研究进一步推广杂交水稻的意见，提出了今后的发展规划。

同月　中共湖南省委第二书记张平化参观省农科院的 104 亩杂交水稻示范田之后，在全省水稻杂种优势利用现场会上指出："杂交水稻很有发展前途，要发动群众，以最大的干劲、最快的速度，把杂交水稻搞上去。"

8月31日　湖南省农业局和省农科院联合召开 28 个省属单位杂交水稻技术座谈会，历时一周。28 个单位累计示范面积 483.3 亩，总产 49.76 万斤，平均亩产 1029.6 斤，其中 1200 斤以上的 88.62 亩，1300 斤以上的 16.24 亩。黔阳农科所示范田最高亩产达 1566.8 斤。桂东县农科所示范田 0.21 亩，亩产达到 1837 斤。

10月16日　湖南省革命委员会转发省农科院《关于水稻杂种优势利用情况的简报》，宣布以袁隆平为首的科研人员经过多年努力，终于获得杂交水稻培育和试验推广的成功。

12月22日　国务院第一副总理华国锋和当时分管农业的副总理陈永

贵以及农业部部长沙风，听取了省农科院副院长陈洪新、何光文等关于杂交水稻研究成功和快速推广工作设想的汇报。华国锋对杂交水稻研究给予了高度评价，当即决定由中央拿出 150 万元支持杂交水稻推广工作，并要农业部主持，立即在广州召开南方 13 省（区）杂交水稻生产会议，部署加速推广杂交水稻。

是年　湖南省农科院对三系开花闭颖的历时、开颖角度、闭颖情况、花期花时、花药伸出和传粉、花期的气象条件、柱头生活力等 8 个项目进行系统观察，为制种、繁殖积累了大量数据。同时，进行"九二〇"喷施试验，发现喷施到一定浓度后，"二九南 1 号"包颈花数减少，结实率提高。这些科研成果，为提高制种产量和种子的纯度奠定了基础。

是年　攻克了杂交水稻制种关。

1976 年

1 月上旬　中共湖南省委和湖南省革委会决定成立湖南省推广杂交水稻领导小组，由省委书记毛致用任组长，省委常委、生产指挥组组长王治国为副组长，张勇、何光文为领导小组成员。

1 月 12 日　中共湖南省委发出 1976 年 1 号文件，对杂交水稻提出了"今年广泛试种，明年大面积推广，力争后年普及"的奋斗目标。当年，全省杂交水稻种植面积达到 126.34 万亩。

5 月 12 日　中共黔阳地委以黔地发〔1977〕14 号文件《印发地委常委（扩大）会议关于〈大力推广杂交水稻实现晚稻超早稻纪要〉的通知》。

10 月 12 日—19 日　国家农林部在衡阳地区召开了南方杂交水稻生产现场会。

10 月　袁隆平整理出版了专著《杂交水稻》。

12 月 7 日　《人民日报》发表新华社记者的报道《杂交水稻是这样培育成功的》。

12 月　由中国农科院和湖南省农科院负责组织的杂交水稻工作在短期

内取得重大成果。经过南方 13 省区推广试验，在一般条件下能增产二三成，特别是周坤炉制成的"威优 6 号"深受农民欢迎。

是年　由于种子问题的解决，湖南省杂交水稻种植面积发展到 200 余万亩，占全国杂交水稻种植面积的 60%。

是年冬　湖南赴海南制种 6 万亩，袁隆平担任技术总顾问，首次人面积制种获得成功，为翌年推广做好了种子准备。

1977 年

1 月　袁隆平在 1977 年第 1 期《中国农业科学》上发表《杂交水稻培育的实践和理论》。

3 月 19 日—28 日　第五次全国杂交水稻科研协作会议在长沙召开，28 个省、市、区代表共 210 人参加。会上公布了 1976 年全国杂交水稻种植面积扩大到 200 多万亩，增产效果明显。

8 月　杂交水稻专家李必湖当选为中共第十一次全国代表大会代表，出席中共第十一次全国代表大会。

11 月 2 日《湖南日报》发表两篇通讯：一是《杂交水稻研究的攻关尖兵——记杂交水稻研究协作组成员袁隆平》；二是《一心扑在杂交水稻研究上——记黔阳农校青年教师李必湖热情研究杂交水稻的事迹》。

12 月 6 日　国家农林部在衡阳地区召开南方 6 省、区和 12 个地区水稻生产竞赛座谈会，总结交流推广杂交水稻、实现晚稻超早稻的经验。

是年　袁隆平总结了 10 年来丰富的实践经验，在 1977 年第 1 期《遗传与育种》上发表了重要论文《杂交水稻制种与高产的关键技术》。

是年　湖南省科委下文在安江农校成立杂交水稻研究室，由袁隆平主持科研工作，李必湖协助。

1978 年

1 月下旬　中共黔阳地委召开全区农业科学技术经验交流会，会上地委书记谢新颖等领导和农业专家袁隆平发表讲话。这次会议的召开为进一步促进全区杂交水稻大面积推广打下了良好基础。

2 月 8 日　新华社记者发表述评《向良种要粮食生产的高速度——湖南省杂交水稻大面积丰收的启示》。

是年　湖南省贺家山原种场周坤炉等人育成了高产、多抗、适应性广、生育期稍短的组合"威优 6 号"，安江农校、衡阳地区农科所、省水稻所培育成了一批生育期更短的早稻组合，给全省杂交水稻的进一步发展带来了生机。省种子公司组织贺家山原种场、靖县原种场集中进行"三系"亲本提纯。

是年　安江农校出席湖南科学技术大会，被评为先进集体。"籼型杂交水稻优势利用"获省、全国科学大会奖。

1979 年

4 月　袁隆平首次出国出席菲律宾国际水稻研究所召开的科研会议，会上宣读他用英文写的《杂交水稻育种》的论文并即席答辩，与会者一致公认中国杂交水稻研究处于领先地位。

5 月　在美国著名圆环种子公司总经理威尔其访华时，我国农业部种子公司送给他 3 斤杂交水稻种。他带回去做小区试种，杂交水稻种表现出明显的优势，与美国水稻良种相比，可增产 33% ~ 93%。

是年　经湖南省革命委员会批准，成立黔阳地区农业机械化学校，校址设在黔阳县安江镇。

1980 年

3 月 17 日　中国种子公司和美国圆环种子公司在北京草签了期限为20 年的"杂交水稻综合技术转让合同"，双方约定：中方将杂交制种技术传授给美方，在美国制种。制出的种子，在美国、巴西、埃及、意大利、西班牙、葡萄牙六国销售。圆环种子公司每年从制种收入中提取 6% 付给中国作为报酬。合同期20年。3月31日由国家进出口管理委员会正式批准生效。这是中国农业第一个对外技术转让合同。

3月　美国西方石油公司购买湖南研制的杂交水稻新组合"威优6号"专利权。

9月8日　国际杂交水稻育种培训班在长沙开班。国际水稻研究所的育种专家弗马尼以及印度、泰国、孟加拉国、斯里兰卡、菲律宾等15个国家的100多名科技人员参加培训。为期1个月。袁隆平和湖南有关专家为培训班授课。

9月10日—16日　由中国农科院、湖南农科院和江苏农科院共同主持的第八次全国杂交水稻科研协作会议在南京召开，来自全国21个省、市、区的68名专家教授和科研人员参加了会议。该年全国推广种植杂交水稻7183万亩。

是年开始，袁隆平先后5次应邀赴美国传授技术。他还先后应邀到菲律宾、日本、法国、英国、意大利、埃及、澳大利亚等8个国家讲学、传授技术、领奖、参加学术会议或进行技术合作研究等国际性学术活动19次，在全世界产生了广泛而深远的影响。他的助手李必湖、尹华奇、周坤炉也先后去美国传授杂交育种和制种技术。

1981年

5月5日　中国科学院、农业部就杂交水稻的发明问题进行评审。国家科委发明评审委员会一致认为这项发明的学术价值、技术难度、经济效益和国际影响等四个方面都很突出。

5月9日　《湖南日报》报道，我国农业科技人员袁隆平、李必湖、颜龙安、张先程等在世界上首先育成的强优势杂交水稻经过几年试种，已经产生巨大的经济效益。1976年至1980年累计播种面积2.5亿亩，增产粮食260多亿斤，平均每亩增产100斤。

6月6日　国家科委、国家农委在北京隆重召开授予"籼型杂交水稻"

国家技术发明特等奖大会。国务院副总理方毅在会上作了重要讲话，并向袁隆平科研协作组发了奖状、奖章和 10 万元奖金。这是袁隆平籼型杂交水稻获得的国内第一个特等发明奖。

6 月 30 日　《湖南日报》发表袁隆平的文章《寸草仰春晖——从杂交水稻科研成果看党的领导》。

6 月　《中共中央关于建国以来党的若干历史问题的决议》中郑重地写上一条："籼型杂交水稻的育成和推广是我国当代科学技术取得的重大成果之一。"

同月　杂交水稻技术又以与美国圆环种子公司同样的方式转让给美国另一家跨国公司——卡捷尔种子公司。合同签订后，我国先后派出袁隆平、陈一吾、尹华奇、李必湖、周坤炉等杂交水稻专家去美国、日本、印度、越南、菲律宾、孟加拉国、缅甸等国家，从事技术指导工作。

7 月 16 日　美国石油环球公司一行 5 人，为购买杂交水稻专利，到黔阳县拍摄杂交水稻纪录片。

9 月 15 日　第二期国际杂交水稻育种培训班在长沙开班，来自菲律宾、泰国、印度、孟加拉国、斯里兰卡和印度尼西亚六国的高、中级研究人员参加学习。

10 月　中共湖南省委第一书记毛致用、第二书记万达在湖区视察工作时，向湖区地县委书记提出重新认识杂交水稻，以积极的态度稳步发展杂交水稻的要求。

12 月 10 日　中共怀化地委办公室转发湖南省人大常务委员、著名科学家袁隆平的《视察黔阳、溆浦、沅陵杂交水稻情况汇报》。

是年　安江农校经怀化地委同意呈报，被教育部列为全国重点中等专业学校。

1982 年

3 月 23 日　湖南省人民政府批转省农业厅《关于进一步抓好杂交水稻

繁殖制种工作的报告》。自1976年大面积推广杂交水稻以来，全省狠抓杂交水稻的制种工作，6年来，共繁殖制种480多万亩，生产不育系和杂交种子3.3亿多斤。

5月31日—6月7日　第九次全国杂交水稻科研协作会议在杭州举行。这时全国杂交水稻种植面积已稳定在7000万亩以上，双季稻地区都实现了晚稻超早稻。

8月26日　国家农牧渔业部发出《关于成立全国杂交水稻顾问小组的通知》。由湖南省农业厅厅长、后任省政协副主席的陈洪新任组长，袁隆平任副组长，颜龙安、张先程、杨振玉、蔡世元、罗继荣、娄希祉、余太万等为组员。

9月中旬　中共湖南省委、省人民政府在澧县召开全省杂交晚稻生产现场会，袁隆平、李必湖到会进行现场技术指导。湖南省委顾问委员会副主任王治国和副省长曹文举分别主持了南北两片召开的地、市、县负责人和农业部门负责人参加的全省杂交晚稻现场会，进一步调动了各级继续抓好杂交水稻生产的积极性。

9月　杂交水稻育种专家李必湖当选为中共第十二次全国代表大会代表，出席中共第十二次全国代表大会。

10月　在菲律宾召开的国际水稻科研会议上，袁隆平被誉为"杂交水稻之父"。

1983 年

2月4日　国务院籼型杂交水稻特等发明奖湖南省发奖大会在长沙举行。袁隆平、李必湖、周坤炉分别获奖金5000元、3000元、2000元。

11月18日　湖南省人民政府同意成立湖南省杂交水稻顾问组，由衡阳市副市长武兆基任组长，袁隆平、雷纯章、邹国清任副组长，成员有李必湖等13人。

是年　湖南省杂交水稻制种亩产首次突破200斤大关。

是年　湖南省财政拨给省种子公司流动资金200万元，兴建种子仓库资金100万元，另拨款700多万元用于解决积压的700多万斤杂交种子的亏损问题。

1984 年

1月7日　中共湖南省委、省人民政府决定，由衡阳、湘潭、郴州、常德地区组织4个技术服务小组50多名技术员带着100万斤杂交水稻种子前往江汉平原，协助湖北省创建杂交水稻高产示范样板。

6月15日　湖南省农科院召开湖南杂交水稻研究中心成立大会。袁隆平任中心主任，陈一吾兼任第一副主任，邓天锡任副主任，院党委副书记傅胜根兼任中心临时党支部书记，邓天锡、周坤炉任副书记。

12月15日　湖南省首届优质品种评选开发会选出45个优质大米品种。湖南省人民政府做出实行优质优价等发展优质稻米的规定。

1985 年

7月15日—21日　湖南省农业厅、湖南农学院、土肥所、植保所等单位的科技人员，对浏阳、醴陵、攸县、衡山、湘潭、湘乡、株洲等7个点的400多亩双季杂交早稻吨粮田栽培示范片进行考察，充分肯定了杂交早稻在增产、抗病等方面的优势及丰产栽培模式。

10月15日　联合国世界知识产权组织给袁隆平颁发"发明和创造"金质奖章和荣誉证书。这是袁隆平首次获国际奖。

10月19日　袁隆平从联合国领奖后返回长沙，受到省委书记毛致用等领导的热烈欢迎。省农科院举行全院大会，热烈祝贺袁隆平荣获国际大奖。

是年　湖南科学技术出版社出版《杂交水稻简明教程》（中英文对照本）。

是年　袁隆平被聘为湖南省安江农校名誉校长、西南农业大学兼职教授。

是年　袁隆平提出杂交水稻育种的战略设想，为杂交水稻的进一步发展指明了方向。

1986 年

2月15日　《杂交水稻》杂志创刊发行。这是全国第一家杂交水稻专业期刊，由湖南杂交水稻研究中心和全国杂交水稻研究协作组联合出版，袁隆平任编委会主任。

同日　湖南省人民政府办公厅发出《关于进一步加强杂交水稻种子管理的通知》。

4月　袁隆平应邀出席在意大利召开的"利用无融合生殖进行作物改良的潜力"国际学术讨论会。

7月10日　国家农牧渔业部优质大米评选揭晓：湖南的"岳农2号""HA79317-7""余赤231-8""湘辐81-10"四个品种获1985年度部优品种称号。

7月14日　湖南省领导刘夫生、石新山、孙文盛、杨正午、沈瑞庭和省农业部门负责人王守仁、卓康宁等，率各地、市、州委书记参观双峰县大村乡和湘潭云湖桥镇新南村吨粮田示范基点，一致称赞杂交早稻"威优49"品种好、基点示范作用好。

10月6日—10日　世界首届杂交水稻国际学术讨论会在长沙召开。来自美国、日本、菲律宾、比利时、巴西、埃及、印度、伊朗、意大利、印度尼西亚、墨西哥、斯里兰卡、英国、泰国、马来西亚、孟加拉国、荷兰、加纳等20多个国家的著名专家学者70多人，以及国内24个省（市）140多位专家学者参加会议。在会上，袁隆平作了题为《杂交水稻研究与发展现状》的学术报告，提出了今后杂交水稻发展的战略设想，得到与会专家、学者的赞同，并写进了会议文件。

是年　袁隆平任国家863-101-01专题组组长。

1987 年

1 月 9 日　湖南省杂交水稻繁殖制种技术研究会成立，会员 38 人。

5 月 3 日—5 日　杂交水稻顾问组在长沙举行会议。全国杂交水稻顾问组组长陈洪新主持会议并发表讲话，会上提出了湖南省杂交水稻近期发展战略，认为湖南省杂交水稻近期发展的关键是发展杂交早稻。

7 月 16 日　在袁隆平的指导下，李必湖的助手邓华凤在安江农校籼稻三系育种材料中找到一株奇异的光敏核不育水稻。

9 月 18 日　湖南省人民政府召开浏阳、桂阳、祁阳、邵阳、黔阳等21 个县参加的制止杂交水稻自发制种紧急会议，熊清泉等参加并讲话。

10 月 14 日　中共湖南省委副书记刘正、省科委主任陶敏等人到湖南杂交水稻研究中心视察杂交水稻试验田。

是年　"两系法"研究被列为国家 863 计划项目。袁隆平为责任专家，主持全国 16 个单位协作攻关。

1988 年

4 月　袁隆平到日本筑波进行指导与合作研究。

6 月 15 日　为让杂交水稻科研成果更快转化为生产力，华联杂交水稻开发公司成立，袁隆平、陈洪新和农业部种子总站副站长李梅生任顾问。

7 月　安江农校青年教师邓华凤育成的光温敏不育系"安农 S-1"通过技术审定。"安农 S-1"是在籼稻中发现并育成的世界上第一个籼型水稻温敏核不育系，开辟了水稻杂种优势利用的新途径，使杂交水稻由"三系法"向"两系法"发展迈出了一大步。

8 月　邓华凤在袁隆平、李必湖的指导下育成的光敏核不育系，通过省级技术审定，定名为"安农 S-1 光敏不育系"，获湖南省 1988 年十大科技成果奖。光敏核不育系的育成，使袁隆平两系法的设想变为现实。

11 月 6 日　《湖南日报》刊发 10 月 29 日省七届人大常委会第五次会议通过的《湖南省种子管理条例》。

是年　湖南遭受百年罕见的秋季洪涝灾害，省内杂交水稻制种严重减产。为此，湖南省农业厅及时向湖南省人民政府报告，要求扩大南繁面积，湖南省人民政府决定拨款800万元，粮食指标600万斤，并向农业部报告，向海南、广东、广西发电传，请求支援南繁面积6万亩，农业部同意该计划。

是年冬　湖南省共有9个地（州、市）45个县（市）种子公司组织7000多人，南繁面积6.23万亩，其中繁殖不育系种子27.6万斤，制种6.08万亩，收获种子1144.3万斤，单产、总产均居全国首位。

1989 年

3月1日　中共湖南省委、省人民政府派出以曹文举为团长，王连福为副团长，刘丁山为秘书长，省科委、省财政厅、省粮食局、省种子公司负责人参加的大型慰问团，专程赴海南慰问湖南省南繁杂交水稻种子的全体人员。

5月10日　湖南省人民政府省长陈邦柱召开省长办公会议，听取农业厅和袁隆平、李必湖关于"安农S-1"水稻光敏不育系应用研究进展情况的汇报。决定成立湖南省两系法杂交水稻开发领导小组，由卓康宁任组长，陈洪新任顾问，袁隆平和有关部门负责人任副组长和组员，省农业厅科教处负责日常工作。

7月1日　中共湖南省委书记熊清泉、湖南省人民政府省长陈邦柱等领导和省直有关部门负责人共40余人，视察湖南杂交水稻研究中心新组合试验田，并和科技人员座谈。

7月12日　湖南省顾委万达、王治国、赵处琪、石新山等，到湖南省农科院视察两系法亚种间杂交水稻组合，三系法杂交水稻早、中、迟熟系列组合及常规稻新品种的试验示范田，对袁隆平等科研人员给予高度赞扬。

7月　针对长江流域异常低温导致光敏核不育材料发生不育性变异的情况，袁隆平提出"温度是影响育性的主要因素，光照是次要因素"的理念，并确定育性转换临界温度是23.5℃，为两系法育种指明了方向。

8月28日　袁隆平作为科技教育界21位有突出贡献的科学家之一，在中南海受到江泽民等中央领导的接见。

9月12日—13日　全国两系法杂交水稻现场会在长沙召开。

11月11日—12日　袁隆平参加原安江农校校庆50周年暨杂交水稻研究25周年"双庆"活动，在庆祝大会上致词，并主持杂交水稻研究25周年学术讨论会，作会议总结。

12月20日　国务院和国家农业部委托湖南省人民政府向粮油生产先进单位和先进个人颁奖，其中在全国推广杂交水稻的陈洪新、周新安等30人获得荣誉奖。同时，张勇、贺湘楚等202人获湖南省推广杂交水稻荣誉奖。省领导熊清泉等出席颁奖会。

是年　湖南杂交水稻研究中心罗孝和、邱趾忠、李任华、白德朗等育成第一个两系杂交水稻组合"培两优特青"。

是年　袁隆平提出光温敏核不育系原种生产程序。

是年　安江农校校长李必湖因为杂交水稻研究发明作出贡献，被评为"全国先进工作者"。

1990 年

3月16日　中共中央总书记江泽民到湖南农科院视察，参观了原子能农业应用研究所和杂交水稻研究中心的科研室，并召开了全省有关农业科技专家、教授和领导参加的座谈会，对杂交水稻研究工作给予了高度评价，对农业科研工作作了重要指示。

4月19日—20日　国务委员陈俊生在怀化视察，期间接见著名杂交水稻专家、安江农校党委书记李必湖，听取他对科技兴农的意见和建议。陈俊生说："你们在杂交水稻研究、推广工作上作出了重大贡献。希望你们进一步努力，继续研究。"此外，他还要求把安江农校在怀化市桐木乡的农业科技推广点的经验抓紧总结，以便在全国推广。

5月13日　中央政治局常委宋平到湖南农科院视察，考察了杂交水稻试验田。

6月7日—11日　朝鲜民主主义人民共和国农业委员会杂交水稻考察团到湖南访问，省农科院院长钱仁和袁隆平会见了考察团成员。

7月　邓小平在听取国家科委关于湖南省两系杂交水稻的研究成果的汇报后说："湖南的水稻原来增产 15%～20%，现在又有个新办法可以增产 20%，证明潜力还是大的，科学是了不起的事，要重视科学。"

9月15日　湖南杂交水稻研究中心选育的"低温敏核不育系'培矮64S'"通过审定，成为全国第一个通过省级审定的实用型两用不育系。

10月　袁隆平、陈洪新等著的《杂交水稻育种栽培学》一书在北京举行的第五届全国优秀科技图书评选会上获一等奖。

是年　袁隆平论文《两系法杂交水稻研究的进展》发表在《中国农业科学》上。

是年　袁隆平任联合国粮农组织首席顾问，并受联合国粮农组织委托赴印度指导杂交水稻技术。

1991 年

1月7日　湖南省人民政府两系法杂交水稻开发领导小组举行第二次会议，会议由领导小组组长卓康宁主持，副组长袁隆平、周新安、杨耀辉、潘奇才和领导小组成员谢康生、钱仁、李必湖、肖大雍等出席会议。会议指出要把两系法杂交水稻作为湖南二十世纪九十年代粮食生产再上台阶的战略措施来抓。

3月16日　江泽民总书记视察湖南杂交水稻研究中心，袁隆平向江总书记汇报杂交水稻研究和推广应用情况。

8月14日—22日　袁隆平应邀赴日本作两系杂交水稻研究新进展学术报告。

9月29日—10月10日　袁隆平在美国参加洛克菲勒基金年会。

10月　由袁隆平等著、湖南科学技术出版社 1988 年 5 月出版的《杂交水稻育种栽培学》一书获首届国家图书奖。

11 月 2 日　袁隆平任湖南省农业科学院名誉院长。

是年　安江农校获国家教委"科教兴农先进学校"称号。

是年　怀化地区杂交水稻播种面积为 317.05 万亩，首次攻破 300 万亩大关。

是年　怀化地区两系杂交水稻开发领导小组成立，由行署分管农业的副专员任组长，安江农校、地区农业局、地区科委、地区农科所领导和专家为成员。

1992 年

1 月 13 日—15 日　国际水稻无融合生殖学术讨论会在长沙召开，袁隆平出席并主持会议，美国、日本、澳大利亚、墨西哥、荷兰、俄罗斯、菲律宾等 7 个国家的 13 名专家和我国 9 个省（市）的 21 名代表出席。会议由湖南杂交水稻研究中心和美国洛克菲勒基金会共同发起和主持。

2 月 21 日　湖南省保险公司为全省 8 万亩杂交水稻提供科技兴农项目的保险。

8 月 18 日　两系法水稻杂种优势利用研究"温光弱减型光敏核不育水稻 30885"通过省级审定。

9 月 15 日　中共湖南省委、湖南省人民政府授予袁隆平"功勋科学家"称号，省委书记熊清泉、省长陈邦柱在授奖仪式上为袁隆平颁发奖杯、勋章和功勋证书。

10 月 22 日—11 月 13 日　袁隆平受联合国粮农组织委托以首席顾问身份赴印度指导杂交水稻技术 3 个星期。

11 月 22 日　湖南省农科院水稻所研究育成的早籼稻新品种"湖南软米"在全国首届农博会上获金奖。

是年　湖南省农业厅和省科委批准将原安江农校杂交水稻科研室升为安江杂交水稻研究所。

1993 年

1月初　湖南省农业厅邀请专家座谈。大家建议，湖南水稻种植结构调整应逐步向"五稻"方向发展：一、深度开发优质稻，提高市场竞争力；二、开发再生稻；三、开发饲料稻；四、开发经济效益好的特种稻；五、开发旱稻，省工省种。

1月　中熟早籼新品种"湘早籼13号"通过省品种审定委员会审定。该品种由怀化地区农科所廖松贵等人于1988年选育而成，为湖南省推广面积最大的中熟早籼品种。

4月10日—22日　袁隆平赴美国布朗大学出席菲因斯特拯救饥饿奖颁奖仪式，夫人邓则应邀陪同前往，袁隆平获美国菲因斯特基金会"拯救世界饥饿"（研究）荣誉奖。

4月　中央政治局常委、国务院副总理朱镕基在长沙蓉园宾馆接见周坤炉等专家，周坤炉汇报提出作物新品种知识产权问题。

9月18日　王克英副省长视察湖南杂交水稻研究中心，听取两系杂交水稻研究情况汇报。

11月17日—12月10日　袁隆平受联合国粮农组织委托第三次赴印度传授杂交水稻技术。

12月30日　袁隆平撰写《对大面积推广玉米稻要持慎重态度》一文，由湖南省农业厅以湘农函（1993）种字113号转发，对于稳定湖南粮食产量起到重大作用。

是年　袁隆平指导罗孝和研究员等人创造冷水串灌技术，培育出低温敏不育系"培矮64S"，真正发挥了高温制种、低温自繁的双重效用；不久又培育出"两优培特"组合，两系杂交水稻开始正式投入生产。

是年　成立了集科研、繁育、生产、销售、推广为一体，具有独立法人资格的科技型种子企业——湖南安江农校种苗开发中心。

1994 年

1 月 12 日　袁隆平获首届何梁何利基金科学与技术进步奖（生物类）。

1 月　袁隆平、陈洪新著的《杂交水稻育种栽培学》被列为"推动我国科技进步十大著作"之一。

2 月 28 日—3 月 12 日　袁隆平赴美国休斯敦与美国水稻技术公司草签合作开发两系杂交水稻协议。

4 月 8 日　湖南省水稻研究所赵正洪等人培育的香型优质稻种"湘晚籼 5 号"通过审定。该品种产量高，米质优良，达到高档优质米标准。

5 月 9 日　湖南省人民政府以第 32 号令颁布《湖南农作物新品种有偿使用试行办法》。

6 月 9 日　由袁隆平发起的"袁隆平杂交水稻奖励基金会"经省人民银行批准成立，挂靠湖南杂交水稻研究中心。

6 月 15 日　湖南杂交水稻研究中心举行"杂交水稻研究 30 周年、湖南杂交水稻研究中心成立 10 周年暨袁隆平杂交水稻奖励基金会首次颁奖"三项庆典活动。王茂林、万达、刘正等湖南省领导及中央直属有关单位、省属有关单位、兄弟省（市）区有关单位负责人和专家代表共 200 余人参加庆典活动。

7 月 5 日　由湖南农业大学承担的"水稻与高粱远缘杂交育种研究"通过现场评议。专家们认为，这是水稻育种史上的新突破。

7 月 28 日—29 日　受国务委员陈俊生委托，农业部在长沙召开有云、贵、川、闽、赣、皖、鄂、湘、桂 9 省（区）和重庆市参加的现场会，推广湖南中稻蓄留再生稻的经验。

9 月 10 日　农业部以农科函〔1994〕14 号通知，正式批准美国水稻技术公司与湖南杂交水稻研究中心共同开发经营两系杂交水稻的合作协议。

9 月 17 日　湖南农业大学以万文举副教授为主的"遗传工程水稻"课题研究在云南永胜县涛源乡试种成功，获得亩产 2124 斤。

9月23日—25日　袁隆平在湖南长沙主持全国杂交水稻专家顾问组组长碰头会。

11月16日　湖南杂交水稻研究中心培育成功的中国第一个两系法杂交香型水稻不育系"香1255"通过省科委组织的专家审定。

12月16日　国务院总理李鹏视察湖南杂交水稻研究中心，袁隆平向总理作了汇报并递交组建国家杂交水稻工程技术研究中心的申请报告。李鹏总理当场批示同意，并从总理基金中拨款1000万元，另由省配套500万元，国家开发银行提供低息贷款500万元，支持袁隆平主持的两系法杂交水稻研究。

1995 年

1月28日　湖南省人民政府办公厅发出《关于加强杂交水稻种子管理的通知》。

2月　怀化市文联副主席谭士珍的《杂交水稻之父——袁隆平》一文入选义务教育课程初中语文课本（第一版）。

4月　袁隆平创建以生产核心种子为关键环节，由"核心种子—原原种—原种—制种"的两系杂交稻种子的生产程序。

5月1日　《湖南日报》刊登湖南农业劳动模范和先进工作者名单。在全国先进工作者24人中，农业方面的有邓华凤（安江农校杂交水稻研究所助理研究员）、周坤炉（湖南省杂交水稻研究中心研究员）。

5月　经国务院批准，湖南杂交水稻专家袁隆平当选为中国工程院院士。

8月19日—22日　全国两系法杂交中稻优质高产制种现场会在怀化成功召开，袁隆平宣布两系法杂交水稻基本成功，可以逐步在生产上大面积推广。两系法杂交水稻比同熟期三系法杂交水稻增产5% ～ 10%。

8月21日—23日　国家863计划两系法杂交中稻现场会在怀化召开，袁隆平，怀化地委、怀化行署领导戚和平、吴宗源、薛忠勇、陈志强、佘国云、专家卢兴桂、许世觉、李必湖、尹华奇参加会议。

9月4日　湖南省人民政府副省长庞道沐在湖南省农科院与袁隆平等专家座谈后说："到2000年，全省两系法杂交水稻要推广到2000万亩。"省委书记王茂林对此批示，要求像推广三系法杂交水稻那样形成规模。

10月　袁隆平获联合国粮农组织"粮食安全保障"荣誉奖章。

11月7日　中共湖南省委、湖南省人民政府组成调查组赴汝城处理震惊全国的汝城三江口农林牧种源公司非法销售假杂交种子一案。

12月16日　国家杂交水稻工程技术研究中心在湖南杂交水稻研究中心的基础上正式成立，袁隆平任主任。刘正、胡彪、董志文、朱森泉、陈洪新、张勇前往祝贺。

1996年

1月17日　"国家水稻工程"在湘启动，湖南成立以副省长潘贵玉为组长的课题协作领导小组和以袁隆平为组长的专家小组。

1月27日　湖南省人民政府发出《关于加强种子工作的通知》。

3月19日　全国两系法杂交水稻培训班在长沙开班，学员70余人。由袁隆平讲授第一课。

4月15日　受国家外贸部委托，由湖南省农科院水稻研究所举办的1996年湖南国际水稻科技培训班在长沙开班，来自圭亚那、哥伦比亚、朝鲜、斯里兰卡、越南、埃及等国的11名学员参加学习，为期二个半月。

5月19日　袁隆平赴日领取首届"日经亚洲大奖"奖金300万日元后返湘，潘贵玉、陈彰嘉到机场迎接。

7月12日　"湖南省袁隆平农业科技奖励基金会"成立大会暨《功勋科学家袁隆平院士》首发式在湖南农科院举行。

7月　袁隆平出席在湖南省张家界市召开的863计划重大技术项目复审会议。

8月　"怀化地区两系杂交水稻中试研究开发中心"成立。

9月28日　中国工程院院士袁隆平等选育的两系法杂交水稻新品系两用核不育系"测648"、广谱广亲和系"雪轮"以及"光温敏核不育水稻育性稳定性及其鉴定技术研究"通过省级审定。

10月18日　袁隆平出席由何梁何利基金会在北京举办的学术报告会，作《从杂交水稻育种领域看粮食增产潜力，中国有能力解决吃饭问题》的学术报告。

11月　袁隆平出席在杭州举行的东亚地区洛克菲勒基金会水稻生物技术国际学术讨论会并作学术报告；参加在印度举行的第三届杂交水稻国际会议。

12月25日　两院院士评出本年度国内十大科技进展新闻，"两系法杂交水稻技术获重大突破"名列榜首。

是年　《杂交水稻》杂志被选为全国中文核心期刊。

是年　由怀化地区农科所、湖南省种子公司、怀化地区科委承担，廖松贵、杨远柱、罗雄年、龙天建、张德明主要负责的"湘早籼7号的选育及应用研究"项目获国家级奖励。

1997 年

1月4日　《湖南日报》报道，湖南省农科院两系杂交水稻、高粱、油菜研究居全国领先地位。

3月20日　湖南省两系法杂交水稻第十次协作会商定，全省这年推广两系法杂交水稻150万亩。庞道沐副省长出席会议并讲话。

4月　袁隆平出席在北京举行的第二届中国国际农业科技年会国际种业学术讨论会。同月，还在安徽农科院举办的863计划1997年两系杂交（粳）稻技术培训班上讲课。

5月5日　湖南省农业厅受湖南省人民政府委托，与列为首批优质稻开发的10个基地县、区，10个精米加工龙头企业签订合同，年内发展100万亩高档优质稻的生产和加工。

7月18日　袁隆平收到墨西哥国际小麦、玉米改良中心发来的传真，其中写道："你在水稻大面积杂种优势利用方面作出的贡献，使你被推选为'杰出先驱科学家'，大会将授予你此项荣誉。"袁隆平应邀参加会议并领奖。

同日　《湖南日报》报道，湖南农业大学培育出两系杂交水稻"培两优288"和两系杂交水稻"新香优80"两个优良杂交水稻组合，并通过省级审定。

9月6日—8日　首届农作物两系法杂种优势利用国际学术讨论会在长沙举行，中共湖南省委副书记胡彪致辞，袁隆平出席并主持会议，作了题为《农作物两系法杂种优势利用的现状与前景》的学术报告。

10月　中国生物工程开发中心将怀化列为国家863两系杂交水稻中试基地。

11月　袁隆平在《杂交水稻》第6期上发表《杂交水稻超高产育种》的重要论文。

12月17日　湖南省两系法杂交水稻开发领导小组办公室宣布，这年杂交水稻大面积示范获得增产，示范面积148万亩，居全国第一，比同期的三系杂交水稻每亩增产100斤左右。

是年　袁隆平提出超级杂交水稻育种技术路线。

是年　麻阳"培矮64SX"特育制种技术达国内先进水平，单产创当年全国最高纪录。

是年　怀化行署在区内筹资200万元用于两系法杂交水稻中试基地建设。

1998 年

3月3日　湖南省优质稻米工作会议在长沙召开。会上确定岳阳、长沙、桃源、赫山等24个县（市、区）为高档优质稻重点生产基地，潇湘米业公司、长沙秀龙公司等20家企业为龙头企业，实行企业＋基地的开发模式。

3月　杂交水稻育种专家李必湖当选为第九届全国人大代表，出席全国人大第九届第一次代表大会。

4月15日　湖南省人民政府办公厅发出《关于进一步加强种子管理的通知》。

5月　在怀化市第一届第一次人民代表大会上，杂交水稻育种专家李必湖当选为怀化市人大第一届常委会副主任。

7月3日　经国家科技部、农业部专家现场考察，湖南列入国家863计划重点的长、岳两系法杂交早稻示范带，示范带内高产丘块单产可达1100斤左右，整个示范带14万亩，亩产可比常规稻高出100斤以上。

7月4日　《湖南日报》报道，湖南杂交水稻研究中心两系杂交早稻育种取得重大突破，选育出"3034""3068"两个具有发展前途的苗头性新组合。

8月13日　袁隆平应邀赴北戴河休假期间，向朱镕基总理呈送《申请总理基金专项支持超级杂交水稻选育》的报告，得到高度重视。朱镕基总理批示"国务院全力支持这个研究"，并拨经费1000万元予以支持。

8月14日　袁隆平参加在北京召开的第十八届国际遗传学大会，作《超高产杂交水稻选育》报告。

10月2日　湖南省农科院专家对资兴市大面积杂交水稻高产制种配套技术项目进行现场验收，理论亩产最高达936斤，最低达661.4斤。其大面积制种三年全国第一。

10月15日　湖南省首届袁隆平农业科技奖评选结果揭晓：罗孝和、黄培劲、官春云、李罗斌、周新安等5人获奖，陈洪新获特别奖。

10月　袁隆平参加在上海举行的第六届国际水稻分子生物学会议。

是年　超级杂交水稻科研项目列入国家863计划。

是年　湖南全省优质稻种植面积1630万亩，比上年增加560万亩，平均亩产达到860斤。

1999 年

1月24日　袁隆平在湖南省两系法杂交水稻示范推广工作会议上宣布：

1998年湖南省两系法杂交水稻的研究开发继续保持世界领先。

2月上旬　湖南省人民政府决定：1999年全省推广两系杂交水稻500万亩，同时制种7万亩，为2000年推广900万亩两系杂交水稻准备充足的种子。

2月20日　湖南省水稻研究所育出一批高产、优质水稻新品种。省农作物品种审定委员会通过了对该所选育的"湘早籼29号""湘晚籼10号""湘晚籼11号"等品种的审定。

6月　"袁隆平农业高科技股份有限公司"正式挂牌成立。

8月13日　湖南师范大学生命科学院经过10年的努力，育成国内首个临界温度双低两用核不育系，攻克了两系杂交水稻制种难关。

8月底　袁隆平赴云南永胜县涛源乡考察超级杂交稻试种情况。后验收证明，涛源乡试验田亩产高达2278斤，创造了新的世界纪录。

9月7日　袁隆平学术思想与科研实践研讨会暨首届袁隆平农业科技奖颁奖仪式在长沙隆重举行。原湖南省省长、袁隆平农业科技奖励基金会名誉理事长熊清泉出席会议并宣布首届获奖者名单。罗孝和、黄培劲、官春云、李罗斌、周新安等5位农业科技专家获得了首届袁隆平农业科技奖，陈洪新获首届袁隆平农业科技奖特别奖。

10月7日　中共湖南省委副书记胡彪到省农科院考察时强调，抓好品种选育，推进"湘米优化"，争取三五年内选育出三五个"超泰米"优质稻新品种，在全省推广1000万亩，满足人民对优质米的需求。

10月14日　科技部下文通知，国家杂交水稻工程技术研究中心顺利通过国家验收，获准正式命名。

10月26日　袁隆平出席在北京人民大会堂举行的"袁隆平星"命名仪式。中国科学院紫金山天文台发现的国际编号为"8117号"小行星被命名为"袁隆平星"。

是年　怀化市农科所育成两季早籼新品种"八两优96"、中籼新品种"怀两优63"和三系中籼新品种"辐优福3"。

2000 年

1 月 13 日　湖南省两系法杂交水稻研究开发第十一次协作会在长沙召开。会议确定：积极试验，育出一批优良核不育系和新的强优势两系组合；稳步推广，示范面积达到 700 万亩以上。

3 月 5 日　怀化市文联副主席谭士珍的《杂交水稻之父——袁隆平》一文入选语文教材八年级上册（语文版）。

5 月　"中国超级杂交水稻基因组测序和基因功能开发利用计划"正式启动。该项目以国家杂交水稻工程技术研究中心培育的超级杂交水稻为对象，以华大基因研究中心的大规模基因测序的经验实力为基础，发挥中国科学院遗传所在水稻分析生物学和转基因技术上的优势，开展对超级杂交水稻基因组序列分析，破译超级杂交水稻的遗传密码。

5 月 31 日　以袁隆平名字命名的袁隆平农业高科技股份有限公司股票"隆平高科"在深交所上网定价发行。

8 月 25 日　全国杂交水稻验收组对湖南杂交水稻研究中心和江苏农科院联合实施的国家 863 计划生物领域项目——郴州苏仙区栖凤渡村超级杂交水稻 141.5 亩中稻示范点进行现场测产验收。验收结果为平均亩产 1555.62 斤，最高亩产 1614.4 斤，突破国家 863 计划第一期目标规定的 1400 斤。

8 月　以袁隆平名字命名的高等院校袁隆平科技学院在湖南成立，袁隆平出任名誉院长。

9 月 10 日　科技部生物工程中心、863 计划生物领域专家委员会和农业部科技司邀请国内水稻专家对国家杂交水稻工程技术研究中心主持承担的超级杂交稻项目进行现场测产验收，1075 亩示范田平均亩产 1407 斤，实现了我国农业部 1996 年立项的中国超级稻第一期产量指标，标志着我国超级稻研究基本成功。

9 月中下旬　超级杂交水稻"培矮 64S／9311"已经连续两年（1999 年、2000 年）在数十个百亩片、数个千亩片上达到了农业部制定的中国超级稻中稻第一期目标,这项成果被两院院士评选为"2000 年中国十大科技进展"之一，并居榜首。

12 月 13 日　国家农作物品种试验站和亚华种业科学院怀化育种中心在怀化农业科学研究所挂牌成立。

是年　袁隆平主持的国家 863 计划两系法杂交水稻研究项目通过科技部的验收。

2001 年

2 月 19 日　袁隆平院士获首届国家最高科学技术奖。颁奖仪式在人民大会堂举行，由国家主席江泽民亲自颁授奖励证书和奖金 500 万元。

2 月 22 日　中共湖南省委、湖南省人民政府隆重召开袁隆平院士获首届国家最高科学技术奖庆功大会，并决定在全省广泛深入地开展向袁隆平院士学习的活动，并奖励 300 万元科研经费。

3 月　著名杂交水稻育种专家李必湖当选为第十届全国人大代表，出席第十届第一次全国人大代表大会。

同月　湖南省成立了超级稻研究开发协作组，怀化市农科所、怀化职业技术学院（原安江农校）为其成员单位，各市（州）农业局开展示范推广工作。

4 月 5 日—6 日　中共怀化市委筹备开办的"怀化发展论坛"开坛。市委书记欧阳斌题词，市委副书记、市长陈志强，市委副书记卜功富参与会议并讲话。怀化著名杂交水稻育种专家李必湖研究员和北京大学教授潘爱华博士应邀作专场学术报告。

5 月　袁隆平分别赴越南参加联合国粮农组织主持的"在亚洲加快大规模杂交水稻发展的政策支持会议"，赴孟加拉国参加国际水稻所及亚洲发展银行杂交水稻项目的第四次技术委员会会议。

10 月　袁隆平直接指导、罗孝和主持的"培矮 64S 的选育与应用研究"荣获 2001 年度国家科技进步奖一等奖。

12月　经国家主席江泽民推荐，袁隆平赴委内瑞拉考察推广杂交水稻的可能性与前景。委内瑞拉是个石油输出国，但农业不发达，粮食大量靠进口。江泽民主席该年春季出访委内瑞拉时，答应了该国总统希望中国帮助他们发展农业的要求，并推荐袁隆平帮助该国推广杂交水稻。

2002 年

1月18日　第二届袁隆平农业科技奖颁奖大会在湖南杂交水稻研究中心举行，13个县（市、区）级单位获奖。

4月5日　美国权威杂志《科学》发表中国科学家关于水稻基因组论文，我国科学家率先绘制出由袁隆平院士提供籼稻样品的超级杂交水稻基因图谱，人类第一次在基因组层面"认识"水稻。国际科学界称之为"世界生物学领域的里程碑"。

5月13日—22日　袁隆平出席在越南河内召开的第四届国际杂交水稻学术研讨会，任组委会副主席，并作题为《超级杂交稻》的学术报告。为表彰他在越南发展杂交水稻所作的杰出贡献，越南政府授予他"越南农业和农村发展荣誉徽章"。同时考察了义安省杂交水稻种植情况及南方种子公司。

8月　经湖南省科技厅批准成立湖南省杂交水稻分子育种重点实验室。

2003 年

3月　袁隆平出席全国政协第十届全体会议，并于3月13日当选为第十届全国政协常委。

10月3日　胡锦涛总书记赴袁隆平院士主持的国家杂交水稻工程技术研究中心，详细了解了超级杂交水稻选育项目的进展情况，充分肯定了他们作出的重大贡献。

是年　经湖南省人民政府批准，湖南省安江农业学校与怀化机电工程学校合并组建怀化职业技术学院。

2004 年

1 月　袁隆平荣获以色列沃尔夫奖励基金会授予的"沃尔夫奖"。

2 月 13 日　袁隆平出席在联合国粮农组织总部罗马召开的国际稻米大会，并在会上发言，呼吁推广杂交水稻。

3 月　袁隆平院士在"两会"期间做了"高度重视我国粮食安全问题"的大会发言，并提交了第三期超级杂交水稻研究的提案。

同月　袁隆平成为国家杂交水稻工程技术研究中心天津分中心首席科学家。

3 月 30 日　袁隆平在美国华盛顿参加 2004 年度世界粮食奖桂冠发布会，荣获世界粮食基金会授予的 2004 年度"世界粮食奖"。

4 月 9 日　怀化市领导欧阳斌、王小华、彭安沙等赴海南省三亚慰问袁隆平，共商"2004 中国怀化国际杂交水稻与世界粮食安全论坛"承办事宜。

5 月 9 日　袁隆平出席在耶路撒冷以色列议会大厦举行的 2004 年度以色列"沃尔夫奖"颁奖典礼。卡察夫总统向袁隆平院士颁发奖状和奖金。沃尔夫基金委员会负责人称赞袁隆平是"现代农业研究史上的一位科学巨人，对世界粮食生产产生了极大影响"。袁隆平获得沃尔夫奖，以色列总统为其颁奖。

8 月 16 日—18 日　袁隆平应马来西亚元首基金会的邀请，赴马进行考察访问，帮助马来西亚发展杂交水稻，以解决其稻米不能自给的难题。

9 月 2 日　怀化杂交水稻纪念馆在怀化职业技术学院落成，对外开放。展出包括"历史溯源""发展历程""辉煌成就""走向世界"四个部分。这是中共怀化市委、怀化市人民政府为迎接 2004 中国怀化杂交水稻与世界粮食安全论坛在怀化召开而决定建立的。

9 月 3 日　来我国访问的菲律宾总统阿罗约在北京约见袁隆平院士，签署并颁发表彰袁隆平院士致力于促进菲律宾杂交水稻发展的嘉奖令。

9 月 8 日—10 日　在怀化举办杂交水稻研究 40 周年纪念大会暨国际杂交水稻与世界粮食安全论坛，袁隆平主持会议，并给李必湖、冯克珊、颜龙安、谢华安、邹江石 5 人颁奖。参加国际杂交水稻与世界粮食安全论坛的 300 多名国内外专家、学者也参加了庆典大会。

10 月 25 日　袁隆平获世界粮食奖后载誉回国，在北京中南海受到国务院副总理回良玉的亲切接见。回良玉副总理代表国务院向袁隆平院士表示热烈祝贺，并对他为中国农业发展乃至世界粮食生产作出的杰出贡献表示诚挚感谢。

10 月　中国超级杂交水稻研究第二期目标现场实测在深圳市龙岗区进行。有关专家对 48 亩实验田的超级杂交水稻晚稻进行实测，结果表明：亩产高达 1694 斤，提前一年实现了超级稻第二期目标，标志着中国超级杂交水稻育种研究继续领跑世界。

11 月 8 日　湖南省人民政府在湖南农科院隆重召开袁隆平院士荣获世界粮食奖庆功会。会上，宣读了《湖南省人民政府关于对袁隆平院士给予嘉奖的决定》，周伯华省长向袁隆平院士颁发配套奖 50 万元人民币，袁隆平院士宣布把自己获得的世界粮食奖奖金 12.5 万美元全部捐赠给袁隆平农业科技奖励基金会。

11 月 27 日—12 月 2 日　袁隆平赴菲律宾参加国际水稻年庆祝仪式暨世界水稻大会。

是年　超级稻第二期攻关大面积亩产 1600 斤取得成功。

是年　由怀化职业技术学院曾存玉选育的"金优 179"通过湖南作物品种审定委员会审定。

2005 年

1 月 22 日　中共湖南省委书记、湖南省人大常委会主任杨正午率省党政代表团在海南学习考察期间，专门到湖南杂交水稻研究中心南繁试验基地视察和慰问。

2 月　推广超级稻品种和技术被写进当年的中央"一号文件"。

3 月 16 日　在湖南省超级稻研究第四次协作会议上，中方县等多个超级稻百亩示范片受到表彰。

7月16日　中共中央政治局常委、全国政协主席贾庆林视察湖南省农科院，看望全国政协常委袁隆平院士，察看超级杂交水稻试验田。

8月13日　中共中央政治局常委、国务院总理温家宝视察湖南省农科院，察看试验田，看望袁隆平院士及科研人员。温家宝总理高度赞扬袁隆平院士在杂交水稻研究上所作的贡献，强调"发展农业，要靠政策、靠投入、靠科技，归根结底要靠科学技术"。

9月9日　中共湖南省委副书记戚和平、湖南省人民政府副省长杨泰波率领湖南省党政考察团一行16人，在海南省考察期间视察湖南杂交水稻研究中心南繁试验基地。

9月11日—13日　袁隆平出席在天津召开的首届国际生物经济高层论坛农业生物技术分会第二届杂交粳稻科技创新研讨会。

10月19日上午　应中华人民共和国外交部的邀请，袁隆平院士在外交部第四期大使参赞学习班上，向我国驻80多个国家的大使、总领事和参赞作报告，引起了外交官们的浓厚兴趣，袁隆平院士和他的杂交水稻成为我国外交的"友好大使"。

11月20日　湖南杂交水稻研究中心"籼粳亚种间优良杂交水稻'金优207'的选育和应用研究"荣获国家科技进步奖二等奖；"印水型水稻不育胞质的发掘及应用研究"荣获国家科技进步奖一等奖。

是年　由怀化职业技术学院曾存玉选育的"Ⅱ优231"通过湖南作物品种审定委员会审定。

2006 年

4月25日　美国科学院外籍院士评选结果揭晓：袁隆平当选为美国科学院外籍院士。

8月　怀化职业技术学院宋克堡发现的水稻淡黄叶标810S突变体通过湖南省科技厅组织的成果鉴定，专家一致认为：该发现具有原创性，其水平居国际领先。

9月17日　袁隆平在长沙会见美国杜邦先锋种子公司作物研究总监Kay Porte 博士一行，并就水稻育种与种子生产问题进行探讨。

10月4日—7日　袁隆平出席并主持与美国水稻技术公司的合作会议，在湖南杂交水稻研究中心签订了改良 0044 不育系的技术委托合同。

11月17日　中共湖南省委书记张春贤、湖南省人民政府代省长周强专程考察湖南省农科院，并代表中共湖南省委、湖南省人民政府表示进一步支持袁隆平院士的研究工作，并于翌年在全国率先启动杂交水稻"种三产四"丰产工程。

12月17日　由国家发改委、科技部、中科院、中科协等部委评定的"2006 中国最具影响力创新成果"等奖项揭晓，袁隆平与牛根生、马蔚华、柳传志、李书福等获选 2006 中国最具影响力创新成果领军人物。

12月19日　袁隆平出席并主持在长沙召开的湖南省第六次超级稻研究开发协作组会议暨第四届袁隆平农业科技奖颁奖大会。

12月25日　袁隆平在长沙会见北京大学校长许智宏院士一行，向他们介绍了超级杂交水稻的研究情况与"种三产四"丰产工程计划。许智宏院士表示，袁隆平院士提出的超级稻三期目标，是一项造福人类的伟大工程，我们所有从事植物生理学研究的专家都愿意做好相关的基础研究，为这一宏伟计划服务。

2007 年

1月16日　袁隆平随温家宝总理出席中菲农业合作情况交流会。温家宝说："这次我点名让袁隆平作为特邀专家随团访问，袁隆平的言行反映了中国人民和广大农业科技人员的心声。"

2月9日　长沙高新区重奖在知识创新、创高、创牌方面功勋卓著的企业和个人，袁隆平等科学家和企业家获奖。

2月17日　湖南省全省农村工作会议召开，会议决定：把袁隆平院士的"种三产四"丰产工程作为粮食生产的重要支撑，力争全年全省推广超级稻800万亩以上，发展优质稻4000万亩。

3月12日 袁隆平向来访的商务部副部长魏建国提出建议，希望在湖南建立杂交水稻国际援助研发中心，加快杂交水稻的国际服务步伐。

3月16日 袁隆平在香港中文大学作题为《超级杂交水稻育种新进展》的学术报告。他表示：在第一、第二阶段目标分别达到和提前达到的良好基础上，第三阶段"超级杂交水稻"育种计划已顺势推出，目标是在2015年将每亩水稻产量提高到1800斤，并达到"种三产四"，即种植3亩田，产出原来4亩的稻谷。

4月27日—5月7日 袁隆平赴美国华盛顿参加美国科学院年会，正式就任美国科学院外籍院士，并顺访休斯敦美国水稻技术公司和旧金山孟德尔公司。

7月11日 袁隆平出席在长沙举行的非洲国家杂交水稻技术培训开学典礼。

7月16日 袁隆平出席在北京人民大会堂举行的"十一五"国家科技支撑计划"粮食丰产科技工程"重大项目签约仪式，作了关于"种三产四"丰产工程的学术报告。

8月29日 全国政协主席贾庆林在北京会见袁隆平院士。

9月13日 袁隆平出席安徽芜湖超级杂交稻"种三产四"丰产工程验收会。

9月18日 袁隆平院士荣获"全国敬业奉献模范"称号，并在人民大会堂受到中共中央总书记、国家主席、中央军委主席胡锦涛接见。

同日 《人民日报》刊发"中组部、中宣部、中央统战部通知，要求在广大知识分子和无党派人士中广泛开展向袁隆平院士学习活动"。

9月21日 在中国科技馆与中央电视台联合主办的《大家智行天下》之《大师讲科普》大型科普电视节目第7期上，袁隆平作了主题为"发展杂交水稻，造福世界人民"的讲座。

10月15日—21日　应中共中央的邀请，袁隆平作为无党派人士代表列席中共第十七次全国代表大会开幕式、闭幕式，均在主席台贵宾席就座。

10月29日—30日　美国水稻技术公司投资者列支敦士登国王二世汉斯、亚当公爵以私人身份访问湖南杂交水稻研究中心并会见袁隆平院士。

11月18日　袁隆平出席中国·湖南第九届（国际）农博会、第六届中国优质稻米博览交易会"现代农业与新农村建设高层论坛"，并作关于超级杂交水稻育种研究进展的学术报告。

11月26日—12月3日　袁隆平访问澳门科技大学，并与中国澳门行政长官何厚铧会见。在澳门科技大学作了关于杂交水稻新进展的学术报告。

是年　袁隆平出席在长沙举行的"中国国家杂交水稻工程技术研究中心与美国先锋海外公司科技合作"的协议签字仪式，并代表中方签字。

2008 年

3月29日　袁隆平荣获"2007年影响世界华人终身成就奖"，出席在北京举行的盛典。

5月13日　中央政治局委员、全国政协副主席王刚到湖南杂交水稻研究中心视察。

8月28日　袁隆平回母校西南大学进行学术演讲，受到师生热情接待，上千名学子手捧鲜花在雨中夹道呼喊着他的名字。

9月12日—14日　第五届国际杂交水稻学术研讨会在湖南长沙召开，袁隆平作有关中国超级杂交稻研究的最新进展的学术报告，来自美国、印度、印度尼西亚、孟加拉国、埃及、菲律宾、越南、中国等24个国家和国际机构的专家学者、企业界人士和政府官员400多人参会。第五届袁隆平农业科技奖颁奖仪式也在这次国际杂交水稻学术研讨会的开幕式上隆重举行，朱英国院士等12名杂交水稻历史功臣获奖，每人获奖金5万元人民币。

9月15日　袁隆平出席在长沙举行的杂交水稻新组合拍卖会。两系杂交水稻新组合"两优 1128"以 1180 万元的高价竞拍成功，两系杂交水稻新组合"Y 优 2 号"也拍出了 650 万元的高价。

9 月 25 日　袁隆平荣获澳大利亚二十一世纪创新国际评价中心颁发的"2008：中国的世界创新人物——金袋鼠奖"。

11 月 9 日　袁隆平院士到怀化职业技术学院看望师生，湖南省人大常委会副主任刘莲玉和怀化市领导杨方明、石希欣等陪同。

12 月 1 日　在中国科协组织的"五个 10"系列评选活动中，袁隆平入选"10 位传播科技的优秀人物"，"杂交水稻选育成功及其推广应用"入选"10 个影响中国的科技事件"。

是年　袁隆平荣获"改革之星——影响中国改革 30 年 30 人""中国改革开放 30 年影响中国经济 30 人""中国改革开放 30 年中国三农人物 30人"等称号。

是年　通过教育部人才工作水平评估，被评为优秀等级的怀化市中等城乡建设学校、怀化水电学校、怀化商业学校的教学师资先后整体或部分并入怀化职业技术学院。

2009 年

8 月 17 日　中共中央政治局委员、国务委员刘延东到湖南杂交水稻研究中心视察，看望袁隆平院士。

8 月 20 日　国务院发文特批增补安江农校纪念园为第六批全国重点文物保护单位。中华人民共和国成立后仅有 3 例"国保"享受特批待遇。

9 月 13 日　全国强优势杂交水稻现场观摩会在溆浦隆重召开，袁隆平等 160 多名全国专家参加会议，横板桥乡兴隆村百亩强优势杂交水稻田每亩产量 1703.8 斤。国家 863 计划"强优势水稻杂交种的创制与应用"首期目标如期实现。

11 月　怀化市质监局发布《优质杂交水稻的栽培技术规范》，对超级水稻的栽培种子选择、播种、育秧、大苗转栽到田间管理、收获、储藏以及产品的处理等整个过程作了详细的规定，对相关术语进行了明确；并对超级水稻种植的土壤、灌溉作了要求，填补了怀化市相关领域的空白。

是年　袁隆平入选"中华人民共和国成立以来100位感动中国人物。"

是年　"杂交水稻发源地——安江农校纪念园"先后被确立为"全国科普教育基地""湖南省爱国主义教育基地"。

2010 年

1月17日　中央政治局委员、国务委员刘延东视察湖南杂交水稻研究中心三亚南繁基地，慰问科技人员。

3月24日　袁隆平荣获法国最高农业成就勋章。

4月28日　袁隆平荣登2010年度中国心灵富豪榜首富榜。

6月19日　中共湖南省委副书记、湖南省人民政府代省长徐守盛到湖南杂交水稻研究中心调研，看望袁隆平院士。

8月13日　农业部部长韩长赋一行到湖南杂交水稻研究中心调研，看望袁隆平院士，听取对育种研究、水稻生产、农业科技等工作的意见。

9月6日　由国家科技部、农业部和湖南省人民政府共同举办，湖南省科技厅、国家杂交水稻工程技术研究中心、湖南省农业厅、湖南省农科院、隆平高科股份公司承办的第一届杂交水稻大会在长沙召开，全国政协副主席、科技部部长万钢，农业部副部长陈晓华等出席并讲话。

11月6日　著名杂交水稻育种专家李必湖为解决田少问题，开展水上种植杂交水稻的新型立体式水稻种植试验，沅陵县太常乡朝瓦溪村酉水河上的杂交水稻（晚稻）试验亩产874.64斤，比同品种水稻产量高10%左右。

2011 年

1月　袁隆平入列《中国国家形象片——人物篇》。

1月16日　袁隆平获中国农业银行杯CCTV2010年度三农人物推介活动特别大奖。

　　1 月 22 日　袁隆平获第二届"'中国时间'新世纪 10 年十大经济人物"称号。

　　5 月 9 日　全国现代农作物种业工作会议在长沙召开。中共中央政治局委员、国务院副总理回良玉等领导、专家共 300 余人，到湖南杂交水稻研究中心考察杂交水稻试验基地。

　　8 月 23 日—25 日　由怀化市人民政府主办，怀化市农业局、怀化市科技局、湖南奥谱隆种业公司承办的"中国怀化杂交水稻现场观摩暨种业发展研讨会"在怀化召开，袁隆平院士亲临指导，专家、领导和奥谱隆合作伙伴共 800 余人参会，进一步扩大了怀化杂交水稻研究及种业发展的影响力。

　　9 月 18 日　在湖南隆回县羊古坳乡雷锋村，农业部专家验收组对湖南杂交水稻研究中心育成的超级杂交水稻品种"Y 两优 2 号"百亩示范片进行现场测产验收，结果为平均亩产 1853.2 斤，这标志着超级杂交水稻第三期攻关目标获得重大突破。

　　10 月 10 日　中共中央政治局常委、国务院副总理李克强到湖南省农科院视察。他表示国家将全力支持亩产 2000 斤的超级杂交水稻第四期目标攻关，希望在袁隆平院士"90 前"（意指袁隆平 90 岁寿诞前）实现这个愿望。

　　是年　袁隆平提出"三一工程"，即通过应用超级杂交稻技术成果，用三分田年产粮食 720 斤来满足一个人全年的口粮。

2012 年

1 月 31 日　水稻不育系"P64-25"获美国专利商标局专利。

4 月 28 日　2012 年超级杂交水稻高产攻关协作会议在湖南省农科院召开，来自广东、广西、安徽和湖南相关县的农业局攻关项目技术负责人、相关种业与肥业负责人，及湖南杂交水稻研究中心部分育种和栽培专家出席。会上，袁隆平院士阐述了"良种、良法、良田、良态"相结合的高产攻关技术路线。

6月5日　中央政治局委员、全国政协副主席王刚率全国政协常委考察团一行39人视察湖南省农科院，察看了早稻试验田。

9月20日　在溆浦县横板桥乡兴隆村，农业部专家验收组对湖南奥谱隆科技股份有限公司育成的杂交水稻新品种"Y两优8188"百亩示范片进行现场验收，结果为平均亩产1835.4斤，圆满完成超级稻第三期（1800斤）攻关目标。

9月21日　袁隆平在国家杂交水稻工程技术研究中心接待了由商务部主办、农业部对外经济合作中心承办的"发展中国家农业南南合作官员研究班"学员。

10月18日　溆浦县横板桥乡兴隆村农民吴伟传、谌佐伯和黄茅园镇金中村农民唐忠勇、唐荣龙专程赶到长沙，将写有"天降神农，造福人类"的牌匾送给袁隆平院士。

12月20日　袁隆平在国家杂交水稻工程技术研究中心接待了联合国粮农组织总部南南合作项目官员Siefamcavveti先生和刘中蔚先生。

12月21日　袁隆平获中国非洲人民友好协会第四届中非友好贡献奖。

同日　袁隆平出席在长沙召开的湖南省超级杂交稻"种三产四"丰产工程年度总结表彰暨第七届袁隆平农业科技奖颁奖大会。

2013 年

3月12日　袁隆平出席在国家杂交水稻工程技术研究中心召开的超级杂交稻2000斤暨"三分田养活一个人"粮食高产工程2013年攻关会议。

4月8日　袁隆平院士应博鳌亚洲论坛之约，作发展杂交水稻保障粮食安全报告，预言如果全球现有稻田一半种上杂交水稻，以每亩增产粮食266.7斤计，能为世界新增3000亿斤粮食，可以多养活4亿至5亿人口。

4月9日　农业部部长韩长赋到国家杂交水稻工程技术研究中心海南繁殖基地，与袁隆平共同宣布超级杂交稻第四期攻关启动。

4月26日　在长沙召开"以发展杂交水稻为重点，举国家之力将长沙打造成为国际水稻之都"座谈会。

4月28日　习近平总书记来到全国总工会机关看望袁隆平及全国各条战线、各行各业、各个时期的劳动模范代表，与大家一起同庆五一节，共话中国梦。袁隆平拿出两张超级杂交稻照片递给总书记，介绍说："照片上像瀑布一样的是超级稻。"习近平总书记称赞道："超级稻，真是颗粒饱满啊。这是一个伟大的事业。"

5月23日　中共十八届中央委员、湖南省政协主席陈求发到湖南省农科院视察，看望袁隆平院士。

7月11日　尼日利亚总统古德勒克·乔纳森在北京钓鱼台会见袁隆平，听取袁隆平关于中国超级杂交稻的最新研究进展和在国内外推广应用情况介绍，特别是尼日利亚引进中国杂交水稻取得成功的情况。

9月28日　农业部组织在隆回县羊古坳乡牛形村对第四期超级杂交水稻苗头组合"Y两优900"101.2亩高产攻关片进行现场测产验收，结果平均亩产1976.2斤，刷新百亩连片平均单产世界纪录。

9月30日　中共湖南省委副书记、湖南省人民政府省长杜家毫到农科院调研，看望袁隆平院士。

10月25日　《杂交水稻》特种邮票首发式暨湖南（怀化）集邮展、湖南奥谱隆院士专家工作站授牌活动在安江农校纪念园举行。"杂交水稻之父"袁隆平院士为《杂交水稻》特种邮票首发式揭幕。

12月29日　农业部副部长余欣荣在海南省副省长陈志荣的陪同下，到湖南杂交水稻研究中心海南三亚南繁试验基地考察和慰问。

是年　农业部认定绥宁、洪江、靖州、溆浦、攸县、武冈、零陵、芷江为国家级杂交水稻基地县，认定怀化市为国家级杂交水稻基地市。

2014年

1月10日　全国科技奖励大会在北京人民大会堂举行。袁隆平院士主持的"两系法杂交水稻技术研究与应用"项目荣获 2013 年度国家科学技术进步奖特等奖，习近平总书记为袁隆平院士颁奖。

1月17日　袁隆平院士应邀参加李克强总理主持的为《政府工作报告（征求意见稿）》提意见和建议的工作会议。李克强指出："超级杂交水稻不仅要搞百亩，还要搞千亩、万亩，一定支持你们。"

1月20日　中共湖南省委书记徐守盛专程到湖南杂交水稻研究中心看望袁隆平。

3月3日　为落实国务院总理李克强对实施"超级杂交水稻百千万高产攻关示范工程"的指示精神，袁隆平院士主持召开工作会议，启动"超级杂交水稻百千万高产攻关示范工程"。

3月23日　袁隆平应邀出席由国务院发展研究中心主办、中国发展研究基金会承办的中国发展高峰论坛，作了"发展杂交水稻，保障粮食安全"的主题演讲。

4月9日—11日　袁隆平在海南三亚参加由国家杂交水稻工程技术研究中心与挪威农业与环境研究所共同主办的农业科技合作研讨会。

6月23日　袁隆平出席在湖南杂交水稻研究中心举办的联合国粮农组织"非洲可持续提高水稻价值链高级别研讨暨杂交水稻综合能力培训"开幕式。

7月18日　袁隆平出席在湖南杂交水稻研究中心举办的联合国粮农组织"非洲可持续提高水稻价值链高级别研讨暨杂交水稻综合能力培训"结业典礼。

7月25日　经科技部批准成立的中国首个杂交水稻国家重点实验室在湖南长沙挂牌。

9月5日　由联合国粮农组织和农业部主办的"联合国粮农组织参考中心授牌仪式"在国家杂交水稻工程技术研究中心举行。袁隆平与联合国粮农组织助理总干事王韧等出席授牌仪式。

9月16日—19日　由国际种子科学学会主办，湖南农科院、湖南杂交水稻研究中心、湖南农业大学等共同承办的第 11 届国际种子科学大会在长沙举行，来自全球 30 多个国家的 350 余名专家出席了会议。

10 月 10 日　在湖南省溆浦县横板桥乡红星村，农业部专家验收组对国家杂交水稻工程技术研究中心育成的超级杂交水稻品种"Y 两优 900"百亩片进行现场测产验收，结果为平均亩产 2053.4 斤，这标志着超级杂交水稻第四期攻关目标提前实现。受农业部委托，在攻关示范片现场举行了中国超级稻第四期研究进展新闻发布会。

11 月 1 日　袁隆平出席在长沙举行的"隆平论坛"。来自全国的 200 多名专家、学者和基层农业工作者围绕"农业科技创新与粮食安全"的主题深入探讨。

12 月 5 日　国家杂交水稻工程技术研究中心湖南省首个分中心在怀化职院设立，中国工程院院士、研究中心名誉院长袁隆平为其揭牌。

2015 年

3 月　湖南省人民政府副省长张硕辅到怀化市农科所海南三亚藤桥南繁育种基地调研指导。

5 月 8 日　中共怀化市委书记彭国甫带队走访湖南省农业委员会，就怀化市农业工作进行沟通对接，特别就如何推动全国三大杂交水稻制种国家级基地建设寻求支持。

9 月 23 日　袁隆平获世界华商投资基金会颁发的"世界杰出华人奖"。

同日上午 9 时　湖南省农业科学院超级杂交水稻大面积亩产突破 1800 斤祝捷大会在长沙市明城国际大酒店隆重举行。农业部、科技部，湖南省委、省人大、省政府、省政协给湖南省农科院及袁隆平院士领衔的超级杂交水稻研究团队发来贺信。湖南省委常委、省委秘书长杨泰波向袁隆平院士领衔的超级杂交水稻攻关团队颁发奖金 100 万元。

9 月 30 日　在湖南省衡阳县西渡镇梅花村的稻田里举办湖南省做优做强湘米产业暨高档优质杂交稻新品种开发新闻发布会，经过中国水稻所程式华所长等专家的数据检测和 30 多家中外媒体的现场品尝，"桃优香占""兆优 5455"等 5 个杂交稻新品种从南方稻区 300 多个品种中脱颖而出，达到国家二等以上优质米标准（三等即为优质米）。

10 月 9 日　袁隆平撰写《请别再向超级稻泼脏水了》一文，发表在《环球时报》上，回应了当时出现的对超级稻的质疑。

10 月 16 日　袁隆平出席在湖南农业大学举办的作物多熟种植与国家粮食安全高峰论坛会议，并作《超级杂交稻研究进展》学术报告。

10 月 26 日　云南个旧、河南信阳、湖南衡阳的三块超级杂交稻试验田再次创造了世界水稻产量最高纪录，即亩产 2134 斤，实现第五期超级杂交稻攻关目标。

是年　怀化市靖州苗族侗族自治县被定为"国家杂交水稻种子生产优势基地"。

是年　怀化市杂交水稻制种面积扩大到 10.3 万亩，成为全国三大杂交水稻制种基地之一。

2016 年

8 月　著名杂交水稻育种专家、怀化市人大常委会原副主任李必湖到奥谱隆公司指导杂交水稻育种工作。

9 月 5 日　全国南方稻区 15 省、市、区近 187 家杂交水稻经销商，来怀化参加湖南奥谱隆科技股份有限公司组织的新品种展示会和科技核心战略伙伴峰会。

9 月 11 日—17 日　2016 年发展中国家"绿色超级稻"品种培育及种子生产和栽培技术培训班在怀化职院安江校区举行。培训班由怀化职院与隆平高科国际培训学院共同主办，来自巴拿马、哈萨克斯坦、加纳、南苏丹、尼泊尔、塞拉利昂、斯里兰卡、乌兹别克斯坦、苏里南、赞比亚、埃及等 11 个国家的 42 名农业领域官员和专家参加培训。

10 月 3 日　袁隆平获香港嘉华集团"吕志和奖——持续发展奖"。

是年　靖州苗族侗族自治县荣获"全国杂交水稻高产攻关县""全国粮食生产先进县""湖南省粮食生产标兵县"等荣誉称号。

是年　云南个旧一季稻"超优千号"百亩示范片平均亩产2176斤，刷新了该示范片上年度亩产2132斤的纪录。

是年　湖南省政协副主席、中共怀化市委书记彭国甫指示：怀化职业技术学院要坚持"依托产业办专业，办好专业兴产业，兴旺产业促就业"的办学宗旨。

2017 年

3月6日　湖南省首个杂交水稻制种产业园在靖州苗族侗族自治县动工开建。该产业园在靖州苗族侗族自治县委、县政府的全力支持下，由湖南金稻种业有限公司主要投资建设，总投资2320万元，占地面积20余亩，建设种子仓库、烘干、晒坪、加工、培训等配套设施，当年建成并投入使用。

4月4日　清明节期间，袁隆平一家到安江镇郊外的白虎垴（习称"梨子山"）给袁隆平母亲华静女士扫墓。此后，随着年岁的增长，袁隆平的行动越来越不便，怀化的活动他再也没有回来参加，这次安江扫墓，成为他的最后一次怀化之行。

5月18日　湖南省科学技术奖励大会在长沙召开，怀化市农科所的"广谱恢复系怀恢210及其系列组合选育与应用"项目荣获湖南省科技进步奖三等奖。

6月20日　溆浦县在观音阁镇青龙村举办了溆浦县杂交水稻全程机械化制种观摩现场会，共调集2台高速插秧机、2台全自动无人植保飞机参与现场示范表演。

6月28日—7月28日　袁隆平农业高科技股份有限公司在长沙举办2017年发展中国家水稻高产栽培技术培训班。

是年　中国杂交水稻平均亩产1000斤，而世界水稻平均亩产仅614.66斤。

是年　袁隆平从他获得的首届"吕志和奖——世界文明奖"之"持续

发展奖"奖金中拿出 20 万元，捐赠给怀化职业技术学院，设立"袁隆平奖教奖学基金"。

2018 年

4 月 12 日　习近平总书记在海南省三亚市考察国家南繁科研育种基地，同袁隆平等农业技术专家一道，沿着田埂走进"超优千号"超级杂交水稻展示田，察看水稻长势，了解超级杂交稻的产量、口感和推广情况。

5 月 22 日　位于三亚水稻国家公园的有机覆膜直播试验示范田测产验收，测得亩产 2130.6 斤，创下海南省水稻单产历史最高纪录。

5 月 23 日　由作物不育资源创新与利用湖南省重点研究室、农业部南方水稻品种创制重点实验室、抗病虫水稻育种湖南省工程实验室、湖南生态学一级重点学科、生物发育与工程湖南省协同创新中心联合承办，由生物学家、美国国家科学院院士、耶鲁大学终身教授、北京大学现代农学院院长邓兴旺（湖南沅陵人）担任主席的杂交水稻前沿学术讨论会在湖南师范大学和隆平高科种业科学院举行。来自北京大学、湖南大学、湖南师范大学、中科院亚热带研究所与隆平高科种业科学院的专家和学者 120 余人参加讨论会。

5 月　袁隆平带领的青岛海水稻研发中心团队对在迪拜热带沙漠实验种植的水稻进行测产，最高亩产超过 1000 斤。

8 月 27 日　全国农技推广中心副主任、中国种子协会副会长郑光联一行到湖南奥谱隆科技公司调研并指导工作。

同日　中国·怀化 2018 绿色优质高产高效杂交水稻研讨暨新品种现场观摩会在怀化举行，来自湖北、安徽、江西、四川等全国 15 个省（区、市）的种子经销商及种粮大户 300 多人参会。

10 月　袁隆平及其团队培育的超级杂交水稻品种"湘两优 900（超优千号）"再创高产纪录：经第三方专家测产，该品种的水稻在试验田内亩产 2406.72 斤。

11月19日　中国工程院院士袁隆平、罗锡文，以及相关技术专家、测产验收专家来到广东省梅州市兴宁，对华南双季稻年亩产3000斤绿色高效模式攻关项目进行测产验收。现场实割测得晚稻平均亩产1411.36斤（干谷）。同样该攻关模式，这年7月20日在兴宁经过专家组实割测得早稻平均亩产1664.2斤，加上本次实割产量，实现双季超级稻年亩产3075.56斤，创双季稻产量世界纪录。

12月18日　中共中央、国务院授予袁隆平"改革先锋"称号，称他是"杂交水稻研究的开创者"。

是年　段美娟研究员（湖南农业大学副校长、党委副书记）作为中组部、科技部、人社部的"三区"科技人才派驻湖南奥谱隆科技股份有限公司，开展杂交水稻新品种研发、关键技术攻关、科研成果转化应用等科技服务，每届服务期内与奥谱隆公司共同走访企业当地中方县花桥、铜湾、接龙、泸阳等乡镇，进行杂交水稻科技咨询指导和示范服务，助推乡镇振兴和农民增产增收。

2019 年

1月　中国水稻研究所水稻生物学国家重点实验室王克剑团队，利用基因编辑技术建立了水稻无融合生殖体系，成功克隆出杂交稻种子，首次实现杂交稻性状稳定遗传到下一代。

3月26日　安江农校杂交水稻发源地纪念馆发布文物征集公告。征集范围包括反映杂交水稻研究历史与成就的文献资料、仪器设备、物品材料、论文成果、荣誉资料；有关袁隆平院士及其科研团队的科研、工作、生活的各类物品、资料等；见证安江农校办学历史与成就的物品、资料；体现农耕文化、稻作文化的物品、资料，如水稻标本、劳动生产工具等。征集时间截至是年6月底。

9月17日　国家主席习近平签署主席令，袁隆平荣获"共和国勋章"。

9月24日　在内蒙古乌兰浩特举行的兴安盟袁隆平院士工作站耐盐碱

水稻现场测产验收评议会上，公布袁隆平团队在内蒙古大面积试种耐盐碱水稻测产的最终结果：实测亩产 1017.6 斤。

11 月 5 日　湖南省政协副主席、中共怀化市委书记彭国甫到怀化职业技术学院现场办公，强调要始终坚持把"杂交水稻之父"袁隆平院士作为最大精神财富。

11 月 9 日　怀化职业技术学院举行办学 80 周年庆典活动，湖南省、怀化市的相关领导和来自全国各地的毕业生代表、全体教职员工及在校学生等 8000 余人欢聚一堂，共同庆祝这个难忘的日子。学院名誉校长、"杂交水稻之父"袁隆平院士特别委托家人带来了对学校的祝福。

是年　在怀化市教育大会上，中共怀化市委、怀化市人民政府明确提出"怀化职业技术学院争创全国一流农业类高职院校、武陵山片区核心职业技术教育基地"的目标和任务。

2020 年

4 月 17 日　袁隆平杂交水稻研究与安江农校校史陈列馆开工建设。项目位于安江农校纪念园，建设面积 2250 平方米。陈列馆展厅由"安江农校与袁隆平""梦想走向世界""袁隆平精神的传承"三个部分组成。

5 月 27 日　湖南省农业厅种业管理处组织专家组对湖南奥谱隆公司承担并完成的湖南奥谱隆杂交水稻育种研究怀化创新基地项目进行现场调研并指导工作。

9 月 2 日　湖南奥谱隆科技股份有限公司国家杂交水稻创新育种怀化基地，对当年试用新科技产品——微纳米硅肥栽培的优质稻进行测产对比。该基地位于中方县花桥镇火马塘村，占地 308 亩，是怀化国家农业高科技园研发创新中心、怀化青少年科普教育示范基地。经测算，使用了微纳米硅肥的水稻亩产 1318.4 斤，未使用该肥料的水稻亩产 1181.6 斤。使用了微纳米硅肥的水稻比没使用的每亩增产 136.8 斤，增产率 11.58%。

9 月 15 日—10 月 25 日　由国家广电总局立项的重大现实题材电视剧

《功勋》在安江农校纪念园拍摄。该剧讲述获得习近平总书记亲自颁发的共和国功勋奖章的 8 位杰出人士的英雄事迹，作为 2021 年 7 月 1 日中国共产党建党 100 周年的献礼片。

10 月 14 日　由袁隆平"海水稻"团队和江苏省农业技术推广站合作实验种植的耐盐水稻在江苏如东拼茶方凌垦田进行测产，袁隆平"超优 4 号"耐盐水稻平均亩产达 1605.8 斤。

11 月 2 日　位于湖南省衡南县的第三代杂交水稻新组合实验生产基地晚稻测产，测得平均亩产 1823.4 斤，加上该年 7 月份测产的早稻平均亩产 1238.2 斤，年亩产 3061.6 斤。

是年　南繁中心统一规划调整至海南陵水后，怀化市人民政府先后批拨 200 余万元专项经费用于怀化职业技术学院陵水南繁基地建设，怀化市领导杨林华、欧阳明等多次到南繁基地、安江基地调研慰问科研工作者。

2021 年

1 月　在安江农校纪念园建成杂交水稻发源地纪念馆。

3 月　怀化市人民政府副市长杨林华到怀化市农科所海南三亚藤桥南繁育种基地调研指导。

5 月 22 日　袁隆平因多器官衰竭逝世。袁隆平病重期间和逝世后，中央有关领导同志以不同方式表示慰问和哀悼。数以万计的老百姓自发到长沙送别袁隆平的场面让人感动。

5 月 23 日　习近平总书记委托中共湖南省委书记、省人大常委会主任许达哲，专程看望了袁隆平同志的家属。许达哲转达了习近平总书记对袁隆平同志的深切悼念和对其家属的亲切问候，以及要求广大干部和科技工作者学习袁隆平的高贵品质和崇高风范的指示。

6 月 7 日　红网发表湖南省人大农业与农村委员会主任委员刘宗林 6 月 5 日撰写的纪念袁隆平的文章《追忆袁老二三事》。

6 月 19 日下午　中共怀化市委书记雷绍业来到长沙看望慰问袁隆平院

士家属邓则，并代表中共怀化市委、怀化市人民政府致以亲切慰问。湖南省农科院党委书记柏连阳、怀化市领导唐浩然、怀化职业技术学院党委书记胡佳武陪同。雷绍业说，袁隆平院士虽然离开了我们，但他胸怀祖国、服务人民的大爱情怀，勇攀高峰、敢为人先的创新精神，淡泊名利、潜心研究的治学态度，光照千秋、永世流传。怀化人民一定将袁隆平院士的精神传承好、宣传好、发扬好，以袁隆平院士为榜样，坚决扛牢杂交水稻发源地的责任担当，坚持藏粮于地、藏粮于技，加快推进农业现代化，为实现"把中国人的饭碗牢牢端在自己手中"作出怀化应有的贡献。

6月23日下午　怀化市委副书记、市长黎春秋在安江农校纪念园调研，看望杂交水稻育种专家。他指出，安江农校纪念园有着光荣传统，特别是对农业科技创新、维护国家粮食安全起到了巨大作用，在我国科学技术创新体系和推进创新驱动发展中拥有重要地位。

7月26日　中共怀化市委副书记、政法委书记周振宇一行来到湖南奥谱隆科技股份有限公司调研并指导工作。

9月　中共怀化市委书记雷绍业调研怀化市农科所杂交水稻研究等农业科研工作。市委副书记周振宇、市委秘书长唐浩然、副市长杨林华陪同调研。

10月16日　袁隆平院士青岛海水稻团队在山东青岛举行海水稻收割测评会，经测评专家组现场实打收割测评，编号为yc2009的水稻品种亩产最高，达到1558.2斤。

10月17日　国家杂交水稻工程技术研究中心、湖南杂交水稻研究中心在湖南省衡南县开展2021年南方稻区双季亩产3000斤攻关测产验收，测得晚稻平均亩产为1872.2斤。加上此前测得的早稻平均亩产1335.62斤，由袁隆平团队研发的杂交水稻双季测产3207.82斤，创造新的纪录。

10月　中国工程院院士、湖南省农科院党委书记柏连阳给怀化市农科所授牌——湖南省农业科学院怀化分院。

11月　怀化市编制办下文明确怀化市农业科学研究所改名为怀化市农业科学研究院。

12月16日　中共怀化市委常委、怀化市人民政府党组副书记、怀化市副市长陈㳇一行到湖南奥谱隆科技股份有限公司调研并指导工作。

12月中旬　经第四届国家农作物品种审定委员会第八次会议审定通过，农业农村部发布第500号公告，湖南奥谱隆科技股份有限公司科研团队研制的杂交水稻新品种"鹤优奥隆丝苗"等17个品种榜上有名。

是年　李必湖在2021年第2期《飞山》刊物上发表《杂交水稻研究在靖州的十八年》一文，他写道："靖州是杂交水稻的第二个发源地，作为杂交水稻科研和推广基地工作是很不错的。经过几十年的实践，迄今仍被农业农村部优选为国家级杂交水稻种子生产基地，为中国乃至世界作出了巨大贡献。"

2022年

2月16日　中共怀化市委副书记、市人民政府市长黎春秋一行到湖南奥谱隆科技股份有限公司调研并指导春耕备耕等工作。他指出，种子是粮食之基，企业要持续加大研发投入，不断提升种子的品质和安全，发挥专家引领作用，积极推广优质高产品种，充分调动农民种粮的积极性，为农业增效、农民增收作贡献。

2月22日　中共怀化市委书记雷绍业一行到湖南奥谱隆科技股份有限公司调研并指导工作。他指出，春耕备耕，种子先行。作为杂交水稻种子科技型企业要切实承担起"种子质量无小事，农民利益大于天"的责任。相关部门要为企业纾困，助力企业发展壮大。

2月23日下午　中共湖南省委书记、湖南省人大常委会主任张庆伟一行到湖南奥谱隆科技股份有限公司调研并指导工作。他寄语公司要增强韧性，形成规模，提升竞争力。他强调，要突出发展水稻种业，优化品种结构，严格执行"种子到餐桌"的质量安全管理，确保农业补贴资金发放到生产大户，推动"藏粮于地、藏粮于技"战略落实落地，为确保国家粮食安全作贡献。

2月25日　中共怀化市委副书记、市委政法委书记王建球到湖南奥谱隆科技股份有限公司调研并指导工作。他指出，粮食要增产增效，种子是关键。企业要认真落实2022年中央一号文件精神，稳面积、提产能、增效益，以科技推动全市农业农村工作再上新台阶。

3月9日　中共湖南省委常委、省人民政府副省长张迎春一行来到湖南奥谱隆科技股份有限公司调研并指导工作。她指出，当前正值春季农业生产关键期，要树立大粮食观、大食物观、大农业观，做大做强种业及农产品加工业，不断提升产品附加值，让农民长期稳定分享产业链增值收益。

3月14日　中共湖南省委副书记朱国贤一行来到湖南奥谱隆科技股份有限公司调研并指导工作。他指出，要加强产学研深度融合，加大种业创新力度，保障种子有效供给，为"稳稳端牢中国碗，碗里装中国粮"提供有力支撑，大力发展及推广优质稻，打造"中国粮·湖南饭"，做响湘米品牌。

3月28日　中共怀化市委、怀化市人民政府出台《关于做好2022年"三农"工作扎实推进乡村振兴的实施意见》，要求全市大力发展杂交水稻制种产业。实施种业创新工程，积极对接岳麓山实验室和岳麓山种业创新中心，依托怀化职业技术学院，发挥市农科院作用，加快建设全国优质杂交水稻制种基地。科学规划种子生产优势区域布局，打造北起溆浦县，经中方县、洪江市、会同县、靖州苗族侗族自治县，至通道侗族自治县与广西交界处雪峰山地区的"雪峰山现代种业发展带"。建立优势种子生产保护区，加强优势种子繁育基地的规划建设与用地保护。加快建成以溆浦县、靖州苗族侗族自治县国家级制种大县为主，会同县、辰溪县省级制种大县为辅的优质杂交水稻制种基地群，力争全市建成高标准杂交水稻制种基地20万亩。

4月2日　在袁隆平院士与世长辞的第一个清明节将至之际，共青团洪江市委联合安江公益协会组织社会各界人士在安江农校纪念园深切悼念袁隆平院士，敬献鲜花，并到袁隆平院士故居进行清洁工作。

5月　怀化职业技术学院开展了"做一粒好种子"系列纪念活动，先后组织学生进行《写给袁爷爷的一封信》书信比赛和朗读比赛、团员青年召开"做一粒好种子"主题班会、观看《袁隆平》电影、在全院开展光盘行动并发出节约每一粒粮食倡议，还来到袁隆平院士育种过的大垄试验田开展插秧实践。

5月20日 湖南农业大学召开袁隆平院士逝世周年纪念大会。会议由湖南农学院副院长陈光辉主持。农大党委副书记段美娟宣读《关于将第十二教学楼命名为"隆平楼"的决定》。袁隆平院士的夫人邓则及3个儿子、首届学生代表、湖南杂交水稻研究中心原第一副主任谢长江，湖南杂交水稻研究中心党委书记许靖波，湖南杂交水稻研究中心主任唐文帮等，湖南农业大学领导及校属各单位主要负责人，以及学生代表200人参加会议。会上，袁隆平院士长子袁定安捐赠袁隆平遗物，85级农学专业校友黄培劲捐款建设"袁隆平纪念馆"，袁隆平院士首届学生谢长江向学校捐赠《杂交水稻之父——袁隆平传》孤本及袁隆平院士修改定稿的手稿等珍贵文物。党委书记陈弘作总结讲话。

5月22日 湖南省农科院举行学习贯彻习近平总书记重要指示一周年暨弘扬袁隆平科技创新精神高峰论坛。中共湖南省委副书记朱国贤在开幕式上致辞并为"院士林"揭牌；省委常委、副省长张迎春出席开幕式。中国工程院副院长邓秀新、中国农科院院长吴孔明、湖南省农科院党委书记柏连阳3位院士在开幕式现场或线上致辞；另外还有25位院士出席。开幕式后，出席活动的院士们来到"院士林"参加植树活动。

同日 国内首部袁隆平院士画传《把功勋写在大地——奋斗与奉献的一生》在长沙隆平水稻博物馆首发，该画传收录了300余幅有关袁隆平奋斗与奉献的一生的珍贵图像资料。

同日 洪江市在安江农校纪念园组织开展"学习袁隆平，做一粒好种子"活动。中共洪江市委副书记、市长向青松致辞。中共怀化市委宣传部副部长、市文明办主任向孝辉，怀化职业技术学院党委副书记、院长王聪田，省乡村振兴局党组成员、副局长赵成新先后讲话。活动期间，大家观看了学习袁隆平院士专题片。同时，现场发布了由袁隆平作词、杨柠豪作曲、易烊千玺演唱的纪念袁隆平歌曲《种子》MV，音频和 MV 同步在《人民日报》、新华社等各大媒体线上发布。

5月24日　湖南省科技厅党组成员、副厅长周建元一行到湖南奥谱隆科技股份有限公司调研并指导工作，怀化市政府、市科技局，厅农村处、高新处、中方县政府、中方县商科工信局等有关负责人参加，公司董事长张振华全程陪同接待。周建元副厅长详细了解了该公司技术创新、生产运营、农业科技服务和需求等情况，强调种业是农业的"芯片"，要加强产学研深度融合，加大种业创新力度，保障种子有效供给，为粮食生产提供有力支撑，促进农业丰产农民增收，助力乡村振兴发展。他充分肯定了该公司的科技创新成效，鼓励公司不断加大创新投入，表示省科技厅将积极做好服务。

5月26日　中共怀化市委宣传部、市文明办、共青团怀化市委，共同指导市志愿者协会、怀化职业技术学院、市同心公益服务中心、市大学生志愿者服务队，在怀化职业技术学院联合开展"悼念袁隆平院士，节约就是最好的致敬"宣传活动。参加活动的师生相继在"节约就是最好的致敬"横幅上签上自己的名字。随后，100 余名同学铿锵有力地宣誓。该项活动在怀化市各高校和中小学同步开展。

5月31日　由怀化市妇联主办、洪江市妇联和安江农校纪念园承办的"少年儿童心向党·争做一粒好种子"六一儿童节活动在安江农校纪念园开展。大家参观了袁隆平故居、杂交水稻发源地纪念馆，并下田插秧体验耕种生活。在活动中，为安江农校纪念园授牌"怀化市家庭教育创新实践基地"，还在洪江市易烊千玺图书馆开展了"用爱培育出好种子"亲子阅读活动。

6月25日下午　怀化市委书记许忠建在中方县、鹤城区、怀化高新区调研产业发展情况时，来到湖南奥谱隆科技股份有限公司调研并指导工作。许书记鼓励湖南奥谱隆科技股份有限公司要发挥种业龙头企业优势，加大种源"卡脖子"技术攻关力度，培育更多具有自主知识产权的优良品种。

7月7日　怀化市政协党组书记、主席印宇鹰到湖南奥谱隆国家杂交水稻创新育种怀化基地察看科研育种情况，鼓励公司要攻克粮食种源技术难题，坚决扛稳粮食安全重任。

7月20日　怀化市委书记许忠建在洪江市调研时强调，要坚决扛起杂交水稻发源地的责任担当。在安江农校纪念园，许忠建参观了袁隆平故居、杂交水稻发源地史实纪念馆。他强调，要学习袁隆平院士信念坚定、矢志不渝，勇于创新、朴实无华的高贵品质，充分发挥杂交水稻发源地品牌优势，加快推进农业农村现代化，全面推进乡村振兴。

7月　怀化市委书记许忠建表示，怀化将充分发挥"杂交水稻发源地"这个世界唯一品牌的核心引领作用，进一步擦亮"一粒种子　改变世界"的金字招牌。

8月29日　怀化市委常委会审定《怀化市种业振兴行动实施方案》，作出建设区域性种业创新中心、打造"国际种业之都"的决策部署。

9月14日　在怀化市安江农校纪念园旁，占地面积超过88亩、总投资11.2亿元的杂交水稻国家公园开工建设。

9月19日　湖南奥谱隆科技股份有限公司选育的"红两优1566"在洪江市江市镇老团村示范田测产，实现平均亩产1502斤。"红两优1566"是突破传统选育技术育成的一种集优质、高产、稳产、香型于一体的优质杂交水稻新品种，具有抗倒、抗逆、抗病虫害诸多优点。

11月18日　怀化市委常委、常务副市长陈旌葰临湖南奥谱隆科技股份有限公司宣讲党的二十大精神，开展专项调研。他提出，要重视制种产业发展和优质稻种植推广，做好2023年优质稻推广实施方案及在老挝发展优质稻产业项目等重点工作。

12月9日　中国共产党怀化市第六届委员会第四次全体会议通过决议，提出打造"世界杂交水稻发源地"这张最亮名片，叫响"一粒种子　改变世界——中国·怀化"城市形象品牌。

2023 年

1 月 27 日　怀化市人民政府官方网站公布市长黎春秋 2022 年 12 月 27 日在怀化市第六届人民代表大会第二次会议上的政府工作报告，在总体要求中提出：深入实施种业振兴行动，高标准推进国家杂交水稻工程研究中心怀化分中心建设，支持奥谱隆等种业企业发展壮大，全力建设全国优质杂交水稻制种和生产基地。

4 月 6 日　怀化市委、怀化市人民政府出台的《关于锚定建设农业强市目标扎实做好 2023 年全面推进乡村振兴重点工作的实施意见》提出：要打造种业创新高地，发挥溆浦县、靖州县、洪江市、芷江县、辰溪县、会同县杂交水稻制种基地县作用，完成杂交水稻制种 14 万亩；发挥袁隆平种业科技品牌优势，以怀化国家农科园为主体，建设怀化种业创新中心，力争建成岳麓山种业创新中心大湘西区域中心，加快建设"国际种业之都"。

4 月 12 日　柬埔寨四星将军速莫尼一行莅临湖南奥谱隆科技股份有限公司考察。在品尝了"山背香米"米饭后，速莫尼将军对米饭的外观、口感、香味等给予高度评价。

4 月 18 日上午　怀化市委书记许忠建专题调研种业振兴工作。许忠建先后来到怀化职业技术学院、正清集团青风藤繁育基地、市农业科学研究院，实地了解种业科技攻关、技术推广、品牌建设及科普教育等情况。座谈会上，在听取相关工作情况汇报、研究确定相关事项后，许忠建指出，怀化被誉为"物种变异的天堂"，是世界杂交水稻发源地，去年市委六届四次全会提出打造"国际种业之都"得到广泛认同，全市各级各相关部门和科研院所、种业企业积极主动作为，种业振兴蓝图和路径日益清晰，创新载体不断完善，"一粒种子　改变世界"城市形象品牌的影响力越来越大。

5 月 3 日　《湖南日报》官方客户端账号发表《一步一个脚印推进种业振兴——怀化奋力打造"国际种业之都"》的文章。

5 月 5 日　怀化市委书记许忠建在首届湖南（怀化）RCEP 经贸博览会开幕式上指出，怀化是一方"商通天下、对接 RCEP、服务全国"的枢纽，是一座"一粒种子　改变世界"的城市，是一个"怀景怀乡怀味"的地方，广大投资者选择怀化，定能真正实现互利共赢新合作，定能书写新时代创新创业的新传奇，定能乐享新怀化、共创新未来。

5月8日下午　怀化市委常委会召开会议。会议强调，要极力推动高庙遗址创建国家考古遗址公园、安江杂交水稻国家公园申报全球重要农业文化遗产，全力打造湖南农耕文化旅游名片，让更多文化遗产活起来。

5月15日　怀化市人民政府副市长、市种业及粮食加工产业链链长杜登峰莅临湖南奥谱隆科技股份有限公司专题调研。他要求公司抓住 RCEP 机遇，借助西部陆海新通道做好在老挝发展优质稻产业项目。

5月17日　湖南省委书记沈晓明在怀化调研经济社会发展情况。他强调，要抢抓战略机遇，发挥比较优势，推动港产城一体化发展，大力发展特色产业，全面推进乡村振兴，为实现"三高四新"美好蓝图作出怀化贡献。他来到怀化职业技术学院，了解袁隆平院士及其科研团队在学校研究培育杂交水稻的历程，以及学校人才培养、种业创新等情况。他指出，要立足专业优势，加大高素质技能人才培养力度。

至6月底，怀化市已拥有国家级农业创新平台5个，省级农业创新平台6个。怀化作为全国三大杂交水稻制种基地市之一，制种面积和产量占全省1/3。

9月4日—15日　为纪念袁隆平攻克籼型杂交水稻三系配套难关50周年，由湖南省委宣传部、湖南省文化和旅游厅等共同主办的"一粒种子　改变世界"原创民族音乐会，4日晚在京首演，13日晚和15日晚先后在长沙、怀化登场。整场音乐会的曲目既融入了苗族歌鼟、侗族大歌、沅水号子等怀化当地民族元素，又展示了新时代的精神风貌，以民族音乐演绎袁隆平攻克难关背后的家国情怀。

9月18日　中共怀化市委书记许忠建在《红网》发表《福地怀化》的文章，提出纵观古今的思考："从高庙遗址的碳化稻谷到袁隆平院士的杂交水稻，是一粒种子的前世今生，也是中华文明的世代传承。"

三、怀化市历年杂交水稻推广情况

单位：万亩、万吨

年份	合计		杂交早稻		杂交中稻		杂交晚稻	
	面积	总产	面积	总产	面积	总产	面积	总产
1976	6.23	2.75			0.63	0.38	5.60	2.37
1977	35.23	35.98			34.48	18.32	0.75	17.66
1978	93.68	35.22			38.03	18.88	55.65	16.34
1979	83.79	37.14			41.25	22.57	42.54	14.57
1980	66.47	32.14			34.67	19.18	31.80	12.96
1981	71.69	36.85			35.45	20.63	36.24	16.22
1982	76.21	41.53	0.07	0.05	44.13	28.31	32.01	13.17
1983	99.06	63.90	0.95	0.60	64.62	44.18	33.49	19.12
1984	129.24	79.42	2.51	1.67	85.52	55.38	41.21	22.37
1985	114.41	68.54	2.07	1.25	74.07	44.83	38.27	22.46
1986	130.47	83.71	3.52	2.35	86.74	58.00	40.21	23.36
1987	155.48	101.15	6.39	3.58	103.9	71.30	45.19	26.27
1988	168.91	92.98	12.43	7.42	114.79	63.03	41.69	22.53
1989	180.14	111.63	18.38	10.74	119.31	75.91	42.45	24.98
1990	195.78	119.47	21.58	11.97	124.44	79.38	49.76	28.12
1991	211.37	129.68	31.45	17.39	126.79	81.88	53.13	30.41
1992	213.66	127.37	32.73	15.87	128.28	80.32	52.65	31.18
1993	209.15	123.56	29.83	14.77	132.53	79.45	46.79	29.34
1994	227.52	132.40	31.87	14.98	143.56	88.37	52.09	29.05
1995	225.08	131.40	32.62	16.35	139.84	87.46	52.62	27.59
1996	221.24	126.12	35.08	13.59	134.59	83.81	51.57	28.72
1997	230.45	142.31	30.44	17.23	154.16	97.98	45.85	27.10
1998	224.15	138.58	36.30	20.61	139.50	89.56	48.35	28.41

续表

年份	合计		杂交早稻		杂交中稻		杂交晚稻	
	面积	总产	面积	总产	面积	总产	面积	总产
1999	225.48	142.72	36.26	20.74	141.61	93.11	47.61	28.87
2000	223.52	142.44	35.59	20.72	142.60	94.81	45.33	26.91
2001	215.85	136.40	33.84	19.10	140.48	91.57	41.53	25.73
2002	212.12	126.58	33.83	18.34	134.56	83.98	43.73	24.26
2003	211.62	112.49	31.59	17.04	142.53	73.51	37.50	21.94
2004	212.85	133.04	27.59	16.22	150.31	96.15	34.95	20.67
2005	215.84	119.43	24.99	14.46	159.23	86.34	31.62	18.63
2006	218.99	139.61	23.68	13.28	162.85	106.48	32.46	19.85
2007	215.33	131.38	23.44	13.23	162.91	102.16	28.98	15.99
2008	191.99	124.78	21.27	12.61	148.51	97.62	22.21	14.55
2009	212.66	137.77	27.41	15.48	158.30	105.25	26.95	17.04
2010	214.54	140.95	26.97	15.15	159.90	108.01	27.67	17.79
2011	207.46	129.48	20.56	11.50	163.39	102.71	23.51	15.27
2012	203.25	139.77	15.61	8.81	169.61	119.12	18.03	11.84
2013	205.15	134.84	14.35	8.19	175.94	117.82	14.86	8.83
2014	200.95	135.34	10.51	5.94	180.14	123.62	10.30	5.78
2015	195.84	134.40	4.93	2.81	185.20	128.26	5.71	3.33
2016	192.77	133.10	1.53	0.89	189.47	131.22	1.77	0.99
2017	190.67	131.83	0.42	0.25	189.79	131.31	0.46	0.27
2018	196.33	138.93			196.33	138.93		
2019	196.42	141.05			196.42	141.05		
2020	204.70	149.30	0.26	0.09	204.18	149.14	0.26	0.07
2021	206.60	149.96	0.05	0.03	206.50	149.90	0.05	0.03
2022	243.59				216.20		27.39	

（注：2022年只统计湖南全省杂交水稻种植面积，未统计总产）

四、袁隆平团队获奖情况

（一）袁隆平获国内外大奖情况

获奖时间	奖励名称	奖励等级	授奖主体
1978.03	全国科学大会奖		国家科委
1979	全国先进科技工作者		国家科委
1979	全国劳动模范		国务院
1981.06	国家技术发明奖	特等	国家科委
1982	籼型杂交水稻发明	特等	湖南省人民政府
1985.10	"发明和创造"金质奖（杰出发明家）	金奖	世界知识产权组织
1987.11	科学奖		联合国教科文组织
1988.03	农学与营养奖		英国 Rank 基金会
1989	全国先进工作者		人事部
1990.10	国家科技进步奖	三等	国家科委
1991.11	国家科技进步奖（杂交早稻"威优 64"的选育和应用）	三等	国家科委
1992	功勋科学家		中共湖南省委、湖南省人民政府
1993.04	拯救饥饿（研究）荣誉奖		美国 Feinstein 基金会
1993.10	全国优秀科技图书奖（《杂交水稻育种栽培学》）	一等	国家新闻出版署
1994.12	何梁何利基金奖		何梁何利基金会
1995.10	粮食安全保障荣誉奖		联合国粮农组织
1996.05	日经亚洲开发奖		日本经济新闻社

续表

获奖时间	奖励名称	奖励等级	授奖主体
1996	中国科技十杰		中央宣传部与中华全国总工会
1997.08	杂种优势利用杰出先驱科学家称号		作物遗传与杂种优势利用国际讨论会，墨西哥
1998.11	越光国际水稻奖		日本越光国际水稻事务局
1998	湖南省科技进步奖（光温敏核不育系水稻育性稳定性及其鉴定技术研究）	二等	湖南省科委
1999	杰出专业技术人才		中央宣传部、科技部、人事部
2001.02	首届国家最高科学技术奖		中华人民共和国国务院
2001.08	拉蒙·麦格赛赛政府服务奖		菲律宾拉蒙·麦格赛赛基金会
2002.05	越南农业和农村发展荣誉徽章		越南政府
2004.01	沃尔夫奖		以色列沃尔夫奖励基金会
2004.03	世界粮食奖		世界粮食基金会
2004.09	金镰刀奖		泰国国王
2004.11	APSA 杰出研究成就奖		亚太种子协会
2005.11	国家科技进步二等奖		国家科委
2005.11	国家科技进步一等奖		国家科委
2005	AISA 杰出研究成就奖		亚太地区种子协会（AISA）年会

续表

获奖时间	奖励名称	奖励等级	授奖主体
2007	全国道德模范——全国敬业奉献模范		中央宣传部、科技部、农业部
2008.03	影响世界华人终身成就奖		中国新闻社等12家富影响力的华文媒体推选与评出
2010	最高农业成就骑士勋章（指挥官级）		法兰西共和国
2010.10	新潟国际粮食奖		日本新潟国际粮食奖事务局
2011	全国粮食生产突出贡献农业科技人员		国务院
2012.01	马哈蒂尔科学奖		马来西亚马哈蒂尔科学奖基金会
2014.01	2013年度国家科学技术进步特等奖		全国科技奖励大会
2016	首届"吕志和奖——世界文明奖"之"持续发展奖"		香港
2017	国家科学技术奖创新团队奖		国家科技部
2018.12	授予袁隆平改革先锋称号，称他是"杂交水稻研究的开创者"		中共中央、国务院
2018	第三届未来科学大奖"生命科学奖"		国家科技部
2019.09	袁隆平荣获"共和国勋章"		国家主席习近平签署主席令
2020	麦哲伦海峡奖		智利

（二）怀化市杂交水稻历年获丰收奖情况

年份	项目名称	奖励级别	等级	主持单位	主要完成人
1992	怀化地区 100 万亩杂交中稻综合技术	部	二	怀化地区粮油站	吕重宏、向信元、李珍友
1998	靖州县杂交中稻综合高产技术	省	三	靖州县农技中心	向信元、肖佑良、蒙昌财、毛昌德、储吉友等 20 人
1998	通道县 10 万亩杂交中稻综合增产技术	市	二	通道县农技推广中心	王学俊、杨正灯、文银满、杨通智、黄桂奇等 15 人
2002	新晃县高海拔优质杂交水稻综合高产技术	省	三	新晃县农技中心	杨国胜、吴言忠、徐东吉、杨国海、杨仕钟等 28 人
2009	中方县超级杂交中稻综合配套技术推广	省	三	中方县农技推广中心	潘玉美、周桂珍、陈敬早、张春明、邓运华等 20 人
2012	怀化市 100 万亩超级杂交中稻标准化栽培	省	二	怀化市粮油站、怀化市农技推广站	王圣爱、王泽军、李延毕、陈启忠、张英等

（注：2012 年后取消了丰收奖奖项）

（二）怀化市杂交水稻历年获科技进步奖情况

年份	获奖项目名称	主要完成单位	主要完成人	获奖等级	
				地市级	省部级
1986	杂交水稻"三系"亲本提纯复壮	怀化地区种子公司	胡代全、向福田、肖志清、杨红、周文斗		推广三
1987	湖南省水稻新品种区域试验研究	怀化地区农业科学研究所等单位			二
1988	湘西杂交中稻高产栽培技术研究	怀化地区农业局主持，怀化地区农业科学研究所等单位参与			一
1988	籼型杂交水稻"威优64号"的推广	怀化地区种子公司、黔阳县种子公司	向福田、申亿如		二
1988	湘西杂交中稻高产栽培技术研究	怀化地区农业局组织，怀化地区农业科学研究所等单位参与	刘彰松、贺德高		三
1989	优质稻生产技术体系及其应用理论研究	湖南省农业厅粮油局组织，怀化地区农业科学研究所等参与	贺德高等		一
1991	杂交中稻丰产栽培技术推广	怀化地区粮油站、靖州苗族侗族自治县粮油站、通道侗族自治县粮油站	吕重宏、向信元、李珍友、杨运江、邓长甫等	二	
1991	杂交水稻"双两大"栽培技术推广	怀化地区粮油站、沅陵县粮油站、溆浦县粮油站	王圣爱、唐启勤、潘传炳、刘小铁、田华	三	

续表

年份	获奖项目名称	主要完成单位	主要完成人	获奖等级	
				地市级	省部级
1991	双季杂交水稻配套栽培技术推广	怀化地区粮油站、沅陵县粮油站，黔阳县粮油站等	吕重宏、潘传炳、杨文才、覃柱元、罗光其		推广四
1991	怀化地区稻瘟病菌生理小种和抗病品种（组合）的研究与利用	怀化地区农业科学研究所		二	
1992	植物生长调节剂在水稻上的应用技术研究	湖南省农业厅粮油局、湖南师范大学组织，怀化地区农业科学研究所等参与	贺德高等	二	
1992	杂交中稻再生稻高产技术研究	湖南省农业厅粮油局组织，怀化地区农业科学研究所等参与	贺德高等		四
1995	水稻三抗剂机理及应用技术研究	湖南省农业厅粮油局组织，怀化地区农业科学研究所等参与	贺德高等		一
1997	籼型杂交水稻"V优402"的推广	怀化地区种子公司、黔阳县种子公司、芷江县种子公司等	肖志清、申亿如、陈建安、曹继铁、舒相洪	三	
1997	杂交中稻蓄留再生稻技术推广	怀化地区粮油作物工作站，沅陵县粮油作物工作站等	吕重宏、李奎娥、李珍友、田华、吕水生	二	推广四
1997	"怀VS"选育研究	怀化地区农业科学研究所	邱茂建等	二	

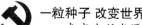
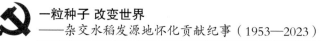
续表

年份	获奖项目名称	主要完成单位	主要完成人	获奖等级	
				地市级	省部级
1997	稻作供水低耗高产栽培技术体系研究	怀化地区粮油作物工作站组织，怀化地区农业科学研究所等参与	梁力农等		二
1998	两系法杂交水稻新组合示范推广	怀化市两系办、怀化市粮油站、沅陵县两系办等	吕重宏、肖华伟、向祖舜、易贤伟、宋太玉、潘雄杰等	一	
1998	两系杂交水稻接力式栽培法	湖南省农科院组织，怀化农业科学研究所等参与	刘登中等	二	
1999	两系杂交水稻高产保纯制种技术推广	怀化市两系办、华怀公司、溆浦县两系办等	肖华伟、易贤伟、张克友、陈飞、林顺和、张化兴等	一	
2003	高产、优质、多抗杂交水稻新组合选育	怀化职业技术学院	李树林、李必湖等	三	
2005	"先恢207"提纯及"金优207""T优207"推广	怀化隆平高科种业有限责任公司等	舒湘洪、陈星霈、周新文、舒会生、唐小成	三	
2007	水稻"标810S"淡黄叶突变体的发现与研究	怀化职业技术学院	宋克堡、宋泽观、李必湖等	一	
2009	两系优质高产杂交水稻"奥两优28"选育与应用	湖南奥谱隆种业科技有限公司、怀化市种子站	张振华、吴厚雄等	一	
2010	两系杂交早稻新品种"八两优96"选育与应用	怀化市农业科学研究所	向太友、舒铁生、刘登中、瞿桥富、田永久、杨卫明	三	

续表

年份	获奖项目名称	主要完成单位	主要完成人	获奖等级	
				地市级	省部级
2010	优质籼型三系不育系"先丰A"的选育与应用	洪江市先丰种业公司	胡早德、易稳凯等	一	
2010	三系优质高产杂交早稻"T优15"选育与应用	湖南奥谱隆种业科技有限公司、怀化市粮油站	张振华、吴厚雄等	二	
2011	优质光敏核不育系"奥龙lS"选育与应用	湖南奥谱隆种业科技有限公司	张振华、兰华雄、吴厚雄等	一	
2012	两系优质高产杂交水稻"奥龙优282"选育与应用	湖南奥谱隆种业科技有限公司	吴厚雄、张振华、石泽汉等	一	
2012	"T98优1号"选育与应用	怀化市农业科学研究所、怀化市粮油站	向太友、舒铁生、肖俊良、王宪美、刘登中、贺德高、朱国华、杨卫明、江生	二	
2012	优质光温敏核不育系"奥龙1S"选育与应用	湖南奥谱隆科技股份有限公司	张振华等		三
2013	两系优质高产杂交水稻"Y两优696"选育与应用	湖南奥谱隆科技股份有限公司、湖南杂交水稻研究中心	吴厚雄、张振华、石泽汉等	一	
2013	"T98优1号"选育与应用	怀化市农业科学研究所	向太友、舒铁生、肖俊良、王宪美、刘登中、贺德高、朱国华、杨卫明、江生	二	

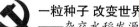
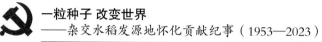
续表

年份	获奖项目名称	主要完成单位	主要完成人	获奖等级	
				地市级	省部级
2013	优质高产杂交水稻"中优281"选育与应用	怀化职业技术学院	陈湘国、向太双、谢牟等	三	
2014	杂交水稻新品种"贺优一号"选育与应用	怀化市农业科学研究所	向太友、舒铁生、刘登中、朱国华、杨卫明、江生、肖俊良、贺德高、陈告	二	
2014	广适型杂交水稻"C两优255"选育与应用	湖南奥谱隆种业科技有限公司	吴厚雄、张振华、谌兴中等	二	
2014	两系杂交中稻新品种"Y两优2108"选育与应用	怀化市农业科学研究所	向太友、舒铁生、肖俊良、江生、杨卫明、朱国华、刘登中、陈告、田代长	二	
2014	高抗籼粳交恢复系"R238"系列组合的选育与应用	怀化职业技术学院、湖南雪峰种业有限公司	肖建平、全庆丰、龙俐华等	三	
2015	两系杂交中稻新品种"Y两优2108"选育与应用	怀化市农业科学研究所	向太友、舒铁生、肖俊良、江生、杨卫明、朱国华、刘登中、陈告、田代长	二	

续表

年份	获奖项目名称	主要完成单位	主要完成人	获奖等级	
				地市级	省部级
2015	籼型恢复系"怀恢210"及其系列组合选育与应用	怀化市农业科学研究所	向太友、舒铁生、刘登中、肖俊良、杨卫明、江生、朱国华、陈告、覃梅、佘丽山、蒲辅成、田代长	一	
2015	杂交水稻优质高产制种技术研究集成与应用	湖南奥谱隆种业科技有限公司	石泽汉、吴厚雄、张振华等	二	
2016	广谱恢复系"怀恢210"及其系列组合选育与应用	怀化市农业科学研究所、怀化市农业技术推广站	向太友、舒铁生、刘登中、肖俊良、杨卫明、江生、朱国华、陈告、覃梅、佘丽山、蒲辅成、田代长	一	三
2017	广谱恢复系"怀恢210"及其系列组合选育与应用	怀化市农业科学研究所	向太友、舒铁生、刘登中、陈告、肖俊良、杨卫明		三
2018	广适性优质超高产杂交水稻"Y两优8188"的选育与应用	湖南奥谱隆科技股份有限公司、湖南杂交水稻研究中心	吴厚雄、张振华、周永坤、吴俊、邓启云、王欢、胡永安、段剑平、陈世建、张龙杰、舒易吉、奉光辉		三

（注：2019—2022年怀化未申报杂交水稻科技进步奖）

（四）袁隆平团队杂交水稻研究推广所获重大荣誉图片选辑

1978年，湖南省水稻杂交优势利用科研协作组获全国科学大会奖

1981年，"籼型杂交水稻"项目获新中国成立以来第一个国家特等发明奖证书

1980年，袁隆平、李必湖等同志因从事籼型水稻杂种优势利用研究取得重要成果，获湖南省人民政府一等奖

1981年，袁隆平团队杂交水稻项目协作组获得的国家特等发明奖奖章

　　1983年，郭名奇因在籼型杂交水稻科研工作中作出较大贡献，获得湖南省人民政府500元奖金

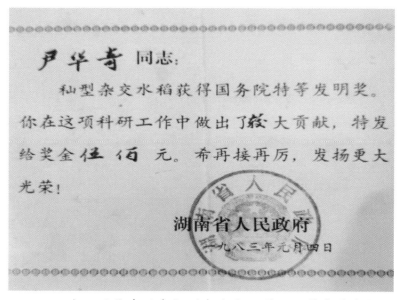

　　1983年，尹华奇因在籼型杂交水稻科研工作中作出较大贡献，获得湖南省人民政府500元奖金

1985 年，袁隆平获联合国知识产权组织"发明与创造"金质奖章

1986 年，袁隆平、孙梅元研究的"威优 64"获湖南省农业厅一等奖

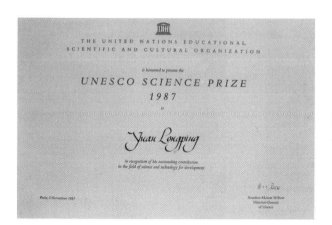

1987 年，袁隆平获联合国教科文组织科学奖

1989 年，李必湖被国务院授予全国先进工作者称号

1991 年，邱茂健获湖南省"七五"水稻科技攻关工作先进个人荣誉证书

1992年，袁隆平被授予湖南省"功勋科学家"称号的勋章

1995年，袁隆平获联合国粮农组织"粮食安全保障荣誉奖"证书

1995年，袁隆平获联合国粮农组织"粮食安全保障荣誉奖"奖章

1998年12月25日，罗孝和、李新奇、郭名奇、武小金、尹华奇、颜应成获水稻低温敏核不育系及其繁种技术发明专利证书

1998 年，邓华凤、李必湖、颜学明、周广洽、郭名奇、尹华奇、陈良碧、肖层林、刘爱民获湖南省科学技术进步奖一等奖证书

2001 年，国家主席江泽民给袁隆平签发的国家最高科学技术奖证书

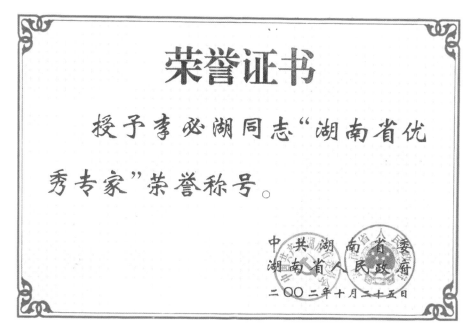

2002 年，李必湖被中共湖南省委湖南省人民政府授予"湖南省优秀专家"荣誉称号

2004 年，袁隆平获世界粮食奖
（奖状）

2004 年，袁隆平获世界粮食奖
（奖杯）

2004 年，全永明获国
家技术发明奖证书

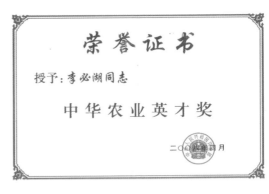

2008年，李必湖获农业部中华农业英才奖

2009 年，杨远柱获湖南省科学技术进步奖一等奖证书

2011 年，张振华被评为全国粮食生产突出贡献农业科技人员证书

2013 年，郭名奇"两系法杂交水稻技术研究与应用"项目获国家科学技术进步奖特等奖证书

2013 年，邓华凤"两系法杂交水稻技术研究与应用"项目获国家科学技术进步奖特等奖

2014 年，谢长江获袁隆平农业科技奖证书

2017年，郭名奇、郭国强、郭武强、尹建英培育的"双龙S"水稻获植物新品种权证书

2017年，袁隆平杂交水稻制种团队获国家科学技术进步奖证书

2018年，杨远柱获
湖南省科学技术进步奖
一等奖证书

2018年，中共中央、国务院
授予袁隆平改革先锋称号，称他
是"杂交水稻研究的开创者"。
习近平总书记亲自给袁隆平颁奖。
图为袁隆平所获改革先锋奖章

2019年，袁隆平获得的共和
国勋章

五、主要参考文献

[1] 袁隆平.水稻的雄性不孕性[J].科学通报,1966,17(4):185–188.

[2] 姚昆仑.走近袁隆平[M].上海:上海科学技术出版社,2002.

[3] 祁淑英,魏晓雯.袁隆平传[M].山西:山西人民出版社,2002.

[4] 中共中央宣传部教育局,等.用一粒种子改变世界的人[M],北京:学习出版社,2007.

[5] 谢长江.人类福星袁隆平——绿色高原觅师踪[M],长沙:湖南科学出版社,2009.

[6] 辛业芸.袁隆平口述自传[M],长沙:湖南教育出版社,2010.

[7] 朱仰平.非常农民袁隆平[M],北京:现代出版社,2011.

[8] 熊展桐.信仰的力量·袁隆平[M],长春:吉林教育出版社,2013.

[9] 祁淑英.当代神农袁隆平[M],广州:世界图书出版广东有限公司,2013.

[10] 项星主.杂交水稻之父袁隆平[M],武汉:武汉大学出版社,2013.

[11] 彭仲夏.国魂——大地之子袁隆平[M],长沙:湖南文艺出版社,2014.

[12] 席德强.改变世界的一粒种子[M],北京:北京大学出版社,2015.

[13] 中共湖南省委党史研究室,湖南省中共党史联络组.湖南水稻良种的研究与推广纪实[M],长沙:湖南人民出版社,2015.

[14] 陈才明,姜庆华.中国梦坚定实践者——袁隆平[M],北京:红旗出版社,2016.

[15] 陈启文.袁隆平的世界[M],长沙:湖南文艺出版社,2016.

[16] 郭久麟.袁隆平传[M],重庆:西南大学出版社,2016.

后 记

　　在全党全军全国各族人民深入学习宣传贯彻党的二十大精神的热潮中，值中国杂交水稻率先在全世界研究成功 50 周年之际，由中共怀化市委党史研究室、怀化市中共党史联络组编著的中国共产党怀化历史特色专题系列《一粒种子　改变世界——杂交水稻发源地怀化贡献纪事》一书，与广大读者见面了。

　　中国共产党怀化历史特色专题系列作为怀化党史正本的重要补充，包括《一粒种子　改变世界——杂交水稻发源地怀化贡献纪事》《建设五省边区生态中心城市》《怀化林业改革与发展》《建设湖南省最大水能发电基地》《二十世纪中叶的怀化三线建设》《建国初期的怀化剿匪斗争》等 6 个专项。

　　2013 年，根据中央领导同志和中央党史研究室提出的新时期党史工作要坚持"一突出、两跟进"的新要求，市党史联络组组长薛忠勇提出，在编著好党史正本的同时应着手怀化党史特色专题研究，并安排市党史联络组成员李彦长开始征集怀化研究推广杂交水稻的有关资料。2015 年，市委党史研究室在编制怀化市党史工作五年规划时，将以上特色专题纳入规划范围。同年 12 月 16 日，市委常委 2015 年第 26 次会议听取了有关党史工作情况的汇报。会议原则上同意《怀化市党史工作五年规划》。2016 年 3 月，市委办公室印发《怀化市党史工作五年规划（2016—2020）》（怀办〔2016〕16 号）。之后，《一粒种子　改变世界——杂交水稻发源地怀化贡献纪事（1953—2023）》一书的编辑工作进入推进阶段。原计划在 2021 年

7月1日中国共产党建党100周年以前出版，因新冠肺炎疫情防控，影响了对有关专家和领导关于送审稿的意见和增补资料的及时收集，故推迟了出版时间。

全书共5章、5个附录，由李彦长同志收集整理，并进行全书文字撰写。书中内容参考了中共湖南省委党史研究室、湖南省中共党史联络组2015年在湖南人民出版社出版的《湖南水稻良种的研究与推广纪实》、湖南省农业厅《湖南杂交水稻发展史（1964—2000）》，袁隆平口述、辛业芸访问整理的《袁隆平口述自传》，怀化市文联原副主席谭士珍尚未出版的《世界的袁隆平》和黔阳县（今洪江市）文联原主席彭仲夏2014年11月在湖南文艺出版社出版的《国魂——大地之子袁隆平》等书籍，以及怀化职业技术学院肖宪龙和谢军、怀化市农科所陈告和向开太、湖南奥谱隆科技股份有限公司胡永安和王云风、溆浦县超级杂交水稻推广小组李楚甲和老年科学技术协会、靖州苗族侗族自治县农业农村局提供的文稿中的相关资料；参考了谢长江著《人类福星袁隆平——绿色高原觅师踪》，陈才明与姜庆华合著的《中国梦坚定实践者——袁隆平》，中共中央宣传部教育局、中共中央统战部六局、科学技术部办公厅、农业部科技教育司、中共湖南省委宣传部编的《用一粒种子改变世界的人》，席德强编著的《改变世界的一粒种子》，姚昆仑撰写的《走近袁隆平》，祁淑英与魏晓雯合著的《袁隆平传》，陈启文著《袁隆平的世界》，郭久麟著《袁隆平传》，朱仰平编著《非常农民袁隆平》，熊展桐编著《信仰的力量·袁隆平》，祁淑英著《当代神农袁隆平》，项星主编的《杂交水稻之父袁隆平》，安江社会公益事业协会《隆平梦从安江走向世界》编辑小组编的《隆平梦——从安江走向世界》，湖南省安江农业学校编的《安农五十年》等书籍，以及怀化市文化局李槐苏刊登在1977年第6期《湘江文艺》上的《稻香万里》一文。由于收集的资料较广，所选用的资料不一一注释出处，只在附录"五、主要参考文献"中列出相关书名和作者。怀化市委党史研究室原主任陈卓卫、原副主任杨必军主持拟定了第一个征编方案。市委党史研究室原主任曾祥勇、周正宇及怀化职业技术学院周武彩老师对本书征求意见稿提出过修改意见。市委党史研究室副主任林其君对全书做了统稿工作，对篇目、内容提出建议，并进行初步审稿。袁隆平、李必湖、尹华奇、郭名奇、邓华凤、全永明、邓则、罗闰良、谢长江、张振华、杨远柱、邓启云、陈才明、辛业芸、胡佳武、陈告等专家和领导对送审稿进行了审阅指导，市委党史研究室主任舒象忠进行了审稿。最后，由薛忠勇、石希欣同志定稿，于2023年10月付印。

书稿征编过程中，得到陈清林、谢长江、辛业芸、谭士珍、彭仲夏等众多著作者的支持，他们一致表示：怀化编写杂交水稻历史特色专题，如果需要用到他们编著的书籍中的资料，可以尽管用，用得越多说明他们编著的书籍价值越高、宣传作用越大。谢长江在本书编辑过程中需要请他帮助查证资料时，做到了有求必应。中共湖南省委党史研究室原副主任陈清林，在审阅了本书征求意见稿后欣然回复："认真读完书稿，感觉很兴奋，大有一种欲罢不能之感，为怀化党史研究室和党史联络组完成了一项大工程而高兴。我是长期关注杂交水稻事业的人，在农村就参与过制种和推广工作，同时参加安江农校历史陈列方案的写作，所见所历，记忆犹新。我看过诸多杂交水稻的著作、文章，大多都是从技术层面记述杂交稻制作推广历史，片断历史难以反映全貌。而此书全面搜集了资料，有些是我们不知或了解不深的，如袁隆平和李必湖职称的评定，李必湖和尹华奇为袁老师力争，以及1970年常德全省第二次农业科学会议之后，华国锋安排一名省委常委任雄性不育研制领导小组组长（即省军区副司令员黄立功）和农科院军代表支持杂交水稻继续研究（当时增草不增谷而受质疑），体现了部队对这项工作的支持（省军区很重视这一发现），这些都填补了某些空白，这是该书的价值和特色之一。第二是有怀化地方特点，突出了怀化和安江农校人对于杂交水稻试制和推广的贡献。第三是本着以事系人的原则，全书对研制和推广杂交水稻的个人都有所体现，这能帮助人们对为研制和推广杂交水稻作出了贡献的人们有所了解，这也是以前不够的方面。

第四是有深度研究，让人们从杂交水稻研制推广中感受到力量的源泉是共产党的领导和社会主义制度的优越，让人领悟到一些大的道理。第五是袁隆平和他的团队尊重科学、勇攀科学高峰的精神，教育人们尊重科学和科学家。这样全书就有很高的思想性，立足高了，视野宽广了。因此，我期望书稿早日问世，让读者先睹为快。"

本书的征编得到了湖南杂交水稻研究中心和湖南省党史研究院、湖南中共党史联络组的具体指导，以及怀化市委办公室、市农业农村局、市科技局、市档案馆、市博物馆、市统计局及有关县（市、区）史志办等相关单位的大力支持，并从网络上下载了一些资料。湖南奥谱隆科技股份有限公司在资料收集和编印经费上都给予了大力支持。在此一并向各单位领导和作者表示衷心的感谢！

由于杂交水稻的研究与推广已经历了半个多世纪，期间因地址变迁、洪水灾害及政治运动的影响，国家科委九局向湖南省科委与安江农校分别发出的信函等文件资料和照片难以收集齐全，加上编者水平有限，特别是对于杂交水稻科研事业来说，我们是地地道道的门外汉，不当之处在所难免，祈望广大读者批评指正。